镁铝铟冶金及其复合材料轻量化

王晓民　南辉　编著

北　京

冶金工业出版社

2018

内 容 提 要

本书结合轻金属冶金及轻金属基复合材料的发展趋势，介绍了镁、铝、铟冶金及其复合材料轻量化。全书共 3 篇，第 1 篇介绍了镁冶金，镁基复合材料的分类与制备、性能与应用、使役行为、回收和再利用，并介绍了镁合金的特性及应用等；第 2 篇介绍了铝冶金，铝基复合材料的制备、性能及应用、回收与再利用以及铝基复合材料的轻量化及其发展方向；第 3 篇介绍了铟的性质、用途、回收和再利用，并详述了铟冶炼及高纯铟的制备方法。

本书可供工程设计、材料研究、质量检测、材料营销等行业的技术人员阅读，也可作为普通高等院校材料科学与工程、材料成型与控制工程、冶金工程、新能源材料与器件、复合材料等专业师生的参考用书。

图书在版编目(CIP)数据

镁铝铟冶金及其复合材料轻量化/王晓民，南辉编著 . —
北京：冶金工业出版社，2018.9
ISBN 978-7-5024-7874-2

Ⅰ.①镁… Ⅱ.①王… ②南… Ⅲ.①镁—轻金属
冶金 ②铝—轻金属冶金 ③铟—有色金属冶金 Ⅳ.
①TF843.1 ②TF82

中国版本图书馆 CIP 数据核字(2018)第 208182 号

出 版 人 谭学余
地　　址 北京市东城区嵩祝院北巷 39 号 邮编 100009 电话 (010)64027926
网　　址 www. cnmip. com. cn 电子信箱 yjcbs@ cnmip. com. cn
责任编辑 王梦梦 美术编辑 彭子赫 版式设计 禹 蕊
责任校对 李 娜 责任印制 李玉山
ISBN 978-7-5024-7874-2
冶金工业出版社出版发行；各地新华书店经销；三河市双峰印刷装订有限公司印刷
2018 年 9 月第 1 版，2018 年 9 月第 1 次印刷
169mm×239mm；17 印张；331 千字；261 页
78.00 元

冶金工业出版社　投稿电话　(010)64027932　投稿信箱　tougao@cnmip. com. cn
冶金工业出版社营销中心　电话　(010)64044283　传真　(010)64027893
冶金书店　地址　北京市东四西大街 46 号(100010)　电话　(010)65289081(兼传真)
冶金工业出版社天猫旗舰店　yjgycbs. tmall. com
(本书如有印装质量问题，本社营销中心负责退换)

前　言

现代科学技术的发展和进步，对材料性能提出了更高的要求，往往希望材料具有某些特殊性能的同时，又具备良好的综合性能，因此，复合材料应运而生。复合材料是将两种或两种以上不同性能、不同形态的组分材料通过复合手段组合而成的一种多相材料。近年来，以镁、铝为代表的轻金属基复合材料在航空航天、交通运输、电子设备等领域的应用取得了巨大的进步，引起了广泛的关注。

本书以作者完成的两项青海省科技厅科研项目的研究内容为基础，简要介绍了镁、铝、铟冶金原理及冶金发展趋势，同时介绍了镁基复合材料的制备方法、镁基复合材料使役行为、铝基复合材料的制备方法、铝基复合材料轻量化等知识。铟作为国家战略储备资源，本书也将铟冶金及高纯铟微粉的制备做了详细介绍。

本书可供工程设计、材料研究、质量检测、材料营销等行业的技术人员阅读参考，也可作为普通高等院校材料科学与工程、材料成型与控制工程、冶金工程、新能源材料与器件、复合材料等专业师生的参考用书。

本书由王晓民和南辉编著。其中，王晓民撰写了第 1~4 章和第 6~9 章以及第 13、15、16 章；南辉撰写了第 5、10、11、12、14 章。魏书香、郑清贺、陈健、刘渊博、赵传龙和刘奥丽参与了部分章节的文字录入及图片修订，以及全书插图的编辑和参考资料的收集、整理工作，在此一并致谢！

由于作者水平有限，书中不当之处，敬请读者批评指正！

作　者
2018 年 5 月

目 录

第1篇　镁冶金及镁基复合材料

第2篇　铝基复合材料

第 1 篇

镁冶金及镁基复合材料

1 镁及镁基复合材料概述

1.1 镁冶金概述

1.1.1 炼镁的历史和现状

镁是地球上储量最丰富的轻金属元素之一。镁在宇宙中含量第八，地壳丰度为 2%，在海水中含量排第三，其化学符号为 Mg，在元素周期表中属 ⅡA 族，原子序数为 12，相对原子质量为 24.305，化合价为 +2。

金属镁从发现到现在经历了 210 年，其发展大致包括以下几个重要阶段。

1808 年，英国戴维（H. Davy）电解汞和氧化镁的混合物，制取镁汞齐，然后得到金属镁。1828 年，法国布赛（A. Bussy）用钾还原熔融的氯化镁制得纯镁。1833 年，英国法拉第（M. Faraday）电解熔融氯化镁制得纯镁。德国在 1886 年首先开始镁的工业生产，当时采用电解法。第二次世界大战期间，镁的产量迅速增加，全世界的总产量达到 20 余万吨。此时除了电解法之外，还有硅热还原法和炭热还原法。第二次世界大战后镁产量降低。20 世纪 60 年代，法国发明了半连续热还原法。我国从 20 世纪 50 年代开始镁的工业生产。

美国地质调查局 2015 年发布的数据显示（见表 1-1），2014 年全球原镁产量为 90.7 万吨，同比增长 2.9 万吨，我国生产的原镁占总量的 88.2%，可谓独占鳌头。除中国外，原镁产量较多的国家分别是以色列（3 万吨）、俄罗斯（2.8 万吨）、哈萨克斯坦（2.1 万吨）。

表 1-1　全球原镁产量　　　　　　　　（万吨）

国　　家	2013 年	2014 年
美国	—	—
巴西	1.6	1.6
中国	77	80
以色列	2.8	3
哈萨克斯坦	2.3	2.1
韩国	0.8	1
马来西亚	0.1	0
俄罗斯	3.2	2.8
全球总量	87.8	90.5

来源：美国地质调查局（USGS, 2015）。

注：USGS 统计的中国原镁产量数据与中国有色金属工业协会统计的数据不一致，注意区别。

据中国有色金属工业协会统计的数据显示（见表 1-2），2014 年我国原镁产量 87.39 万吨，与去年同期相比增长了 13.53%。陕西省作为全国最大的金属镁产地，2014 年累计生产 40.46 万吨，占全国原镁产量的 46.30%。其中榆林地区累计生产 39.63 万吨；府谷地区累计生产 34.81 万吨，占全国原镁总产量的 39.83%，占全省原镁产量的 87% 左右。山西省原镁产量占总产量的 28.36%，两省原镁产量占总产量的 74.66%，占据了中国原镁的大半江山（市场），但是较去年同期有所减少。

表 1-2　2014 年我国原镁产量主产区同比变化情况　　　　　　　（万吨）

地　区	2013 年	2014 年	累计同比/%
陕西	34.33	40.46	17.86
山西	23.67	24.97	4.94
宁夏	10.81	9.30	−13.90
新疆	2.29	4.45	94.63
河南	4.01	4.14	3.25
全国合计	76.97	87.39	13.53

根据海关总署最新统计数据，2014 年中国镁出口量共计 43.50 万吨，同比增长 5.80%。其中，镁锭出口量 22.73 万吨，同比增长 7.18%；镁合金出口量 10.65 万吨，同比增长 4.42%；镁粉出口量 8.80 万吨，同比增长 3.05%；镁废碎料出口量 0.29 万吨，同比增长 87.66%；镁加工材出口量 0.37 万吨，同比下降 16.83%；镁制品出口量 0.66 万吨，同比增长 15.65%。

1.1.2　镁的性质和用途

1.1.2.1　镁的化学性质

纯镁呈银白色。由于它与氧有很大的亲和力，故其表面易被空气氧化。在其熔点以上，镁容易在空气中燃烧，发出炫目的白光，故镁粉或镁条广泛应用于闪光灯、信号弹、焰火等方面。镁也用作镍和铜冶炼中的脱氧剂以及用作金属热还原剂，用来制取钛、铬、钒、铍等高熔点金属。

镁与冷水发生缓慢反应，但与热水和酸类发生强烈的反应，生成氢气和相应的镁化物。

镁在无水氟酸中比较稳定，在其表面上生成一层氟化镁膜。镁与氢发生反应，生成氢化镁（MgH_2），故镁可用作贮氢介质。

1.1.2.2　镁的物理性质

密度（99.9% 纯镁）：20℃ 时（固态）为 $1.738g/cm^3$，680℃ 时（液态）为 $1.55g/cm^3$。

电阻率：20℃时为 0.0445Ω·m。

0～100℃时电阻率的温度系数为 0.0165(Ω·cm)/K。

热导率（20℃时）：1.46J/(cm·K)。

质量热容（20℃时）：0.98J/(g·K)。

燃烧热：610.3kJ/mol。

熔点：650℃。

沸点：1107℃。

熔化热：372J/g。

气化热：5274.4J/g。

镁的蒸气压与温度的关系如图 1-1 所示。

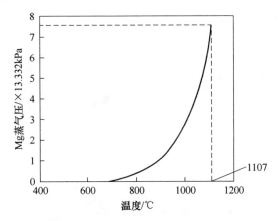

图 1-1　镁的蒸气压与温度的关系

1.1.2.3　镁的用途

镁与铝、锌、锂、稀土、锆等金属构成合金，应用于工业上。在钢铁工业上，镁用作钢中脱硫剂和铸铁球化剂。1998 年世界各地镁的用途分配见表 1-3。

表 1-3　1998 年世界各地镁的用途分配　　　　　（万吨）

用　途	地　　区					合计
	北美洲	拉丁美洲	西欧	非洲和中东	亚洲和大洋洲	
镁铝合金	5.6	0.3	3.5	0.2	2.3	11.9
球墨铸铁	0.4		0.4		0.2	10
脱硫	1.4		0.3		0	1.7
化合和还原	2.1		0.5		0.2	2.8
压铸件	0.6	0.3	1.8		0.1	2.8
其他构件	0.6		0.1			0.7
其他	0.3	0.2			0.1	0.7

1.1.3　镁矿

地壳中镁的质量分数平均为 2%，在各种金属元素中，仅次于铝和铁。自然界中已知有 150 多种镁化合物。镁在自然界分布广泛，主要以固体矿和液体矿的形式存在。固体矿主要有菱镁矿、白云石等，液体矿主要来自海水、天然盐湖水、地下卤水等。虽然逾 60 种矿物中均蕴含镁，但是全球所利用的镁资源主要是白云石、菱镁矿、水镁石、光卤石和橄榄石这几种矿物（见图 1-2）。其次为海水苦卤、盐湖卤水及地下卤水，其中镁以氯化物形态存在，约为 1.3kg/m³。海水便是镁的取之不尽的来源。另外一种重要矿石是白云石（即碳酸镁和碳酸钙的络合盐），它广泛产于世界各地。这些丰富的天然资源及其广泛的地理分布可使任何国家只要有适当的技术和比较便宜的能源，就能够独立地发展镁的工业生产，在这方面镁比铝更加优越。几种重要的炼镁原料见表 1-4。

图 1-2　几种常见镁矿石外观

（a）白云石；（b）菱镁矿；（c）光卤石；（d）水镁石

表 1-4　几种重要的炼镁原料

矿　　石		组　　成	相对分子质量	Mg 的质量分数/%
碳酸盐	菱镁矿	$MgCO_3$	84	28.57
	白云石	$MgCO_3 \cdot CaCO_3$	184	13.04
氯化物	光卤石	$MgCl_2 \cdot KCl \cdot 6H_2O$	278	8.63
	水氯镁石	$MgCl_2 \cdot 6H_2O$	203	11.82
氢氧化物	水镁石	$Mg(OH)_2$	58	41.38
硅酸盐	蛇纹石	$3MgO \cdot 2SiO_2 \cdot 2H_2O$	276	26.09

1.1.3.1　全球镁资源储量分布

镁资源类型丰富，分布广泛。除了储量丰富的固态含镁矿物，含镁蒸发型矿物（海水、卤水、盐湖）资源可谓是取之不尽。当前含镁资源储量完全可以满足人类对镁的需求，甚至在未来的一段时间内都不成问题。天然卤水可以看作是一种可回收的资源，因而人类开采的镁在相对较短的时间内就会再生。

全球菱镁矿储量：根据美国地质调查局（USGS）2015 年公布的数据显示（见表 1-5），全球已探明的菱镁矿资源量达 120 亿吨，储量为 24 亿吨。蕴藏丰富的国家包括俄罗斯（6.5 亿吨，占总量 27%）、中国（5 亿吨，占总量 21%）、韩国（4.5 亿吨）。

表 1-5　全球菱镁矿储量

国　家	储量/万吨	国　家	储量/万吨
美国	1000	印度	2000
澳大利亚	9500	韩国	45000
奥地利	1500	斯洛伐克	3500
巴西	8600	西班牙	1000
希腊	8000	土耳其	4900
中国	50000	其他国家	39000
俄罗斯	65000	全球总量	240000

来源：美国地质调查局（USGS，2015）。

1.1.3.2　我国镁资源储量分布情况

中国是世界上镁资源最为丰富的国家之一，镁资源矿石类型全，分布广。

A　中国菱镁矿储量

中国是世界上菱镁矿资源继俄罗斯之后最为丰富的国家，特点是地区分布不广、储量相对集中，大型矿床多。世界菱镁矿储量的 21%集中在中国，产量的 67%由中国提供。菱镁矿探明储量的矿区有 27 处，分布于 9 个省（区），辽宁菱镁矿储量最为丰富，占全国总储量的85.6%，此外，山东、西藏、新疆、甘肃等地菱镁矿也较丰富。

B　中国白云石矿资源

中国含镁白云石矿也很丰富，现已探明储量为 40 亿吨以上，白云石资源遍及我国各省区，特别是山西、宁夏、河南、吉林、青海、贵州等省区。白云岩矿床按性质分，主要有热液型和沉积型两种。热液矿主要在辽东、胶东地区广泛发育，沉积型主要分布于山西、河南、湖南、湖北、广西、贵州、宁夏、吉林、青海、云南、四川等省区。

C　中国盐湖资源

我国的盐湖镁盐主要分布于西藏自治区的北部和青海省柴达木盆地，柴达木盆地内的镁盐储量占全国已查明镁盐总量的99%，位居全国第一（青海省盐湖分布如图1-3所示）。盆地内的镁盐主要分布在察尔汗，一里坪，东、西台吉乃尔湖，大浪滩，昆特依，马海等盐湖。察尔汗，一里坪，东、西台吉乃尔湖为氯化镁；大浪滩、昆特依、马海、大柴旦等矿区氯化镁、硫酸镁均有，两种类型的镁储量基本相当。其中，氯化镁累计查明资源储量42.81亿吨，其中基础储量19.08亿吨；保有资源储量40.70亿吨，其中基础储量17.98亿吨。硫酸镁累计查明资源储量17.22亿吨，其中基础储量12.29亿吨。

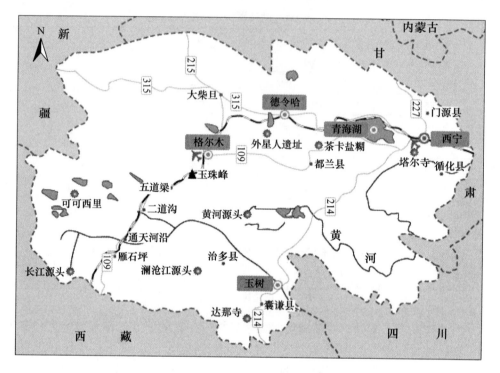

图1-3　青海省盐湖分布

我国有长达数千千米的海岸线，盛产卤块，又有广泛分布的白云石矿。辽宁省菱镁矿质地优良，且储量丰富。青海盐湖盛产光卤石和卤水。故我国具备发展镁工业的良好资源条件。

1.1.4　炼镁方法

目前镁冶炼的方法主要有两种：（1）从尖晶石、卤水或海水中将含有氯化镁的溶液经脱水或焙融氯化镁熔体，之后进行电解，此法称为电解法；（2）用硅铁对从碳酸盐矿石中经煅烧产生的氧化镁进行热还原，此法称为热还原法（皮江法）。常见炼镁工艺及原料见表1-6。

表1-6 常见炼镁工艺及原料

镁 冶 炼 技 术		镁矿原料
电解法	道乌法	海水卤水
	氧化镁氯化法	菱镁矿
	光卤石法	光卤石
	AMC 法	盐湖卤水
	诺斯克法	海水或 $MgCl_2$ 含量较高的卤水
硅热法	皮江法	白云石
	波尔扎诺法	
	半连续法	

1.1.4.1 电解法炼镁

电解法炼镁依所用原料的不同，可大致分为以下几种：

(1) 以海水为原料；

(2) 以大盐湖水为原料；

(3) 以氯化镁卤水为原料；

(4) 以海水和白云石为原料；

(5) 以天然菱镁矿为原料；

(6) 以光卤石为原料。

除了以光卤石为原料以外，电解法炼镁的工艺总体来说，都是以无水氯化镁作为电解原料。

以光卤石为原料时，由于光卤石的成分符合电解的要求，只是需要对其组成进行适当的调整，也就是除掉其中所含的 NaCl，制备人造光卤石（$KCl \cdot MgCl_2 \cdot 6H_2O$），然后脱水制备 $KCl \cdot MgCl_2$，作为原料进行电解。下面对各种工艺进行一下简单的介绍。

A 以海水为原料

道乌（Dow Process）公司是用海水做原料，利用电解法炼镁的比较有代表性的一家公司。其工艺为：利用石灰乳和海水做原料提取 $Mg(OH)_2$。反应为：$MgCl_2 + Ca(OH)_2 = Mg(OH)_2 \downarrow + CaCl_2$。然后与盐酸起反应，生成氯化镁溶液，脱水后得 $MgCl_2 \cdot (1 \sim 2)H_2O$，用作电解的原料，最后电解得到镁。此法的主要工序包括：用石灰乳沉淀氢氧化镁；用盐酸处理氢氧化镁，得到氯化镁溶液；氯化镁溶液的提纯与浓缩；电解含水的氯化镁 [$MgCl_2 \cdot (1 \sim 2)H_2O$]，制取纯镁。其工艺流程如图 1-4 所示。

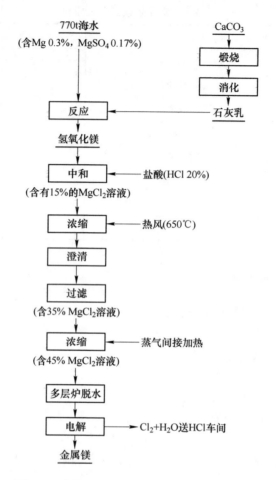

图 1-4　道乌法（Dow Process）炼镁工艺流程

B　以大盐湖水为原料

以阿玛克斯法为代表的工艺取美国大盐湖（The Great Salt Lake）的卤水，在太阳池中浓缩，经进一步浓缩、提纯和脱水后，得到氯化镁（$MgCl_2 \cdot 6H_2O$）溶液，用喷雾和熔融氯化脱水法获得无水氯化镁熔体，最后电解得到粗镁，精炼后得到商品镁。其工艺流程如图 1-5 所示。

C　以氯化镁卤水为原料

挪威诺斯克水电公司是世界上著名的电解法炼镁企业，该公司所属的帕斯格伦厂（Porsgrunn Plant）为了减少能量消耗并减轻环境污染，建立了新的生产流程，只用氯化镁卤水作原料，制取无水氯化镁。

在此新流程中，生产每吨镁，可得副产品氯气 2.9t。生产过程中需把卤水先经提纯，因为其中除了质量分数为 30% 的 $MgCl_2$ 之外，还有不少杂质（例如

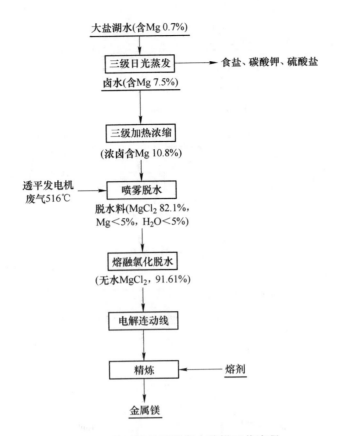

图 1-5 美国铅公司盐湖水炼镁工艺流程

硼和硫）必须予以清除，以免影响电解的电流效率。其生产流程如图 1-6 所示。

D 以海水和白云石为原料

挪威的一家工厂采用的工艺流程如图 1-7 所示。

海水和煅烧后的白云石（MgO·CaO）的反应为：

$$MgO \cdot CaO + 2H_2O = Ca(OH)_2 + Mg(OH)_2 \downarrow$$

$$MgCl_2 + Ca(OH)_2 = Mg(OH)_2 \downarrow + CaCl_2$$

$Mg(OH)_2$ 煅烧后得到 MgO，而后氯化制取无水 $MgCl_2$，然后进行电解。

E 以天然菱镁矿为原料

以天然菱镁矿为原料的方法中利用天然菱镁矿，在温度 700~800℃ 下煅烧，得到活性较好的轻烧氧化镁。

80% 的氧化镁要磨细为小于 0.144mm 的粒子，然后与炭素还原剂混合制团。炭素还原剂可选用褐煤，因其活性较好。团块炉料在竖式电炉中氯化，制取无水

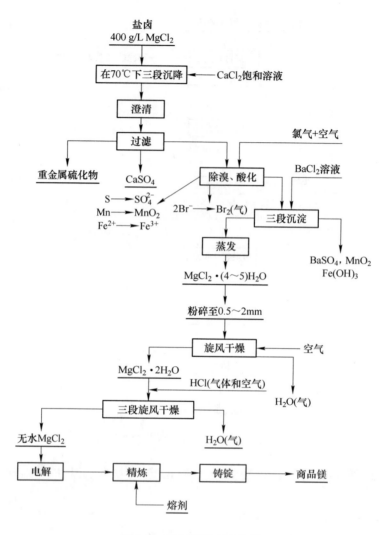

图 1-6　卤水炼镁工艺流程

氯化镁。无水氯化镁成分的质量分数约为：$MgCl_2$ 95%，$CaCl_2$ 2%，KCl + NaCl 1%，MgO 0.1%。而后进行电解。中国以菱镁矿生产镁的工艺流程如图 1-8 所示。

　　F　以光卤石为原料

　　天然光卤石中含 NaCl 太高，不能满足电解质的合理组成，因此为了满足电解的要求，天然光卤石必须进行再结晶处理，制成人造光卤石。其原理为：在温度变化时，$MgCl_2$、KCl、NaCl 在水中的溶解度不同，随着 $MgCl_2$ 浓度的升高，KCl 和 NaCl 在水中的溶解度则下降；且随着温度的升高，NaCl 的溶解度下降得

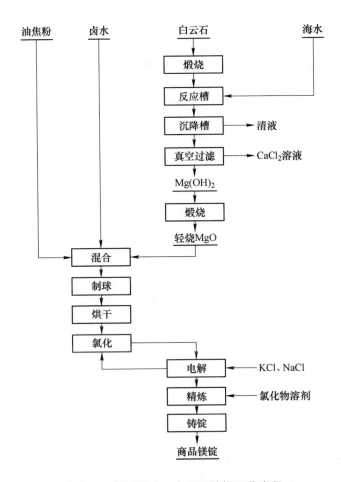

图 1-7　挪威海水 – 白云石炼镁工艺流程

比 KCl 更快，借此将溶液中的 NaCl 除掉，得到合乎电解质要求的组成成分——人造光卤石。而后进行脱水、电解。其工艺流程如图 1-9 所示。

1.1.4.2　氯化镁的脱水

以天然菱镁矿、海水 – 白云石为原料可直接制取无水氯化镁。但是从海水、大盐湖水、卤水等原料中用湿法制取的氯化镁都以氯化镁水合物的形式存在，必须进行深度脱水，才能送去电解，否则电解时能耗高、电流效率低。

氯化镁水合物脱水不能采取简单的加热方法，因为氯化镁分解成氧化镁和氯化氢气体，氧化镁无助于电解过程，甚至引起镁的损失，氯化氢则会使设备受到严重腐蚀。

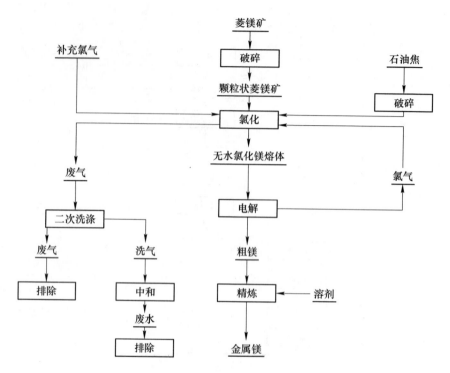

图 1-8　中国以菱镁矿生产镁的工艺流程

$MgCl_2$ 在水中有很高的溶解度，并随着温度的升高而增大。氯化镁的水合物有 $MgCl_2 \cdot 12H_2O$、$MgCl_2 \cdot 8H_2O$、$MgCl_2 \cdot 6H_2O$、$MgCl_2 \cdot 2H_2O$、$MgCl_2 \cdot H_2O$ 等。在室温下较稳定的为 $MgCl_2 \cdot 6H_2O$。

将各种氯化镁水合物加热，在一定条件下，按下列方式脱水：

$$MgCl_2 \cdot 6H_2O \Longleftrightarrow MgCl_2 \cdot 4H_2O + 2H_2O(g)$$
$$MgCl_2 \cdot 4H_2O \Longleftrightarrow MgCl_2 \cdot 2H_2O + 2H_2O(g)$$
$$MgCl_2 \cdot 2H_2O \Longleftrightarrow MgCl_2 \cdot H_2O + H_2O(g)$$
$$MgCl_2 \cdot H_2O \Longleftrightarrow MgCl_2 + H_2O(g)$$

当高温下脱去氯化镁水合物中最后两个结晶水时，就将发生水解反应而生成 $MgOHCl$ 和 MgO。其反应如下所示。

低结晶水氯化镁水合物水解反应如下：

$$MgCl_2 \cdot 2H_2O \Longleftrightarrow MgOHCl + HCl(g) + H_2O(g)$$
$$MgCl_2 \cdot H_2O \Longleftrightarrow MgOHCl + HCl(g)$$
$$MgCl_2 + H_2O \Longleftrightarrow MgOHCl + HCl(g)$$
$$MgOHCl \Longleftrightarrow MgO + HCl(g)$$
$$MgCl_2 + H_2O \Longleftrightarrow MgO + 2HCl(g)$$

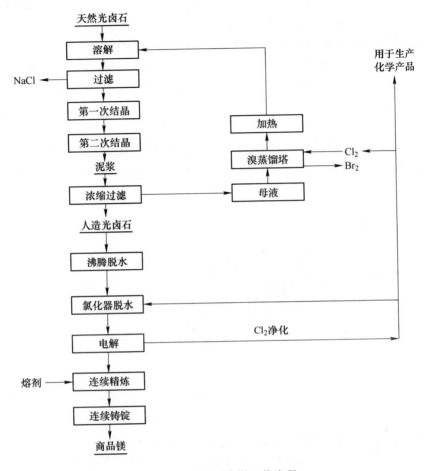

图 1-9　光卤石炼镁工艺流程

上述反应说明，在热空气中加热氯化镁水合物（$MgCl_2 \cdot 6H_2O$），只能脱水得到低结晶水氯化镁水合物（$MgCl_2 \cdot 2H_2O$ 和 $MgCl_2 \cdot H_2O$），如果继续脱水，将会使 $MgCl_2$ 严重水解。因此工业上氯化镁水合物的脱水必须分为两个阶段。

第一阶段（一次脱水）：在热空气中，将 $MgCl_2 \cdot 6H_2O$ 脱水成 $MgCl_2 \cdot 2H_2O$ 或 $MgCl_2 \cdot H_2O$。

第二阶段（二次脱水）：在 HCl 气流或 Cl_2 气流下，将 $MgCl_2 \cdot 2H_2O$ 或 $MgCl_2 \cdot H_2O$ 进一步脱水。

氯化镁水合物一次脱水生产低结晶水氯化镁水合物的方法大致可分为以下几类：

（1）在多层炉和回转窑中脱水；

（2）在喷雾干燥塔内脱水；

（3）在沸腾炉内脱水：其为三室结构，第一、第二室中 $MgCl_2 \cdot 6H_2O$ 脱水成 $MgCl_2 \cdot 4H_2O$，第三室进一步脱水；

（4）在喷雾干燥塔和沸腾炉组合设备中脱水。

低结晶水氯化镁水合物的二次脱水：经一次脱水后制得的低结晶水氯化镁水合物，可以送去电解，但是电解时能耗高、电流效率低。因此在电解前，最好进一步脱水获得基本无水的氯化镁。但要进一步脱水很困难。可以采用以下几种方法。

（1）低结晶水氯化镁水合物在氯气气流中熔融脱水：其实质就是在氯气气流下抑制 $MgCl_2$ 的水解及氯化一次脱水料中的 MgO 或 $MgO \cdot HCl$。美国铅公司的熔融氯化脱水工艺流程如图 1-10 所示。

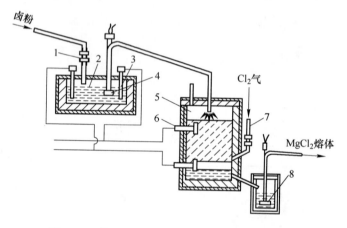

图 1-10　美国铅公司的熔融氯化脱水工艺流程
1—星轮阀；2—熔化槽；3—交流电极；4，8—熔体泵；5—氯化炉；
6—交流电极；7—氯化管

（2）低结晶水氯化镁水合物在氯化氢气流中脱水。经喷雾干燥的颗粒状低结晶水氯化镁水合物，送入沸腾炉进行进一步脱水。$HCl-H_2O$ 的混合气体由沸腾炉下部通入，经气流分配板向上流动，使颗粒状低结晶水氯化镁呈沸腾状态。

沸腾炉脱水的关键在于反应温度和 $HCl-H_2O$ 混合气体中 HCl 与 H_2O 的比例。为了降低 HCl 的消耗，应力求减少进料中的含水量。

1.1.4.3　无水人造光卤石的脱水

人造光卤石（$KCl \cdot MgCl_2 \cdot 6H_2O$）的脱水比单一 $MgCl_2$ 脱水容易得多，其按如下反应进行脱水：

$$KCl \cdot MgCl_2 \cdot 6H_2O \rightleftharpoons KCl \cdot MgCl_2 \cdot 2H_2O + 4H_2O$$
$$KCl \cdot MgCl_2 \cdot 2H_2O \rightleftharpoons KCl \cdot MgCl_2 + 2H_2O$$

光卤石在脱水过程中有可能产生碱式氯化镁固溶体，因此其脱水最好也分为两个阶段进行：在90℃下，从六个水脱至两个水；而后在240℃下，对二水光卤石进行进一步脱水。

A　光卤石一次脱水

光卤石一次脱水可在回转窑、沸腾炉等设备中进行。光卤石在回转窑中一次脱水的设备流程如图1-11所示。

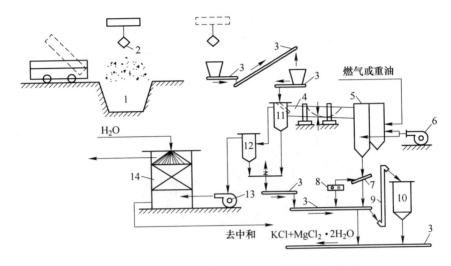

图1-11　光卤石在回转窑中一次脱水的设备流程

1—光卤石；2—抓斗吊车；3—运输机；4—回转窑；5—混合室和燃烧室；6—鼓风机；
7—筛分机；8—破碎机；9—斗式提升机；10—脱水光卤石贮仓；11—过渡室；
12—旋风除尘器；13—排烟机；14—洗涤塔

B　光卤石二次脱水

光卤石二次脱水是在氯化器中熔融进行的。此设备由熔化室、氯化室、澄清室组成。可以使 $KCl \cdot MgCl_2 \cdot 2H_2O$ 熔化及部分脱水，将熔体中存在的 MgO 和 $MgOHCl$ 转化成 $MgCl_2$，用澄清的方式净化熔体中的杂质。其设备如图1-12所示。

1.1.4.4　电解

A　电解质的组成与性质

$MgCl_2$ 熔点高、导电性差、挥发性强、容易水解，故镁电解不能单独用它来做电解质。镁电解质的组成视原料来源而异。若是采用光卤石作原料，则电解质成分的质量分数通常是：$MgCl_2$ 5%～15%，KCl 70%～85%，$NaCl$ 5%～15%。其中 KCl 的质量分数甚高，因为光卤石（$KCl \cdot MgCl_2 \cdot 6H_2O$）含有大量 KCl。电解温度为680～720℃。用氯化镁作原料时，则电解质成分的质量分数通常是：$MgCl_2$

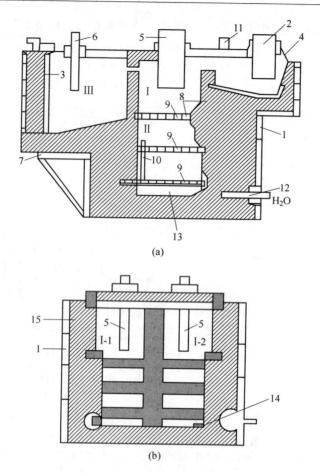

图 1-12　光卤石二次脱水设备示意图

（a）宏观结构图；（b）澄清室放大结构图

1—炉壳；2，5，6—电极；3，4—排气阀；7—固定支架；8—耐火材料内衬；9—氯化室隔板；
10—隔板固定支架；11—固定螺栓；12—排渣口；13—内衬；14—放渣口；15—内衬；
Ⅰ，Ⅰ-1，Ⅰ-2—澄清室；Ⅱ—氯化室；Ⅲ—熔化室

12% ~ 15%，NaCl 40% ~ 45%，CaCl$_2$ 38% ~ 42%，KCl 5% ~ 7%，w(NaCl)：
w(KCl)≈(6~7)：1，电解温度为 690 ~ 720℃。

　　a　熔点

　　电解质各组成成分的熔点为：MgCl$_2$ 718℃，CaCl$_2$ 774℃，KCl 768℃，BaCl$_2$
962℃，NaCl 800℃，LiCl 606℃。镁的熔点是 650℃。

　　MgCl$_2$-KCl-NaCl 系的熔点：在此三元系中有三个共晶点。上述的以光卤石为
原料的电解质的熔点大约为 600 ~ 650℃。

　　MgCl$_2$-KCl-NaCl-CaCl$_2$ 系的熔点详见表 1-7。上述以氯化镁为原料的电解质的
熔点大约为 570 ~ 640℃。

表 1-7　MgCl₂-KCl-NaCl-CaCl₂ 系的熔点　[$w(NaCl):w(KCl)=6:1$时]

组分的质量分数/%				初晶温度/℃
MgCl₂	CaCl₂	NaCl	KCl	
10	0	77.14	12.86	745
10	10	68.57	11.43	719
10	20	60.00	10.00	685
10	30	54.43	8.57	641
10	40	42.85	7.15	571
10	50	34.22	5.78	489
10	60	25.71	4.29	508
10	70	17.14	2.86	611
10	80	8.57	1.43	688
10	90	0	0	760

b　密度

工业镁电解的一个重要特点是：液体金属镁漂浮在融熔电解质之上。由于氯气也向上逸出，容易发生逆反应，所以在阳极和阴极之间需要用隔板来隔离。而在工业铝电解中，液体金属铝沉在融熔电解质的下面，阳极气体则向上逸出，所以在阴、阳两极之间无须隔离，电解槽的结构因此得以简化。镁电解槽的结构则是比较复杂的。

镁的密度在 650℃ 下为 1.590g/cm³，在 750℃ 下为 1.582g/cm³。它比电解质的密度小（镁电解质各组成成分的密度值见表 1-8）。电解度各成分密度随温度变化情况见表 1-8。镁电解时电解质密度的变化在很大程度上取决于其组成的变化，而且也受温度影响。图 1-13 给出几种常见镁液与电解液的密度随温度的变化关系。在工业生产上，希望在电解质与镁之间有明显的密度差，以利于镁珠分离。电解质中 CaCl₂ 和 BaCl₂ 的含量对增大其密度有重要影响，因为它们会促使镁珠上浮。如果要使镁像铝那样沉在电解质的下面，则不用 CaCl₂ 和 BaCl₂，而要添加 LiCl。

表 1-8　镁电解质各组成成分的密度值

镁电解质各组成成分的密度值/g·cm⁻³			
组成成分	温度/℃		
	700	750	800
LiCl	1.46	1.44	1.41
NaCl	1.59	1.56	1.52
KCl	1.57	1.54	1.51
MgCl₂	1.69	1.67	1.66

镁电解质各组成成分的密度值/g·cm⁻³			
组成成分	温度/℃		
	700	750	800
CaCl₂	2.11	2.09	2.07
SrCl₂	2.78	2.76	2.73
BaCl₂	3.30	3.24	3.17

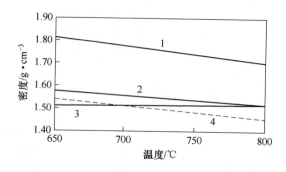

图 1-13　镁液与电解液的密度随温度而变化的曲线

1—MgCl₂ 10% + CaCl₂ 45% + NaCl 40% + KCl 5%；2—KCl 90% + MgCl₂ 10%；3—KCl；4—Mg

c　湿润性

镁对电解质和钢阴极的湿润性，涉及镁电解的电流效率。镁对钢阴极的湿润性改善时，则镁珠容易汇集，有利于提高电流效率。但是，当电解质对钢阴极表面的湿润性好时，则会影响镁珠对钢阴极的湿润，从而影响镁珠的汇集并使电流效率降低。三者之间的关系可用图 1-14 来说明。

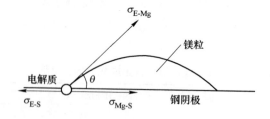

图 1-14　镁、电解质、钢阴极三相间界面张力的关系

$$\sigma_{E\text{-}S} = \sigma_{Mg\text{-}S} + \sigma_{E\text{-}Mg} \cdot \cos\theta \qquad (1\text{-}1)$$

$$\cos\theta = \frac{\sigma_{E\text{-}S} - \sigma_{Mg\text{-}S}}{\sigma_{E\text{-}Mg}} \qquad (1\text{-}2)$$

图 1-14 中，θ 减小，表示镁对钢阴极湿润良好。θ 减小，则 $\cos\theta$ 值增大。从

式（1-2）看出，使 $\cos\theta$ 值增大的条件显然是：σ_{E-S} 值增大（即电解质对钢阴极湿润不良），或者 σ_{E-Mg} 减小（即电解质对镁湿润良好）。所以，电解质对镁湿润良好以及电解质对钢阴极湿润不良都是获得高电流效率的重要条件。

液态镁珠在铁阴极上汇集和分离的过程可用图 1-15 表示。

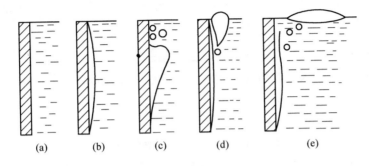

图 1-15　液态镁珠在铁阴极上汇集和分离的过程

（a）一次镁珠的生成；（b）形成薄层镁；（c）形成厚层镁；（d）镁珠飘浮在电解质表面上；
（e）形成连续的镁层

d　分解电压

镁电解质各组分的分解电压值（温度 800℃）见表 1-9。由表 1-9 可见，$MgCl_2$ 的分解电压值在 800℃ 时为 2.51V，在诸组成成分中是最低的，所以它优先进行电解。镁电解质中 $MgCl_2$ 质量分数的下限是 5%～10%。如果电解质中 $MgCl_2$ 质量分数低于此界限，则碱金属和其他碱土金属氯化物有可能与 $MgCl_2$ 一起分解。此外，温度也是一个重要因素，温度升高时，则分解电压值减小，见式（1-3）：

$$E_t = E_{800} - \alpha(t - 800) \tag{1-3}$$

式中　E_t——时间 t 时的分解电压值，V；

$\quad\quad E_{800}$——温度 800℃ 时的分解电压值，V；

$\quad\quad \alpha$——温度系数。

表 1-9　镁电解质各组分的分解电压值（温度 800℃）

组　分	E_0/V	温度系数 $\alpha / \times 10^{-3}$
LiCl	3.30	1.2
KCl	3.37	1.7
NaCl	3.22	1.4
MgCl	2.51	0.8
CaCl$_2$	3.23	1.7
BaCl$_2$	3.47	4.1

但是碱金属和其他碱土金属氯化物的温度系数较大，升温时它们的分解电压值较大程度的减小，而 $MgCl_2$ 的分解电压值较小程度的减小，因而彼此接近。所以镁电解也应在尽可能低的温度下进行。

e　镁的溶解度

镁溶解在 $MgCl_2$ 溶液中，大部分生成低价氯化镁（MgCl），一小部分则以胶体状态镁存在于溶液中。生成低价氯化镁的反应式为：

$$MgCl_2 + Mg \rightleftharpoons 2MgCl$$

镁在 $MgCl_2$-NaCl-KCl-$CaCl_2$ 溶液中的溶解度很小，其质量分数为 $0.004\% \sim 0.02\%$。

B　镁电解的电流效率

a　镁和氯的电化学当量

在氯化镁（$MgCl_2$）融盐电解中，遵照法拉第定律，每通 1 法拉第电量，阴极上析出 1mol 的 Mg，同时，阳极上析出 1mol 的 Cl_2。据此可推算出镁和氯的电化学当量值。

镁的相对原子质量 = 24.305，氯的相对原子质量 = 35.453，法拉第常数 = 96487C/mol，则：

镁的电化学当量 = 0.45342g/(A·h)；

氯的电化学当量 = 1.32278g/(A·h)。

$$电流效率 = \frac{Q_{实际}}{Q_{理论}} \times 100\% = \frac{Q_{实际}}{0.4534\bar{I}t} \times 100\% = 2.205 \times \frac{Q_{实际}}{\bar{I}t} \times 100\% \qquad (1-4)$$

b　镁电解槽中因电解液循环而引起镁电流效率降低的原因

镁电解槽中因电解液循环而引起镁电流效率降低的原因主要是镁的再氯化反应，即阴极上产出的镁被阳极气体氯气所氯化，重新生成 $MgCl_2$，因此造成镁的损失，镁电解槽内电解液的循环如图 1-16 所示。总结许多研究结果以及工厂生产

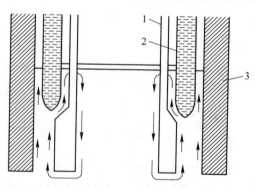

图 1-16　镁电解槽内电解液的循环

1—阴极；2—阳极；3—耐火材料炉壳

实践经验，就氯化镁电解时金属镁损失机理问题可得出下述结论：

（1）和其他融盐电解时一样，氯化镁电解时的金属镁损失，在一定程度上取决于镁在阴极上的溶解速度和已溶解的镁通过扩散层和循环电解液层向阳极迁移的速度。

（2）镁的损失主要取决于分散在循环电解液中的镁珠的溶解以及由此溶解的镁同氯气的反应。

（3）镁的大量损失是由于分散在循环电解液中的镁珠与氯气直接发生相互作用。

通过试验确定，当电解液与镁液之间有很大的界面张力时，则镁液形成密实的一层，这时可获得很高的电流效率。在这种情形下，电解液中没有大量分散的镁珠。

c　电解质的"沸腾"

正常电解时，阳极上的氯气形成小气泡，吸附在阳极表面上，逐渐长大，当其直径达到约 1mm 时，从阳极上脱离，沿阳极表面上升；在其上升过程中，碰撞到尚未脱附的气泡时，合并为一，最终脱离阳极，在电解液表面上破裂。

电解液中 SO_4^{2-} 的质量分数超过 0.1% 时，电解槽中便会出现"沸腾"现象。此时，阳极上的气泡数目增多，气泡的直径变小，气泡不到 0.5mm 时便脱离阳极上浮。气泡脱离阳极时，大小均一，而且上浮的速度相同，因此在其上浮过程中，几乎没有碰撞与合并的机会。这些小气泡到达电解质表面上时，因为表面张力的作用，并不立即破裂，而是聚集成一层小气泡层，覆盖在电解质表面上。

当采用已经发生部分水解作用的氯化镁作电解质时，也会观测到"沸腾"现象。此时，阳极上的气泡特性与 SO_4^{2-} 引起的"沸腾"时的特性相同。

氯化镁的水解反应式为：

$$MgCl_2 + H_2O \Longrightarrow MgOHCl + HCl$$
$$MgOHCl \Longrightarrow MgO + HCl$$

故总反应式为：

$$MgCl_2 + H_2O \Longrightarrow MgO + 2HCl$$

MgO 是引起"沸腾"现象的原因，此种 MgO 悬浮在电解液中。在以菱镁矿氯化所得的无水 $MgCl_2$ 中，SO_4^{2-} 质量分数不高，但其中有少量未经氯化的 MgO，它会引起电解质"沸腾"。

此种论点已为工业生产实践所证明。当电解槽扒渣时，如果过度地搅动槽底积渣，则电解质将被渣浊化，也会引起"沸腾"现象，因为渣的主要成分是 MgO。

由于此气泡层长时间地停留在电解液表面上，增加了阳极气体与金属镁的接触机会，使镁遭受大量的氯化损失。

d　阴极钝化

当阴极表面上生成一层钝化膜时，液态镁与阴极间的润湿性变差，阴极电阻增大。此种情况下液态镁就难以在阴极上汇集成片，而是呈分散的鱼籽状混杂在电解液中或进入集氯区被氯气所氯化，使得电流效率显著下降，这种现象与阳极上氯气泡呈分散状态相同。阴极化膜的主要成分是 MgO。由此推知，MgO 不仅能使阳极产物氯气分散成小气泡，也能使阴极产物镁分散成小镁珠，影响电流效率。硫酸盐的危害性同样如此。

往电解质中添加 CaF_2 或 NaF，可以防止此种"沸腾"现象。因为 CaF_2 和 NaF 对电解质来说为非活性物质，因此加入 CaF_2 和 NaF 可以使得小镁珠容易汇集。此外，加入 CaF_2 和 NaF 可以破坏阴极钝化膜，这是因为氟离子与氧离子的离子半径相近，可以置换出阴极钝化膜中 MgO 的氧离子，引起钝化膜的破坏；也有观点认为因为钠离子和钙离子在 $MgCl_2$ 浓度低的时候，可以在阴极析出，从而破坏了钝化膜。

硼对阴极钝化的作用：以海水氯化镁为电解原料时，镁电解质中常含有硼，当硼的质量分数为 0.001% ~ 0.002% 时，会在阴极上析出，吸附 MgO 在阴极上生成坚固的钝化膜，使阴极钝化。造成镁珠极度地分散，使电流效率降低到 50% ~ 60%。

e　温度对于电流效率的影响

根据实验室研究结果，当阳极电流密度为 $0.5A/cm^2$，阳极高度为 80cm，极距为 8cm 时，电流效率与温度的关系见表 1-10。

表 1-10　电流效率与温度的关系

温度/℃	680	700	750	800
电流效率/%	78.0	88.0	86.4	82.1

温度在 680 ~ 800℃ 范围内，电流效率与温度呈直线关系：温度每升高 10℃，电流效率大致降低 0.8%。这一关系已为工业生产实践所证实。电流效率随温度升高而降低，是镁被氯气氯化的速度加快所致。

C　镁电解中的电能消耗

镁电解中的电能消耗率是由槽电压（包括槽外母线电压降分摊值）与镁的电学当量值决定的，见式（1-5）：

$$W = \frac{U_槽}{0.453 \cdot \gamma} = 2.205 \times \frac{U_槽}{\gamma} \tag{1-5}$$

其中，W 的单位为 $kW \cdot h/kg(Mg)$。由式（1-5）可见，降低槽电压或提高电流效率，均有利于减少电能消耗率。

D　使用双极性电极的镁电槽

夏马（Sharma）提出一种多室镁电解槽，此槽包括钢质槽壳和耐火材料内衬，内部装设一个耐火材料隔板，把阴极室 A 同阳极室 B 隔开，用钢阴极和石墨阳极。所用的电解质 A 的组成是 $MgCl_2$、$CaCl_2$、$NaCl$、CaF_2，与目前镁工业生产中所用的相同，阴极和导杆由钢板制成；所用的电解质 B 包含 $MgCl_2$、$NaCl$ 和 CaF_2，此种电解质能够溶解所加入的 MgO，使之生成 $MgCl_2$，用石墨质阳极和导体。石墨阳极上有孔洞。槽内有一层液态 Mg-Al 合金（或 Mg-Zn 合金、Mg-Cu 合金），作为双极性电极。用双极性电极的镁电解槽如图 1-17 所示。

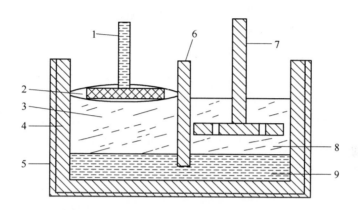

图 1-17　用双极性电极的镁电解槽

1—钢阴极；2—镁；3—电解质 A；4—耐火砖内衬；5—钢壳；6—耐火材料隔板；
7—石墨阳极；8—电解质 B；9—Mg-Al 合金液

电极反应如下所示：

在镁电解过程中，阳极上产生 Cl_2：

$$2Cl^- \longrightarrow Cl_2 + 2e$$

在同一阳极室内，在双极性电极界面上，还发生下列电化学反应生成镁：

$$[Mg^{2+}]（电解质 B）+ 2e \longrightarrow [Mg]（双极性溶液）$$

在阴极室内，在双极性电极界面上，发生下列反应生成镁离子：

$$[Mg]（双极性溶液）- 2e \longrightarrow [Mg^{2+}]（电解质 A）$$

而在同一阴极室内，在钢阴极上，又发生下列反应：

$$[Mg^{2+}]（电解质 A）+ 2e \longrightarrow 2Mg$$

因此，此槽内的总反应便是 $MgCl_2$ 的分解。Mg^{2+} 从电解质 B 进入电解质 A，而 Mg 和 Cl_2 分别在阴极和阳极上析出，但是不会混淆。氯化镁连续地加入槽内，以使电解质内维持一定的浓度。此外，还加入少量的 MgO 粉，使之与 Cl_2 反应，生成 $MgCl_2$。在这种情况下阳极室产生了氧气而不产生氯气，但是石墨阳极并不消耗。此种双极性电解槽结构简易，能够节省电能。

1.1.4.5　热法炼镁

热法炼镁是利用还原剂在高温、低压下，将镁从其化合物中还原出来而制得金属镁的生产工艺。按还原剂的不同，可分为金属热还原法（Al）、碳热还原法（C）、硅热还原法（Si-Fe）。下面主要介绍硅热还原法。

A　硅热还原法炼镁的原理

硅铁合金（含 75% Si）在高温和减压下还原白云石中的 MgO，得到纯镁和二钙硅酸盐渣。发生的反应是：

$$2(CaO \cdot MgO)(s) + Si(Si\text{-}Fe)(s) = 2Mg(g) + 2CaO \cdot SiO_2(s)$$

有关该反应进行的可能性，可参照艾林汉图（见图 1-18）。该图绘示出各种氧化物的标准生成自由能随温度而改变的曲线。从该图看出，反应 $Si + O_2 = SiO_2$ 的标准生成自由能负值比反应 $2Mg + O_2 = 2MgO$ 的标准生成自由能负值小得多。到 2375℃时，二者相等，这时候有可能用 Si 还原 MgO。

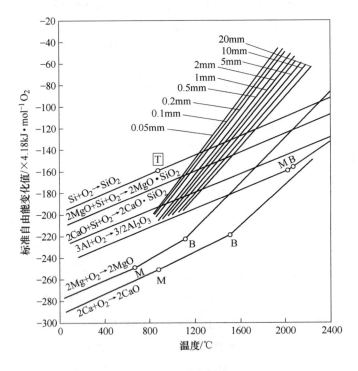

图 1-18　艾林汉图

这里有两点值得考虑：

（1）当用硅（铁）还原白云石时，生成了稳定的化合物二钙硅酸盐，此时还原起始温度降低约 600℃，所以用白云石做原料是有利的；

（2）艾林汉图上的标准生成自由能是指在标准状态下，即参与反应的气态物质的分压为 0.1MPa，而固态或液态物质的活度均为 1 时的生成自由能。

如果参与反应的物质不是处于标准状态，则反应的自由能变化值应为：

$$\Delta G = \Delta G^0 + RT\ln p \tag{1-6}$$

式中　　p——参与反应的物质的原始分压比；

$RT\ln p$——反应自由能变化值的修正值。

在 $a\mathrm{Me} + \mathrm{O}_2 \rightarrow b\mathrm{MeO}$（这里 O_2 为 0.1MPa）形式的反应中，自由能变化值的修正值为：

$$RT = \frac{p_{\mathrm{MeO}}^{b}}{p_{\mathrm{Me}}^{a} \cdot p_{\mathrm{O}_2}} \tag{1-7}$$

其中，$p_{\mathrm{O}_2} = 0.1\mathrm{MPa}$，当反应中 MeO 为固态，Me 为气态时，则：

$$\Delta G = \Delta G^0 - RT\ln p_{\mathrm{Me}}^{a} \tag{1-8}$$

由此可见，当金属 Me 的原始压力小于 0.1MPa 时，$\ln p_{\mathrm{Me}}^{a}$ 为正值。但是，ΔG^0 值为负值，结果使 ΔG 值的负值减小，亦即自由能改变值曲线向上移动。这就意味着用 Si 还原 MgO 的可能性增大。

用硅还原氧化镁（或白云石）的平衡温度随压力减小而降低，用硅还原氧化镁时的平衡温度 - 压力关系见表 1-11。

表 1-11　用硅还原氧化镁时的平衡温度 - 压力关系

剩余压力/Pa	101308	1333	133.3	13.3
平衡温度/℃	2375	1700	1430	1235

因此，在减压状态下，用 Si 还原 MgO 的温度可以明显降低。这就使得硅热还原法炼镁有可能在较低的温度下实现。

实践结果表明，在用硅还原白云石的炼镁过程中，采取温度为 1100~1250℃ 和真空度为 13.3~133.3Pa，可顺利还原出镁。真空除了能够降低还原的操作温度之外，还能够防止还原剂硅和产品镁被空气氧化。

B　硅热还原法的应用

硅热还原法，按照所用设备装置的不同，可分为三种：（1）皮江法（Pidgeon Process）；（2）巴尔札诺法（Balzano Process）；（3）玛格尼法（Magnetherm Process）。

a　皮江法

皮江法是在 1940 年左右发展起来的一种炼镁方法，原料是白云石和硅铁（皮江法的生产流程见图 1-19）。白云石（其中 Mg 的质量分数不低于 20%）在回转窑内煅烧，其煅烧温度为 1350℃。还原剂硅铁（其中 Si 的质量分数为 75%）是从电弧炉中产出的。往磨细的原料中添加质量分数为 2.5% 的 CaF_2，经混合后压成坚实的团块，团块要在随后的加热过程中不至于碎裂。蒸馏罐用无缝的不锈钢管制成，且为卧式；操作温度为1200℃，从外部加热；罐的长度为3m，内径28cm，可容纳160kg炉料（皮江法用的镁蒸馏罐见图1-20）。

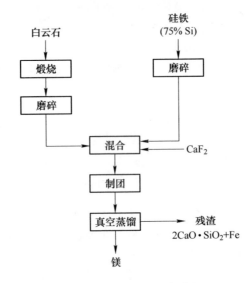

图 1-19　皮江法的生产流程

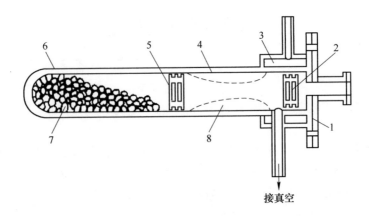

图 1-20　皮江法用的镁蒸馏罐

1—盖子；2—钾、钠冷凝器；3—水冷器；4—钢制套管；5—防辐射罩；
6—不锈钢管；7—团块炉料；8—冷凝的镁

硅热还原法还原白云石过程的主要反应：

$$2MgO + Si =\!=\!= 2Mg + SiO_2$$

$$2MgO + SiO_2 =\!=\!= 2MgO \cdot SiO_2$$

$$MgO \cdot SiO_2 + CaO =\!=\!= MgO + CaO \cdot SiO_2$$

因此，总反应为：

$$2MgO + Si + 2CaO \longrightarrow 2Mg + 2CaO \cdot SiO_2$$

反应 $MgO \cdot SiO_2 + CaO = MgO + CaO \cdot SiO_2$ 的发生具有十分重要的意义：（1）可以再次降低还原的温度（还原温度可降低 600℃）；（2）CaO 使得渣中 $MgO \cdot SiO_2$ 的 MgO 被置换出来，降低了 MgO 的消耗，提高了镁的回收率。

（1）硅热还原法还原白云石还原反应的机理。

硅热还原法还原白云石还原反应的机理难以达成统一的意见，但是以下解释可能更接近实际。认为 $CaO \cdot MgO$-Si 系各组分之间在 600~800℃ 时，先形成中间化合物 $CaSi_2$，当温度提高到 1020℃ 以上时 $CaSi_2$ 熔化并分解成钙蒸气，蒸气态的钙和硅共同将氧化镁还原。反应过程为：

$$10CaO + 5Si \longrightarrow 2CaSi_2 + 4CaO \cdot SiO_2$$
$$10MgO + 2CaSi_2 + 6CaO \longrightarrow 10Mg + 4(2CaO \cdot SiO_2)$$

总反应为：

$$10MgO + 5Si + 10CaO \longrightarrow 10Mg + 5(2CaO \cdot SiO_2)$$

（2）添加剂的作用。

炉料中加入 CaF_2、MgF_2 或 $3NaF \cdot AlF_3$ 等，可以起到加速还原反应的作用。炉料中加入 2%~5% 的 CaF_2，可使镁的实收率增加 3%~6%。原因为氟离子半径与氧离子半径非常接近，因而在还原过程中，炉料中氧化镁等氧化物表面层内的氧离子能够部分地被氟离子所置换，从而使氧化物表层提高了反应能力。同时，氟化物可能与 SiO_2 相作用生成四氟化硅（SiF_4），因而加快了硅在反应物中的扩散速度。但是加入过量时，又会产生冲淡反应物，减弱其相互接触面积的不良影响，使其积极作用变得不明显。

（3）硅铁中硅含量对还原剂还原能力的影响。

硅 – 铁中硅含量不同，其还原能力也不同，由图 1-21 可见，随着硅含量的增高，还原所得镁的回收率增加，意味着还原剂还原能力增强。

不同品位硅铁的还原能力不同，是其中硅的存在形式不同所导致的。硅铁合金中，硅有两种存在形式，一种为游离态的自由硅，另一种为与铁形成合金（$FeSi_2$、$FeSi$、Fe_2Si_3）。合金态硅的还原能力显然低于游离态硅，且随着铁量的增加，还原能力更低。由图 1-21 所示，合金态硅能起作用，但是作用有限。

因此，在选择硅 – 铁中硅含量时，需要综合考虑技术与经济两个方面的原因，一般来说选用硅含量为 75% 的硅铁。

（4）煅烧白云石的质量。

从热还原的角度来看，煅烧白云石的质量主要取决于三个方面：1）活性；2）完全由碳酸盐转变为氧化物；3）杂质含量。煅烧白云石的活性越高，越有利于还原反应的加速进行。煅烧白云石中碳酸盐分解不完全，在还原温度下，会

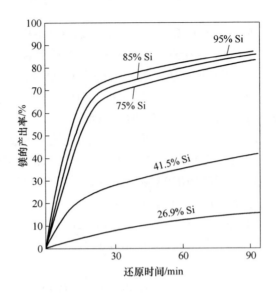

图 1-21　不同硅含量的硅铁对镁产出率的影响

分解放出 CO_2，它与镁蒸气作用，使之氧化，同时增加了镁蒸气冷凝过程中的残余分压，引起镁结晶变得疏松，降低镁的回收率。煅烧白云石的活性以及其中碳酸盐的残留程度与白云石的煅烧温度和煅烧时间有关。温度升高，煅烧时间延长，白云石分解速度加快，碳酸盐分解完全。但是过高的煅烧温度和煅烧时间会促使 CaO 和 MgO 的结晶变得粗大，因而降低了煅烧白云石的化学活性。

白云石中某些杂质，如 SiO_2、Al_2O_3、Fe_2O_3 等在较高的煅烧温度下会与 CaO、MgO 相互作用，生成复合氧化物，如 $2MgO \cdot SiO_2$、$MgO \cdot Al_2O_3$、$MgO \cdot Fe_2O_3$ 等，这种造渣会使得白云石中局部产生液相而烧结，从而降低煅烧白云石的活性。

（5）炉料配比。

根据皮江法炼镁的基本反应：

$$2(CaO \cdot MgO) + Si(Fe) = 2Mg + 2CaO \cdot SiO_2$$

根据反应式，炉料各组分的理论配比（摩尔比）为：Si:Mg = 1:2；CaO:Si = 2:1；Si/MgO 比高有利于还原反应，但是硅铁合金较贵，从经济的角度，需要考虑其利用率。CaO/Si 比增加没有用处。

（6）炉料粒度及制团。

硅热还原法炼镁为固态物质间的反应，因此炉料各组分间的接触状态（接触面积、接触压力）会对反应速度产生影响。皮江法炼镁还原温度低，因此影响更明显。

工业上将煅烧白云石和硅铁分别磨细并压制成团块，以固体状态送入炉中进行反应。物料粒度和制团压力需要适中，太细会增加物料表面氧化程度，降低表面活性。制团压力太大，团块过于致密，会使反应生成的镁蒸气逸出，增加团块的阻力，增加未反应物料附近镁蒸气的分压，降低反应速度。

（7）还原温度、真空度和还原周期。

温度是对还原反应速度影响最大的因素。还原温度越高，反应速度越快，目前还原温度控制在1250℃以下，主要是受还原罐材质的限制。

提高真空度可以降低还原反应的起始温度，降低反应系统的剩余压力，有利于镁蒸气扩散到冷凝区，从而加快反应速度。同时延长了镁原子扩散时的平均自由程，因而有利于得到结晶致密的镁。另外，真空度高能提高硅的利用率。

还原周期：还原周期长，硅的利用率高，镁的实收率提高，但是延长了工时，增加了能耗。

（8）生产方式。

生产方式是间断的。每个生产周期大约为10h，可分为三个步骤：

1）预热期。装料后，让炉料得到预热，此时炉料中的二氧化碳和水分被排除。

2）低真空加热期。装上蒸馏罐的盖子，在低真空条件下加热蒸馏罐，此时所有的二氧化碳和水分均被排除。

3）高真空加热期。此时罐内真空度保持在13.3～133.3Pa，温度达1200℃左右，时间为9h，镁蒸气冷凝在钢罐中的钢套上。由于外面水箱的冷却作用，钢套的温度大约为250℃。最后，切断真空，将盖子打开，取出冷凝着镁的钢套。钢套上的镁呈皇冠状，故称为"镁冠"，这是一种结晶得很好的镁。蒸馏后的残余物为二钙硅酸盐渣和铁。残余物取出后，装入新料，开始下一轮的操作。在蒸馏罐的末端有一只捕集钾、钠的冷凝器。

（9）镁的蒸馏效率。

镁的蒸馏效率用式（1-9）表示：

$$\eta_{镁} = \frac{产出的镁量}{按 Si 量计算的镁量} \times 100\% \tag{1-9}$$

生产经验指出，白云石中SiO_2或硅酸盐的质量分数不宜超过2%，因为它们会降低白云石的反应活性。此外，白云石中碱金属的质量分数也不宜超过0.15%，以免污染镁冠。而使镁冠在空气中着火燃烧，炉料中添加质量分数为2%的CaF_2（萤石）可起催化作用，提高镁的提取率。改良的还原剂是铝－硅合金或废铝。

b 巴尔札诺法

巴尔扎诺法的工艺如图1-22所示。

c 玛格尼法

玛格尼法（Magnetherm Process）起源于法国（玛格尼法的炼镁流程图见

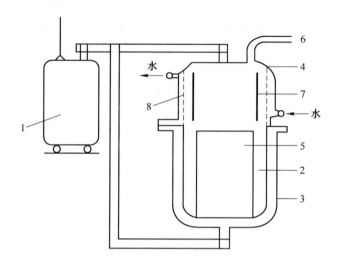

图 1-22　巴尔札诺法用的镁蒸馏罐

1—变压器；2—耐火材料内衬；3—炉壳；4—冷凝器；5—炉料；6—真空管道；

7—冷凝的镁；8—冷却系统

图 1-23）。此法的主要特点是：

（1）用铝土矿和白云石做原料，硅铁作还原剂，在真空电炉中进行还原反应，反应温度为 1600～1700℃，真空度为 0.266～13.332kPa。

（2）所有炉料均呈液态，产品为液态镁，炉渣亦为液态。

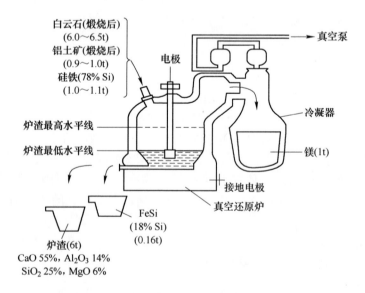

图 1-23　玛格尼法的炼镁流程图

在此法中，镁的还原反应为：

$$2(CaO \cdot MgO)(s) + 2Si(Fe)(s) + nAl_2O_3(s) === 2Mg(g) + 2CaO \cdot SiO_2 \cdot nAl_2O_3(l) + Si\text{-}Fe(l)$$

硅铁（其中 Si 的质量分数为 75%）的密度为 2.7g/cm³，它跟炉渣相仿，因此二者混合在一起。当硅铁中硅含量降低时，沉降到炉底。

经过 10h 的连续加料后，电炉内炉渣的深度可达 2.4m。此时，切断真空，注入惰性气体，同时减少变压器输入功率，只维持必要的炉温。然后排出残余的贫铁（其中 Si 的质量分数为 18%）和贫镁炉渣（其中 MgO 的质量分数为 6%）。随后开始第二个生产周期。所以，生产过程也不是连续的。当第二个生产周期结束之后，将镁的冷凝罐移走，换为一只空罐。

1.1.4.6 镁的精炼

电解法和热还原法所得的原镁中，含有少量金属的和非金属的杂质。一般用熔剂或六氟化硫（SR）加以精炼。镁的纯度达到 99.85% 以上，即可满足一般用户的要求。纯度更高的镁可用真空蒸馏法制取。

A 熔剂法精炼

在熔铸镁时，溶剂分为精炼熔剂和覆盖熔剂。精炼熔剂用来清除镁中的某些非金属杂质，覆盖熔剂用来避免熔融的镁在空气中氧化。熔剂成分通常为氯化盐和氟化盐。由于熔剂对液态镁的润湿性较差，对镁中机械夹杂的氧化物粒子却润湿良好，因此，通过熔剂与这类杂质粒子接触，将它们吸附到熔剂相中，然后与熔剂一同从镁中分离。熔剂的这种作用主要依赖于氯化钾、氯化钠，特别是氯化镁。此外，镁中的碱金属会同 $MgCl_2$ 相互作用，置换出 Mg，并生成相应的氯化物。镁中的非金属夹杂物 MgO 也与 $MgCl_2$ 作用，生成 MgOCl 沉淀下来。覆盖熔剂在镁液表面上会生成一层致密的保护膜，这是因为熔剂能够很好地湿润液态镁。

B 镁的升华精炼

镁的升华提纯一般在竖式蒸馏炉中进行。其原理是根据镁和其中所含杂质的蒸气压不同，在一定的温度和真空条件下，使镁蒸发，从而与杂质分离。凡是蒸气压高、沸点低于镁的金属和盐类首先蒸发；而蒸气压低、沸点高于镁的金属和盐类，则残留下来，因此镁得以提纯。升华提纯时，镁从固态出发，直接冷凝成固态镁。镁升华精炼炉结构示意图如图 1-24 所示。

当升华温度为 600℃、冷凝温度为 500℃ 时，镁的升华过程进行得相当快，这时候镁中的大多数杂质实际上不升华。此时容器内的镁蒸气压稍大于 266.6Pa，因此可得到纯度为 99.99% 以上的镁。其他成分的质量分数应低于：Fe 0.002%，Si 0.0004%，Al 0.001%，Na 0.001%，Cu 0.001%，Ni 0.0001%。

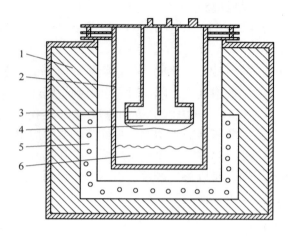

图 1-24　镁升华精炼炉结构示意图

1—电炉炉体；2—真空罐；3—结晶器；4—结晶镁；5—电炉加热装置；6—原料镁

1.1.4.7　镁锭的表面处理

化学成分合格的镁锭，可根据用户要求及贮存期限进行表面处理，防止氧化腐蚀。表面处理的方法有重铬酸盐镀膜、浸油及油纸包装、阳极氧化和有机膜包覆法等。

A　铬酸盐钝化

铬酸盐钝化是以铬酸、铬酸盐或重铬酸盐作为主要成分的溶液处理金属，以在金属表面上形成由三价铬和六价铬及金属本身化合物所组成的膜层，这种膜层能抑制金属的腐蚀。具体做法就是将镁锭浸入钝化液中，这时表面金属被溶液氧化，形成钝化膜。铬酸盐钝化膜之所以能够起到防护作用，有两方面原因：（1）膜层本身致密、耐腐蚀，起到了阻挡层的作用；（2）膜中含有可溶性六价铬的化合物，对裸露的镁起到了阳极保护作用。

B　阳极氧化

阳极氧化，是一种通过电解反应来增加基体氧化膜的厚度，提高膜层抗腐蚀和抗磨损性能的方法，可在碱性也可在酸性溶液中进行。氧化膜结构分为两层，靠近基体的致密，而外表的疏松，故需进行封孔处理。

C　有机膜包覆法

有机膜包覆法，是在镁锭表面包覆一层有机膜，以达到将镁锭与周围介质隔离开的目的。其过程即为将预处理过并烘干的镁锭放于环氧或酚醛树脂溶液中，取出后用热空气干燥，使附着在表面的液态膜中的溶剂挥发，再加热到适当温度，以使树脂聚合。

1.2 镁基复合材料概述

镁是自然界中可大量应用的最轻的金属材料，其密度仅为铝的 2/3。但镁合金的低硬度、低强度、低模量、高膨胀系数等限制了它的应用。而镁基复合材料可以消除或减轻镁合金的这些不足，而且具有低密度、高比强度和比刚度及优良的抗震、抗冲击性能；同时还具有良好的耐磨性、耐高温性、良好的尺寸稳定性和铸造性能；此外，还具有电磁屏蔽和储氢特性等，是一类优秀的结构与功能材料，也是当今高新科技领域中最有希望采用的复合材料之一，近年来已成为继铝基复合材料之后又一具有竞争力的轻金属基复合材料。

镁基复合材料具有优异的综合性能，除用于航天、航空及军事领域外，在汽车用材、建材及其他民用材料方面也具有巨大的应用前景。航空航天方面，美国 Textron 公司生产制备的 SiC/Mg 复合材料具有良好的力学性能，耐空泡剥蚀，不易产生电化学腐蚀，用于制造导弹尾翼、螺旋桨等部件，可减轻飞机的质量。另外，Textron 公司还采用 Al_2O_3/Mg 制成皮带轮、油泵盖和全油泵等，具有轻质、强度高、耐磨的特点。美国国防部与美国空军联合主持的技术开发计划中，在洛克希德・马丁公司（Lockheed Martin Space Systems Company，简称 LMT）协助下，采用真空浸渍法成功制备出长 1.2m、直径 50mm 的碳纤维增强镁基复合材料管材，可用作桁架结构使用。美国道乌（Dow Chemical）公司采用特殊铸造法制备 SiC/Mg 复合材料，成功挤出各种型材，挤压比高达 60∶1，制造出齿轮、齿状链轮、皮带轮、油泵箱体及压力释放阀等耐磨零件，其中一些零件取得了令人满意的实验效果。美国 AMAX 公司利用 TiC/Mg 复合材料制造的皮带轮、滑轮、链罩、轴承表面和活塞杆的拉伸强度高、耐磨性好，硬度比常用材料提高了25%。美国 Cordec 公司制备出具有零膨胀系数的碳纤维增强镁基复合材料，在高低温热循环中无滞后现象，可用于大表面积蜂窝结构件的制造。NASA 利用浸渍法制备了碳纤维增强镁基复合材料，具有高比强度、高比刚度、低热膨胀系数、抗辐射等一系列优点，可用于制造卫星仪器支架、卫星系统校准镜结构等。同时，NASA 还采用拉拔法制备了镁基复合材料无缝管材，用于民用飞机的天线支架的制造。其他方面，加拿大镁技术研究所研究员采用搅拌铸造和挤压铸造的方式成功实现 SiC 颗粒增强镁基复合材料的制备，制造出汽车的盘状叶轮、齿轮、活塞环槽、轴承等样品零件。李文珍等人通过搅拌铸造法成功制备出 CNTs/AZ91D 复合材料，借助挤压和压铸成型的手段制成耳机的壳体。他们采用镁基复合材料作为耳机壳体，可缩短耳机发声的混响，提高耳机音质，相比于塑料壳体，镁基复合材料壳体具有更高的强度，在满足强度需要的条件下，可以减小壁厚，减轻耳机质量，使耳机内部空间变大。深泉技术和纽约大学理工学院的研究人员共同研发制备出 SiC 空心颗粒增强镁基复合材料，其密度（0.92g/cm³）低于水的密度，可悬浮于水面上，有望应用于船舶工业。SiC 空心颗粒强度高，且在复合材料发生碰撞的过程中能够吸收能量，从而起到保护作用。另外，该复合材料具有耐热性，可通过改变增强体含量来调控复合材料的性能，在船舶、汽车、浮力模块及车辆装甲领域具有巨大的应用潜能，有望在 3 年内制得用于测试的模型。

根据镁基复合材料的特点，结合原有的金属基复合材料的制备工艺，材料工作者尝试了多种新的适合制备镁基复合材料的方法和工艺，对研制、开发镁基复合材料起到了很好的促进作用。

但是现在镁基复合材料的研究还存在一些问题，如增强相与基体间润湿性不强，无法在复合材料中形成良好的界面；复合材料的制备工艺过于复杂；有些先进的制备方法还停留在实验室中，无法实际应用。因此今后镁基复合材料研究重点将主要集中在开发新型增强相材料与原位反应合成技术，优化现有制备工艺，大规模制备高性能镁基复合材料。

镁基复合材料主要由镁合金基体、增强相和基体与增强相间的接触面——界面组成。基体有镁合金、铸镁和镁化合物，因纯镁强度低，不适于作为镁基复合材料的基体，一般需要添加合金元素进行合金化。常用基体合金目前主要有 Mg-Al、Mg-Mn、Mg-Li，高强度基体 Mg-Zn、Mg-Zr，于较高温度下工作的合金系 Mg-Re、Mg-Ag，此外，还有用于储氢的 Mg-Ni。镁基复合材料根据其使用性能选择基体合金，侧重铸造性能的可选择铸造镁合金为基体；侧重挤压性能的则一般选用变形镁合金。主要合金元素有 Al、Zn、Li、Ag、Zr、Th、Mn、Ni 和稀土金属等，其中 Al、Zn、Li 最为常用，它们在镁合金中具有固溶强化、沉淀强化、细晶强化等作用。

增强相选择要求与铝基复合材料大致相同，都要求物理、化学相容性好，润湿性良好，载荷承受能力强，尽量避免增强相与基体合金之间的界面反应等。常用的增强相主要有 C 纤维、Ti 纤维、B 纤维、Al_2O_3 短纤维、SiC 晶须、B_4C 颗粒、SiC 颗粒和 Al_2O_3 颗粒等。长纤维增强金属基复合材料性能好，但造价昂贵，不利于向民用工业发展，另外其各向异性也是阻碍因素之一。颗粒或晶须等非连续物增强金属复合材料各向同性，有利于进行结构设计，可以二次加工成型，可进一步时效强化，并具有高的强度、模量、硬度、尺寸稳定性，优良的耐磨、耐蚀、减振性能和高温性能，已日益引起人们的重视。由于镁及镁合金比铝和铝合金化学性质更活泼，因而所用增强相与铝基复合材料不尽相同。如 Al_2O_3 是铝基复合材料常用的增强相，但在镁基复合材料中，其与 Mg 会发生反应：$3Mg + Al_2O_3 \!=\!\!=\! 2Al + 3MgO$，降低其与基体之间的结合强度，所以镁基复合材料中较少采用 Al_2O_3 作为增强相。C 纤维强度高、密度低的特性使其理应是镁基复合材料最理想的增强相之一。虽然 C 与纯镁不反应，但却与镁合金中的 Al、Li 等反应，

可生成 Al_4C_3、Li_2C_2 化合物，严重损伤碳纤维。研究发现 B_4C、SiC 与镁不反应，但 B_4C 颗粒表面的玻璃态 B_2O_3 与 Mg 能够发生界面反应，使得液态 Mg 对 B_4C 颗粒的润湿性增大，所以这种反应不但不降低界面结合强度，反而可使复合材料具有优异的力学性能。由此可见，SiC 和 B_4C 晶须或颗粒是镁基复合材料合适的增强相。

2　镁基复合材料分类、制备方法及应用

由于镁的熔点与铝相近，镁基复合材料的制备工艺与铝基复合材料相似。颗粒、晶须、纤维增强镁基复合材料的传统制备方法主要有搅拌铸造、挤压铸造以及粉末冶金，除了这些传统的制备方法以外，近年还出现了机械合金化法、无压浸渗法、气体注射法、喷雾沉积法、原位合成法、DMD 法、自蔓延高温合成法、重熔稀释法、反复塑性变形等新型制备方法。传统镁基复合材料成型方法的优缺点见表 2-1。

表 2-1　传统镁基复合材料成型方法的优缺点

类别	制造方法	常用增强体	优缺点	应用举例
液态法	挤压铸造	C、Al_2O_3、SiCp、B_4C	工艺简单、成本低，润湿性好、气孔少	加拿大镁技术研究所生产了汽车盘状叶轮、活塞环槽、齿轮等零件
	搅拌熔铸法	Al_2O_3、SiCw、B_4C	设备简单、生产率高；但气孔较多，增强体分布不均匀，易团聚	AMAX 公司已大批量生产汽车用转向杆、连杆等
	喷射法	SiCp、B_4Cp	颗粒在基体中分布均匀，无偏聚无界面反应；孔隙率高，需进行二次加工	目前仅适用于 Mg-Li 复合材料
	熔体浸渗法	C、Al_2O_3、SiC、SiO_2	工艺设备简单、成本低，润湿性差	汽车前油封座、阀体、电子封装材料的生产
固态法	粉末冶金法	Al_2O_3、SiCp、SiCw	增强体分布均匀，减弱了界面反应；生产过程复杂，成本高	DWA、ACM 公司采用该工艺经二次成型生产了管材、板材和棒材等
	机械合金化法	Al_2O_3、SiCp、B_4Cp、TiC	工艺简单、成本低，成型材料精度高，但粉末在球磨过程中易受污染	北京有色金属研究总院制备了镁基储氢合金，美国制备了 ODS、CDS 合金
	热压固结法	B、SiC、C(Cr)	增强相分布均匀，无界面反应；易产生孔洞	中南大学制备了汽车盘式摩擦片
	热等静压法	B、SiC	可消除气体。提高抗拉强度；但工艺设备复杂，成本高	常用于铸造后的消除缩松缩孔、提高塑性等

2.1 传统的制备方法

2.1.1 搅拌熔铸法

搅拌熔铸法是将增强相（通常是粉末态）通过搅拌的方式分散到熔融的镁基体中。在这个过程中，炉中的机械搅拌是关键。合成的含有陶瓷颗粒的熔融态合金可用来做压铸模、永久铸模或砂型铸模。机械搅拌法适合制备增强体量较高的复合材料（可达30%），得到的复合体有时需要进一步的挤压以降低其空隙率改善微观结构以及使增强体分布均匀。通常以 AZ31、Z6、CP-Mg（化学纯级镁）、ZC63、ZC71 和 AZ91 作为基体的镁基复合材料都是采用该法制备的。

搅拌熔融法的主要优点是它可以大量生产。目前发展比较成熟的金属基复合材料的制备方法中，搅铸法是最经济的一种（大量生产时，搅铸法的成本仅是其他方法的 1/10 ~ 1/3）。然而，至今还无报道此法可以用来大量生产镁基复合材料。现以搅拌熔融法对 SiC 颗粒增强镁基复合材料制备工艺及材料性能加以介绍。

龙前生等人在 2016 年采用半固态机械搅拌铸造法制备了增强体平均粒径为50nm 的 SiC 颗粒增强镁基复合材料（n-SiCp/Mg9Al），分别对不同质量分数纳米颗粒、不同搅拌时间和不同搅拌温度时复合材料的微观组织和力学性能进行研究，结果表明，随着 SiC 含量的增加，合金基体组织先细化后又出现变粗的现象，适当延长搅拌时间能更有效地细化组织，在较低温度下搅拌可以更明显地细化复合材料的微观组织。合金抗拉强度随着 SiC 含量的增加先增加后降低，在SiC 含量为 1.5% 时最好为 198MPa；在含量为 2% 时又有所降低，但是高于不加SiC 时。搅拌时间为 15min 时，复合材料的屈服强度、抗拉强度较之基体分别提高了 12.8%、22%，断后伸长率由基体合金的 2% 提升到 4%；继续延长搅拌时间到 30min，材料的室温拉伸性能出现明显恶化。不同搅拌温度下 SiCp/Mg9Al 纳米复合材料与铸态 Mg9Al 合金相比，其室温拉伸性能有明显提高，搅拌温度为600℃ 的 SiCp/Mg9Al 纳米复合材料的室温拉伸性能最好，其屈服强度、抗拉强度和断后伸长率分别为 106MPa、155MPa 和 4%。

实验所用材料包括基体合金 Mg9Al，其名义化学成分是（质量分数）9% Al，余量为 Mg。加入的增强体是平均粒度为 50nm 的 SiC 颗粒。制备步骤为：首先将炉子升温到 400℃，放入刷好涂料的铁质坩埚进行预热；继续升温到 710℃，加入预热到 200℃ 的镁块和铝块，并在其上放置适量的 Al-Be 合金，通入保护气（$CO_2 + SF_6$）；待合金熔化后将炉温升至 760℃，扒渣后静置保温 15min，加入一定量的纳米 SiC，降温至预定的温度下浆搅拌一定时间后升温到 720℃，撤浆；升温到 760℃，扒渣，并加入六氯乙烷除气精保温静置 20min，降温至 720℃ 后浇注入预热 300℃ 的准 40mm × 200mm 的圆柱形金属模中制成坯料。微观组织观察

用光学显微镜（OM），在每个试样上相近部位切取合适大小的金相试样，经最高
3000 号的砂纸研磨后，在抛光机上抛光至光滑没有划痕，腐蚀后在 Leica DM2500
型光学显微镜上观察复合材料的微观组织。室温拉伸试验在 DNS 系列电子万能
试验机上进行，复合材料拉伸实验的夹头位移速率为 0.2mm/min，得到载荷 - 位
移曲线，每组样至少测定 3 次。用扫描电镜（SEM）和能谱仪（EDS）对复合材
料的第二相和纳米颗粒增强体分布以及拉伸断口进行观察。

2.1.2　挤压铸造法

挤压铸造法（又称压铸法）通常先将增强体（粉末或纤维/晶须）预先形成
后放入到铸模中，再将熔化的镁合金放入其中，然后在高压下固化。与搅铸法相
比，压铸法的优点在于镁合金中增强体的体积分数较高（可达 40% ~ 50%），而
且可根据部分的机械组成选择增强体。目前，很多铁基复合材料如 SiCw/Mg、
SiCw/AZ91、Mg_2Si/Mg 都是使用该种方法制备的。

在挤压铸造法过程中，需要适当控制压强。因为压强过大会在镁熔体中形成
湍流，从而引起夹气和镁的氧化。过高的压强还会破坏复合材料中的增强体，降
低其机械性能。挤压铸造法的缺点在于铸件的形状给生产过程带来很多约束，且
该种方法不适合大批量的自动化生产。

周国华等人采用等径角挤压铸造工艺制备了超细晶 CNTs/AZ31 镁基复合材
料。现以其为例，介绍挤压铸造工艺及采用本工艺制备的材料性能。

目前，研究较多的镁基复合材料的增强材料主要有 SiC 颗粒和晶须、Al_2O_3
颗粒和短纤维、TiC 颗粒和石墨纤维等，但是研究发现复合材料中往往存在微米
级增强相断裂，以及增强相与基体间界面失效等缺点。相对于微米级的增强相，
碳纳米管拥有更小的密度，更大的长径比，更高的强度、韧性和弹性模量，理论
上碳纳米管是改善基体材料机械性能最理想的纳米增强材料。已有学者证明，碳
纳米管在高达 2700K 真空状态和 983K 铝液条件下稳定性良好，并且在基体材料
中分散均匀。但铸造的复合材料一般都会有致密性不好、晶粒组织较粗大等缺
陷。为了进一步改善其组织，一般采用深度塑性变形工艺，其有利于晶粒细化。
而等径角挤压（ECAP）工艺由于不改变试样的尺寸，容易实现深度塑性变形，
从而获得超细晶粒。通过挤压变形，能够提高复合材料致密度，同时可以获得超
细晶粒组织。通过搅拌铸造法制备碳纳米管增强镁基复合材料，经退火处理后，
再采用 ECAP 工艺在高温下对复合材料进行挤压实验，探讨 ECAP 工艺对 AZ31
镁基碳纳米管复合材料显微组织及性能的影响，其为深层次开发碳纳米管增强镁
基超细晶复合材料打下基础。

挤压铸造法制备的碳纳米管增强镁基复合材料所使用的原料主要包括碳纳米
管和 AZ31 镁合金。多壁碳纳米管（MWCNTs）的（采用 CVD 法制备，由南昌大

学太阳纳米有限公司提供）透射电镜图如图 2-1 所示，管壁洁净，直径在 10 ~ 30nm，长度为 1 ~ 5μm，纯度≥90%。

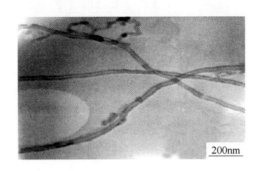

图 2-1　多壁碳纳米管的透射电镜图

　　基体材料选用 AZ31，如表 2-2 自行配置 AZ31 合金，原材料纯度分别是（质量分数）：镁锭 99.6%、铝锭 99.99%、锌粒 99.96%、锰锭 96.7%，其中锰熔制成 Al-10% Mn 中间合金。在氩气保护下采用机械搅拌法制备 AZ31 镁基碳纳米管复合材料，碳纳米管的加入量为 1.0%。已有研究表明，当碳纳米管在镁合金里的加入量达到 1.0% 时，复合材料获得最好的综合机械性能，碳纳米管加入量过多会导致偏聚，使复合材料机械性能下降。采用真空吸铸法取得试样，将试样加工成 φ18mm × 150mm 的挤压试样。

表 2-2　AZ31 镁合金的化学成分（质量分数）　　　　　　　　　（%）

Mg	Al	Zn	Mn	杂质总量
其余	3.0	1.0	0.2	0.5

　　由于材料的初始状态影响着 ECAP 细化晶粒的效果，初始晶粒等轴程度越好、越均匀，越有利于晶粒细化。因此，在挤压变形前应对铸锭试样进行均匀化处理，使离异共晶体 β 相（Mg17Al12）充分溶解于镁基体中而形成单相合金，消除塑性变形时因各相之间存在不均匀变形而导致的附加内应力，减少裂纹的产生。均匀化退火处理工艺为：加热到 400℃，在氩气保护下保温 20h，随炉冷至室温取出待用。

　　将经均匀化退火后的试样作为等通道转角挤压（ECAP）坯料。经挤压试验，模具两通道间的夹角、挤压路线和挤压温度对挤压后材料的组织性能影响很大。

　　（1）模具两通道间夹角的选择。模具两通道间的夹角是影响等通道挤压剪切效果的重要因素，包括内切角和外切角。实验中采用两等直径通道的内交角（模角）φ = 90°，外切角 ψ = 30°（见图 2-2）。在等径角挤压过程中，挤压试样通过模具多次所累积的当量应变由式（2-1）计算。

$$\varepsilon_N = N \times \frac{2\cot\left(\dfrac{\phi}{2} + \dfrac{\psi}{2}\right) + \psi\csc\left(\dfrac{\phi}{2} + \dfrac{\psi}{2}\right)}{\sqrt{3}} \qquad (2\text{-}1)$$

式中，ε_N 为试样 ECAP 挤压 N 道次后的当量应变；ϕ 为内切角；ψ 为外切角。故试样每挤压一道次，变形的等效应变量为 1.016。有研究发现，当内切角为 90°时，具有最好的剪切效果，最容易获得大角度晶界的等轴晶。

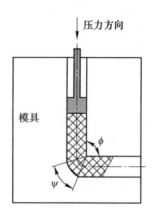

图 2-2　等通道转角挤压示意图

（2）挤压路线的选择。ECAP 的挤压路线分为 4 种：路径 A（试样不旋转）、路径 BA（每两次挤压之间试样依次旋转 90°）、路径 BC（每两次挤压之间试样始终旋转 90°）、路径 C（每两次挤压之间试样翻转 180°）。由于合金的剪切变形特征与变形途径有密切关系，且路径 BC 每道剪切面互相垂直，可获纤维状组织，在不产生死区的条件下，BC 优先获得大角度晶界。故采取 BC 路径进行，即每次重复挤压时试样按同一方向转动 90°。

（3）挤压温度的选择。挤压温度较低时会使试样产生裂痕甚至发生挤不动的情况，而挤压温度较高时，虽有利于顺利地进行挤压，但不利于得到超细晶组织。温度越低，挤压后试样的晶粒越细。经实验发现，AZ31 镁基碳纳米管复合材料在 150℃下进行挤压时会发生严重断裂，如图 2-3（a）所示；而在 200℃挤压后材料的表面较光滑，没有明显裂缝，如图 2-3（b）所示，在挤压前先要用砂纸将坯料打磨光亮以后用酒精清洗，并将试样加热到 220℃后保温 1h，模具预热温度为 200℃。实验时，用碳纳米管/机油混合物为润滑剂，挤压速度为 2mm/s。

性能测试方面，周国华等人只进行了微观组织观察和显微硬度的测试。显微组织观察的实验流程为磨样、抛光、腐刻、显微观察。腐刻采用酒精 - 5% 草酸混合溶液，腐刻时间 20s～1min 之间。材料的显微硬度是在 HXS-1000AK 型显微

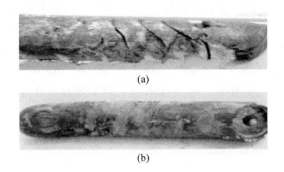

(a)

(b)

图 2-3　一道次等通道转角挤压后的 AZ31 镁基碳纳米管复合材料试样
(a) 150℃；(b) 200℃

硬度机上测定的。实验参数为：载荷 50g，加载时间 10s，每个试样按规定间隔测取 5 个硬度值，除去一个最大值和一个最小值，最后取平均值。

关于显微组织形貌及显微硬度，读者可以自行参考周国华等人的论文，这里不再赘述。

2.1.3　粉末冶金法

在粉末冶金法过程中，镁和增强体粉末经过混合、压模、脱气最后在特定的温度和特定的气氛（或真空）中进行烧结。目前国外大部分镁基复合材料都是用粉末冶金法制成的，譬如 SiC/AZ91、TiO_2/A791、ZrO_2/AZ91、SiC/QE22 和 B_4Cl/AZ80 等。粉末冶金法可以加入较大体积分数的增强体和任意改变增强体与基体的配比，从而获得不同体积分数的复合材料，且增强体在基体中分布较均匀。但不足之处是该法需要的合金粉末比块体材料价格高，而且制备过程较为复杂。所以粉末冶金法可能不是一种适合大批量生产的理想方法。

罗小萍等人利用粉末冶金热挤法制备了无钯镀镍碳纤维增强镁基复合材料。为了改善碳纤维与基体的润湿性，对碳纤维进行表面无钯化学镀镍处理。通过扫描电子显微镜（SEM）观察碳纤维化镀层以及碳纤维镁基复合体的形貌，通过超景深金相显微镜观察纤维在复合材料中的分布并对复合材料的挤压过程进行分析。结果表明：镀镍碳纤维能满足制备的要求并有利于纤维在复合体中的均匀分散，在含 4.0%（质量分数）碳纤维的预制体在压制压力为 420MPa，烧结温度为 550℃时保温 0.5h 后，在 480℃用 280MPa 的压力进行热挤压得到材料的力学性能最佳。

试验中所采用的镁粉是粒度为 74μm 的新出厂纯镁粉，PAN 基碳纤维来自中国科学院山西煤炭化学研究所，3k 无浆料，其性能参数为抗拉强度 3.84GP，断裂伸长率 1.6%，体密度 1.762g/cm^3，线密度 0.1808g/m，拉伸模量 240GPa。实验所采用的碳纤维化学镀镍工艺流程如下：将未上浆碳纤维置于90℃的浓硝酸中处理30min后放入2mol/L的NiSO₄溶液中，反应10min进行表面活化处理，沥干碳纤维附着的溶液并用去离子水洗涤后浸入含有KBH₄20g/L和NaOH 50g/L的碱性溶液中还原10min。然后将碳纤维放入pH值为10的氢氧化镍溶液中水洗60s，在镀液中进行化学镀镍，再经过水洗、烘干处理。化学镀液所采用的配方见表2-3。

表2-3　碳纤维表面化学镀镍配方

化学试剂	浓度	化学试剂	浓度
NiSO₄·6H₂O	24g/L	H₂NCSNH₂	1mg/L
NaH₂PO₂·H₂O	30g/L	pH值	4.5~5.0
CH₃COONa	20g/L	温度	(70±2)℃
Na₃C₆H₅O₇·2H₂O	20g/L		

最后将镁粉与长度为1~2mm的镀镍碳纤维置于行星式球磨机中球磨10min，取均匀混合后的粉末置入内径40mm的模具内冷压成型，冷压压力为420MPa，得到一定密度的压制坯；然后在不同温度的真空热处理炉里烧结30min且随炉冷却至300℃；接着升温至480℃保温30min进行热挤压，挤压压力为280MPa，挤压比为16，将复合材料挤压成直径为10mm的棒材。另外，为了防止在压制预制体时，镁粉在一定的压力和高温下与模具壁发生黏结，应在装入粉末之前，涂刷涂料。试验中采取石墨涂料，可以减少内外摩擦和降低单位压制力、脱模压力、压坯与模具间的摩擦，防止预制块退模时产生裂纹。最后，将复合材料样品进行预磨、抛光和侵蚀，在浓硝酸0.5mL+乙醇99.5mL的溶液中浸蚀3~5s，取出后利用日本产VHX-600超景深显微镜观察其界面的微观组织。利用日本产S-4800型扫描电子显微Rigakud/max-2500型X射线衍射仪研究复合材料表面、断口表面形态及结构变化；复合材料的硬度用型号为TH160里氏硬度计测定。按《金属材料拉伸试验　第1部分：室温试验方法》(GB/T 228.1—2010)尺寸加工拉伸试样，在ZDM-30型万能试验机上进行拉伸试验。

2.1.4　放电等离子烧结（SPS）法

放电等离子烧结（spark plasma sintering，简称SPS）工艺是将金属等粉末装入石墨等材质制成的模具内，利用上、下模冲及通电电极将特定烧结电源和压制压力施加于烧结粉末，经放电活化、热塑变形和冷却完成制取高性能材料的一种新的粉末冶金烧结技术。

此技术典型的代表是周敬等人采用SPS技术制备出Mg-W复合材料，并研究了该材料的力学性能。周敬等人采用放电等离子体烧结技术，实现了在低的烧结温度（600℃）下制备出质量分数介于 0～92% W 的致密 Mg-W 复合材料，通过 XRD、SEM 等测试手段对样品进行分析。结果表明，在 Mg-W 复合材料中，Mg 和 W 是以机械混合的形式存在。低 W 含量的样品中，部分熔化的 Mg 将 Mg 颗粒连接在一起，W 分散在 Mg 基体中；高 W 含量的样品中，部分熔化的 Mg 将 W 颗粒连接在一起。通过对复合材料的声速以及弯曲强度的测量表明，随着 W 含量的增加，复合材料的弹性模量增加，泊松比降低，弯曲强度增加。

　　实验使用市售 Mg 粉（质量分数为 99.9%，平均粒径为 43μm）、W 粉（质量分数为 99.9%，平均粒径为 6.92μm）。按不同配比称取 W 粉和 Mg 粉（其成分组成见表 2-4）后混合 24h，置于直径为 32mm 石墨模具中进行 SPS 烧结（烧结温度为 600℃，保温 5min，升温速率为 100℃/min，压力为 30MPa，真空度为 6Pa）。采用排水法测样品的密度，利用 X 射线衍射仪（D/MAX-ⅢA）分析样品的物相组成，使用扫描电镜（Quanta-400）和电子探针（JXA-8800R）对样品的微观结构以及成分进行测量。

表 2-4　Mg-W 复合材料的成分组成

编号	$w(W)/\%$	$\varphi(W)/\%$	$\varphi(Mg)/\%$	理论密度/g·cm^{-3}
1	0	0	100	1.74
2	40	5.67	94.33	2.74
3	70	17.38	82.62	4.79
4	80	26.50	73.50	6.39
5	88	39.80	60.20	8.73
6	92	50.90	49.10	10.68
7	93	54.50	45.50	11.31

　　采用超声波脉冲回波法测量样品的横波声速和纵波声速，所使用的测量仪器为超声信号发生接收器（Panametrics-5072PR）和示波器（TDS-2022）。通过计算得出材料的弹性模量和泊松比，见式（2-2）～式（2-4）。

$$C = 2L/t \tag{2-2}$$

$$E = \rho C_t^2 \frac{3C_1^2 - 4C_t^2}{C_1^2 - C_t^2} \tag{2-3}$$

$$\mu = \frac{C_1^2 - 2C_t^2}{2(C_1^2 - C_t^2)} \tag{2-4}$$

式中，C 为波速；L 为试样 2 个端面之间的距离；t 表示任意 2 个相邻回波之间的时间间隔；E 为杨氏模量；ρ 为实测密度；C_1 为纵波波速；C_t 为横波波速；μ 为泊松比。弯曲强度的测试在 RG30A 型 REGER 万能材料试验机上进行，加载速率为 0.5mm/min，样品的尺寸为 3mm×4mm×25mm。

2.2　新型制备方法

2.2.1　无压浸渗法

无压浸渗法是将熔融镁合金通过毛细管效应浸渍到预先放好的增强相中。如：Mg 渗透 SiC 和 SiO_2 粉末，在浸渗过程中，熔融的合金沿着增强梯层之间的空隙流动，形成毛细管现象。采用该法曾制得了 SiC/Mg 复合材料。常压浸渗法的实验：SiC 颗粒和浸渗剂 SiO_2 粉末混合后放入一铝质坩埚内，然后将铝质坩埚置入一钢质坩埚中，再将另一个装有纯镁粉的铝质坩埚放在渗铝坩埚的旁边以监测浸渗过程的温度；当系统开始加热时，放置在粉体混合物上端的纯镁坯体开始熔化，并逐渐浸渗到粉体混合物中去。这种方法制得的高体积含量的 SiC 颗粒分布非常均匀。

2.2.2　气体注射法

颗粒增强镁基复合材料出现于 20 世纪 60 年代，研究人员将镀保层的铅粉在 N_2 气氛保护下注射到铝合金熔融体中，然后匀速冷却固化，最终得到一种分布非常均匀的合金铸体。该方法常被用来制备镁基复合材料，一般是将不同粒径的 SiC 和 Al_2O_3 颗粒在载气 Ar 和 N_2 承载下通过管子或潜在熔体表面下的针状管进入熔融的 AZ91 合金中（约 720 ~ 730℃）。不仅 SiC 和 Al_2O_3 颗粒可以采用这种技术，其他碳化物、硅化物等也可采用这种技术。只要保证 SiC、Al_2O_3 等颗粒不发生团聚现象，就能提高材料的强度和弹性模量。

2.2.3　喷雾沉积法

喷雾沉积法的过程是将熔融的原子级的金属雾滴直接喷射到底物上形成大块金属材料。制备金属复合材料即是将增强相注射到已原子化的基体材料的蒸气雾滴中。雾滴速度一般平均为 20 ~ 40m/s。这种方法制得的复合材料中陶瓷颗粒增强相的分布一般不均匀。喷雾沉积的方法可将 SiC 颗粒与 QE22 沉积为块状材料，其组织细小，但易在界面形成气孔，挤压加工后其相对密度可提高到 99%。

2.2.4　原位合成法

原位合成法的基本原理就是在一定条件下通过元素之间或元素化合物之间的化学反应，在金属基体内原位生成一种或几种高强度、高弹性模量的陶瓷增强相，从而达到强化基体的效果。与传统的方法相比，该法具有很多优点：（1）增强体在基体内部原位生成，表面无污染，与基体界面的结合强度高；（2）增强体颗粒尺寸规则且分布均匀；（3）在保证材料具有较好韧性和高温性能的同时，可较大幅度地提高材料的强度和弹性模量；（4）工艺简单，成本较低。

　　近年来，原位合成法广泛应用于铝基复合材料的制备，而对于镁基复合材料的制备，它还是新的尝试。Mg-Mg$_2$Si 体系的复合材料是最早使用原位合成法制备的复合材料，增强相 Mg$_2$Si 的高强度使制备 Mg-Mg$_2$Si 复合材料变得困难，为了改善这一问题，人们采用铸锭 Mg-Si 合金和热挤压的方法，大幅度细化基体的粒度，使 Mg$_2$S 相分布均匀。研究表明，在模型材料 Mg-Si 系合金中，如果 Si 的含量高（$w(Si) \geq 10\%$）时，随着温度升高至 100℃，对于纯 Mg 和低 Si 合金，高 Si 材料的抗张强度降低；而在 300℃时，强度又随 Si 含量的增加而增强。属于此方法的复合工艺有自蔓延高温合成法（SHS）、XDTM 法、接触反应法、混合盐反应法和机械合金化（MA）法等。下面是几种常见的原位合成技术。

　　（1）自蔓延高温合成法（SHS）。

　　自蔓延高温合成技术（self-propagating high-temperature synthesis，简称 SHS）是由苏联科学院院士 Merzhanov 及其同事于 1967 年首次提出的。自蔓延高温合成技术基本原理是将含有两种或两种以上物质的混合物压坯的一端进行点火引燃使其发生化学反应，仅依靠化学反应放出的热量蔓延引起未反应的邻近部分发生燃烧反应，直至整个坯料反应结束，其反应的生成物一般为陶瓷或金属间化合物，尺寸可达亚微米至微米级。Jiang 等人选取 Ti 与 C 原子比为 1:1 的 Ti 粉末（平均粒度 25μm）、C 粉末（平均粒度 38μm）以及 Al（平均粒度 27μm）通过球磨混合均匀，固态成型压制件在真空电阻炉内 873K 下加热并恒温 15min，12A 电流电阻线点火，用 SHS 法合成含有 TiC（约为 5μm）颗粒与纯铝的主合金。将主合金加入熔融的 Mg 合金液中，半固态搅拌后铸造。TiC 颗粒被 Al 包覆，与镁合金的润湿性较好。此种方法制备的 TiC/AZ91 复合材料的 HB 硬度为 830MPa，抗拉强度达到 214MPa，但延伸率下降为 4%。Wang 等人通过 SHS 制备了 TiB$_2$/Mg 复合材料。选取 Ti 与 B 原子比为 1:2 的 Ti、B 粉末以及 Al 粉末通过球磨混合，固态成型压制为圆柱体预制件，在大约 680～720℃温度下，SHS 反应形成 TiB$_2$p-Al 主合金，将 TiB$_2$p-Al 加入熔融镁金属液，即获得 TiB$_2$/Mg 复合材料。TiB$_2$ 颗粒的存在，使得基体在凝固过程中，晶粒长大受到限制，从而细化晶粒，对材料的硬度进行测试，发现铸态 AZ91 的 HB 为 610MPa，而 7.5% TiB$_2$/AZ91 的 HB 达到 780MPa，复合材料的硬度有显著的提高。

　　自蔓延高温合成法具有反应速度快、产量高、产品纯度高等优点。但是通过该方法制备的复合材料存在高孔隙率、低密度等缺点，一定程度上制约着其应用。

　　（2）机械合金化法。

　　机械合金化法（mechanical alloying，简称 MA 法）最早发现于 20 世纪 60 年代晚期，它是将未加工的粉末在添加或不添加催化剂和不活泼的气氛中进行高能球磨，机械合金化通过不同的元素组分在球磨机内磨球的碰撞挤压作用下发生强烈的塑性变形，使不同的元素组分冷焊在一起，随后不断重复发生断裂、冷焊，使得粉末颗粒总是在最短的尺度上以新鲜的原子面互相接触，最终实现在熔炼状才能达到合金化的目的。

MA 技术是一种高能球磨技术，也是一种固态下合成平衡相、非平衡相或混合相的工艺，可以达到元素间原子级水平的合金化。现在，MA 工艺应用广泛，最近又用于制备有序或无序金属间化合物以及机械驱动化学反应合成纳米复合材料等，还被广泛用于制备镁基复合材料。该法制备镁基复合材料常用的增强体包括硅化物、碳化物、硼化物和氧化物。一些镁基功能复合材料，如镁基储氢复合材料也是通过机械合金的方法制备的。

（3）原位热压技术。

原位热压技术是将反应物混合或与某种基体原料混合后通过热压工艺制备，组成物相在热压过程中原位生成。通过调整工艺参数，也可采取常压烧结工艺。原位热压技术是常用的原位复合技术，国内不少研究机构或个人都利用该法制备复合材料。李超等人利用原位热压技术制备 Ti_3AlC_2/TiB_2 复合材料，以 Ti 粉、Al 粉、石墨和 B_4C 粉为原料采用原位热压法成功合成了 Ti_3AlC_2/TiB_2 复合材料。利用 DSC 和 XRD 对其反应路径进行研究，并利用扫描电镜（SEM）和透射电子显微镜（TEM）对复合材料的微观结构进行了表征，最后测试了复合材料的硬度和强度。结果表明，用 B_4C-Ti-Al-C 体系可在较低温度下合成致密无杂质 Ti_3AlC_2/TiB_2 复合材料；引入的 TiB_2 明显提高了 Ti_3AlC_2 的硬度和强度。

（4）放热弥散法（XD 技术）。

XD 原理是将含增强相形成元素的混合粉末和基体粉末混匀，压坯、除气后，加热至基体熔点温度以上，增强相形成元素在基体熔液中扩散，原位反应析出增强相颗粒。XD 复合技术是在燃烧合成的基础上发展起来的一种制备金属基复合材料的新工艺。

2.2.5　DMD 法

DMD 法（disintegrated melt deposition）是 Gupta 等人提出的，先将基体与增强体颗粒在氩气保护下加热熔化并过热，然后将过热处理的镁熔体搅拌均匀，由两个氩气喷嘴将射流均匀地喷射沉积到底部的基板上制备复合材料。用 DMD 法制备的复合材料基体与增强相之间的界面良好，增强相在基体里分布均匀，起到显著的晶粒细化作用，极大限度地抑制了孔洞的产生，因而 DMD 法是一种新型而有效的镁基复合材料的制备方法。使用该方法已经成功制备了 Y_2O_3 颗粒、Al_2O_3 颗粒、纯铝与 TiC 颗粒联合增强的镁基复合材料。

DMD 法制备镁基复合材料的典型代表是 Mg/Y_2O_3 复合材料的制备及性能表征。Hassan 等人在 Ar 气保护下，将 Y_2O_3 与 Mg 混合加热，过热时将熔浆在

460r/min 下用表面包覆 Zirtex 25 （86% ZrO_2、8.8% Y_2O_3、3.6% SiO_2、1.2% K_2O 和 Na_2O、0.3% 无机物）的桨叶，以 460r/min 的速率搅拌 2.5min，以促进增强相在基体中的分散。采用两个氩气喷嘴将搅拌后的熔融金属液在氩气中稀释后，通过均匀喷射沉积到金属基板上，其工艺原理如图 2-4 所示。

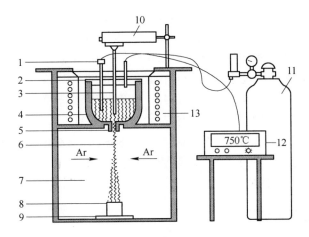

图 2-4　DMD 法工艺原理图

1—热电偶；2—坩埚盖；3—搅拌器；4—石墨坩埚；5—喷嘴；6—熔融金属；7—模腔；8—沉积块；
9—基板；10—发动机；11—氩气罐；12—熔炉控制单元；13—电阻加热炉

由此制得的镁基复合材料晶粒尺寸可由纯镁的 49μm 降低至 6μm。通过对不同增强相含量复合材料性能的分析得出，其综合性能在 Y_2O_3 含量为 0.66% 时最佳，硬度可达 560MPa，抗拉强度可达 318MPa；与基体合金相比，该含量分别提高了 40% 和 83%，具体见表 2-5。

表 2-5　室温下 DMD 法制得 Mg/Y_2O_3 的力学性能

材料	宏观硬度（HR15T）	微观硬度/HV	屈服强度 $\sigma_{0.2}$ /MPa	抗拉强度/MPa	延伸率/%
Mg	37 ±1	40 ±0	97 ±2	173 ±1	7.4 ±0.2
Mg/0.22Y_2O_3	56 ±1	51 ±0	218 ±2	277 ±5	12.7 ±1.3
Mg/0.66Y_2O_3	58 ±0	56 ±0	312 ±2	318 ±2	6.9 ±1.6
Mg/1.11Y_2O_3	49 ±0	52 ±1	—	205 ±3	1.7 ±0.5
纯 Mg	—	—	69 ~105	165 ~205	5.0 ~8.0

2.2.6　重熔稀释法

重熔稀释法（remelting and dilution，简称 RD）作为一种原位生成技术，已经在镁基复合材料的制备中使用。Zhang 等人将尺寸小于 75μm 的 Al、Ti 和 C 粉末进行球磨，混合后的粉末压制成圆柱体预制件，预制件在氩气气氛保护下且温度为1200℃时烧结20min；在$SF_6 + CO_2$气体保护下且温度为750℃时加热镁，将烧结的预制件加入熔融的镁液中，以250r/min的转速搅拌，浇铸合成8% TiC/AZ91复合材料。通过XRD分析，发现预制件中只存在Al、TiC以及Al_2O_3相。预制件烧结过程的反应自由能计算如下：

$$3Al + Ti \Longrightarrow TiAl_3 \qquad \Delta G = -724kJ/mol \qquad (2-5)$$

$$TiAl_3 + C \Longrightarrow 3Al + TiC \qquad \Delta G = -74.02kJ/mol \qquad (2-6)$$

式中，ΔG是在1400K温度下的反应自由能。根据式（2-5）与式（2-6）可以看出，在反应中Al只是充当中间物的作用，1400K下混合粉末反应方程式可以写作：$Al + Ti + C = Al + TiC$，反应结束只生成TiC与Al，与XRD结果吻合。原位合成的TiC颗粒的尺寸在$0.2 \sim 1.0\mu m$之间，8% TiC/AZ91复合材料的晶粒尺寸为$12\mu m$，弹性模量为49.1GPa，屈服强度为115MPa，抗拉强度为235MPa，比AZ91合金的力学性能均有提高。

2.2.7　反复塑性变形法

反复塑性变形（repeated plastic working，简称RPW）是Kondoh等人提出的一种非平衡加工技术。在材料制备过程中，将增强相颗粒与基体材料混合均匀后，用不同的压头交替进行压缩与挤压，经多次塑性变形后，坯体通过固相反应可以制备原位反应生成的强化相微粒子增强的高性能复合材料。压缩过程中，由于粒子的相对流动而互相混合、均匀分散；挤压过程中，基体与添加粒子受剪切力作用被细化。反复进行压缩与挤压，便可达到了晶粒细化与均匀分散的双重效果。Du等人通过在AZ31基体（平均晶粒为$112.0\mu m$）中添加SiO_2颗粒（平均晶粒$21.3\mu m$），采用反复塑性变形方法制备了$Mg_2Si + MgO$强化的Mg基复合材料。

周天承等人采用反复塑性变形（RPW）技术，再结合挤压工艺可制备出SiC颗粒增强AZ31镁基复合材料，RPW次数和SiC颗粒的加入量对SiCp/AZ31镁基复合材料显微组织和性能的影响也得到了研究。研究结果表明，随着RPW次数的增加，SiC颗粒逐渐被细化并最终在基体中弥散分布，在RPW为300次时的力学性能最佳；随着SiC颗粒加入量的增加，其室温抗拉强度和硬度都逐渐增大，在SiC颗粒体积分数为6%时达到最大值，分别为371MPa和112。

周天承等人试验所用AZ31镁合金为0.3mm×0.3mm的片状碎屑，其成分为（质量分数）：Al 3.03%，Zn 0.95%，Mn 0.03%，余量为Mg。增强体为绿色SiC颗粒，其成分为：SiC≥98.5%，Fe_2O_3≤0.50%，游离C≤0.25%，其基体的粒径为$30\mu m$。

试验设计SiC颗粒的加入量为2%~8%（体积分数）。先将称量好的AZ31

镁合金碎屑和 SiC 颗粒置于烘箱中恒温 105℃下干燥 10min，再混合后置于100AF-AB 型反复塑性变形机的模具中制备坯体。

反复塑性变形系统由反复塑性变形机、空气压缩机及其控制系统组成，其中压头和模具示意图如图 2-5 所示。

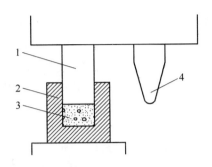

图 2-5　反复塑性变形机的压头与模具示意图
1—平压头；2—模具；3—混合料；4—尖压头

反复塑性变形的工作过程是先由平压头对模具内的混合粉料进行压缩固化，再交换压头，由尖压头对模具内圆柱体形状的坯体进行挤压，使其发生塑性变形，从而完成一个工作过程。在挤压过程中，合金基体及增强颗粒由于受到剪切力的作用而被细化；在压缩过程中由于两种物质的相对流动而互相混合、均匀分散。按此工作过程进行循环就构成了反复塑性变形工艺，该循环加工次数称为RPW 次数。RPW 的次数设计为 100 次、200 次、300 次、400 次，坯体每隔 10 次做一次翻转，压头的平均压力为 450kN。制备的圆柱形坯体尺寸为 $\phi35mm \times 24mm$。坯体经红外加热炉预热至 580℃（N_2 保护），选择挤压温度为 400℃，挤压比 $R=25$，由 YTW32E-100 型万能液压机进行挤压。从挤压的棒材（$\phi8mm$）中部切取试样，经打磨和抛光后，采用 XJP-6A 型金相显微镜进行端面显微组织观察，采用 HXD-1000 型显微硬度计进行显微硬度测试，使用 CSS-3902 型高温电子蠕变试验机进行室温拉伸强度测试，以及使用日立 S-3400N 型扫描电子显微镜进行组织观察和能谱分析。

2.3　镁基复合材料性能及应用

镁基复合材料的力学性能主要包括强度、硬度、塑性和韧性等。

强度是指金属材料在外力作用下对变形或断裂的抗力。强度指标是设计中决定许用应力的重要依据，常用的强度指标有屈服强度 σ_s 或 $\sigma_{0.2}$ 和抗拉强度 σ_b，高温下工作时，还要考虑蠕变极限 σ_n 和持久强度 σ_D。

塑性是指金属材料在断裂前发生塑性变形的能力。塑性指标包括：伸长率 δ，即试样拉断后的相对伸长量；断面收缩率 ψ，即试样拉断后，拉断处横截面积的相对缩小量；冷弯（角）α，即试件被弯曲到受拉面出现第一条裂纹时所测得的角度。

韧性是指金属材料抵抗冲击负荷的能力。韧性常用冲击功 A_k 和冲击韧性值 α_k 表示。A_k 值或 α_k 值除反映材料的抗冲击性能外，还对材料的一些缺陷很敏感，能灵敏地反映出材料品质、宏观缺陷和显微组织方面的微小变化。而且 A_k 对材料的脆性转化情况十分敏感，低温冲击试验能检验钢的冷脆性。表示材料韧性的一个新的指标是断裂韧性 δ，它是反映材料对裂纹扩展的抵抗能力。

硬度是衡量材料软硬程度的一个性能指标。硬度试验的方法较多，原理也不相同，测得的硬度值和含义也不完全一样。最常用的是静负荷压入法硬度试验，即布氏硬度（HB）、洛氏硬度（HRA、HRB、HRC）、维氏硬度（HV），其值表示材料表面抵抗坚硬物体压入的能力。而肖氏硬度（HS）则属于回跳法硬度试验，其值代表金属弹性变形功的大小。因此，硬度不是一个单纯的物理量，而是反映材料的弹性、塑性、强度和韧性等的一种综合性能指标。

镁基复合材料的力学性能主要集中在复合材料的拉伸、压缩性能、耐磨性、时效特性以及低温和高温超塑性等方面。

2.3.1　力学性能和测定方法

测试拉伸和压缩性能的实验分别称为拉伸试验和压缩实验。

拉伸试验是指在承受轴向拉伸载荷下测定材料特性的试验方法。利用拉伸试验得到的数据可以确定材料的弹性极限、伸长率、弹性模量、比例极限、面积缩减量、拉伸强度、屈服点、屈服强度和其他拉伸性能指标。从高温下进行的拉伸试验可以得到蠕变数据。

压缩试验是测定材料在轴向静压力作用下的力学性能的试验，试样破坏时的最大压缩载荷除以试样的横截面积，称为压缩强度极限或抗压强度。压缩试验主要适用于脆性材料，如铸铁、轴承合金和建筑材料等。对于塑性材料，无法测出压缩强度极限，但可以测量出弹性模量、比例极限和屈服强度。

耐磨性是指材料抵抗机械磨损的能力，即在一定荷重的磨速条件下，单位面积在单位时间的磨耗。

时效特性是指镁基复合材料在一定温度下（分为自然时效和人工时效），保持一段时间，由于过饱和固溶体脱溶和晶格沉淀而使强度逐渐升高的现象。

低温或高温超塑性是指材料在低温或高温下，呈现出的异常低的流变抗力、异常高的流变性能的现象。超塑性的特点有大延伸率、无缩颈、小应力、易成型。

2.3.2　影响镁基复合材料力学性能的因素

增强相是镁基复合材料的重要组成部分，增强相的类别、形貌、添加方式等都会对镁基复合材料的性能产生明显影响。例如，与未添加增强相的 AZ91D 镁合金相比，复合添加 Al_4Sr 和石墨烯增强相可使合金的 150℃ 抗拉强度提高 98.9%，屈服强度提高 175.2%，断后伸长率基本不变，室温磨损体积减小 85.5%，室温腐蚀电位正移 198mV。

纳米颗粒增强镁基复合材料能显著提高合金强度，而且保留甚至提高了镁合金基体的塑性。

漂珠的加入能提高 AZ91D 镁合金基体的硬度，漂珠含量越多，复合材料的硬度越高；当漂珠粒径为 60μm、质量分数为 6% 时，复合材料的硬度最高，为 82.1HBW。漂珠/AZ91D 复合材料的准静态压缩断口呈典型的脆性材料特征；漂珠的质量分数越高，复合材料断裂前的最大应变越小；当漂珠的质量分数为 6%、粒径为 90μm 时，复合材料的抗压强度最高，为 348.3MPa。随着时效时间的延长，复合材料的压缩屈服强度先增大后减小，当时效时间为 20h 时，复合材料的压缩屈服强度达到最大值，为 182.1MPa。

随着时效时间的延长，SiC/AZ81 镁基复合材料的磨损率先增大后减小，当时效时间为 16h 时，SiC/AZ81 镁基复合材料具有最高的磨损率。加入 Ce 变质剂后，Mg_2Si/AZ91D 复合材料的室温和高温力学性能均呈先增大后减小的变化趋势。Ce 含量为 0.5% 时，材料的力学性能最佳，室温抗拉强度和伸长率分别比未变质提了 18.4% 和 74.1%；高温下抗拉强度比室温下降低了 22.6%，伸长率比室温下提高了 52.7%。SiCp/AM60B 镁基复合材料高温压缩变形时的变形温度和变形速率决定了材料的流变应力。在相同的变形温度下，材料的流变应力随应变速率的升高而升高；在相同的应变速率下，流变应力随变形温度的升高而降低。此外，在相同的应变速率下，复合材料在变形过程中峰值应力对应的应变也随变形温度的增高而减小。复合材料在高温和低应变速率下，几乎没有加工硬化阶段，流变应力相对比较稳定，没有明显峰值。

影响镁基复合材料耐磨性的因素：

（1）内部因素。如果增强体（种类）属于硬质的颗粒、短纤维或长纤维，此种情况下增强体的引入使基体硬度增加，从而导致材料耐磨性增加。但在种类和体积及其他属性相同的情况下，形状圆润的增强体有利于复合材料耐磨性的提高。在体积分数较低时，镁基复合材料的耐磨性一般随硬质增强体体积分数增加而提高。

（2）外部因素。

复合材料的磨损率随载荷的增大而提高，一个使磨损由轻微向剧烈转变的载荷的加入延迟了复合材料向剧烈磨损的方向进行。

复合材料的磨损都存在一个由轻微向剧烈磨损阶段转变的转变载荷，当载荷低于转变载荷时，磨损率一般比较低，复合材料的增强耐磨性作用往往就在此阶段。当载荷超过转变载荷时，增强相开始大量断裂并脱落，其承载的作用已经失去，复合材料的磨损率往往比较高，有的甚至超过了基体。例如长石颗粒增强复合材料表现出比未增强合金低的磨损率。当载荷超过某一载荷时（滑动速度为 0.62m/s，含长石的复合材料载荷超过 60N 时），复合材料的磨损率急剧增大。磨损机制已由轻微磨损阶段的磨粒磨损转变为剥层磨损。又比如，在研究载荷对 SiCp 增强 AZ91 基复合材料磨损率影响时也发现，在 10N 的低载条件下，复合材料由于优越的承载和保持氧化膜能力而表现出优于基体的耐磨性（约提高 15% ~ 30%），此时磨损机制为氧化。而在载荷达到 30N 时，复合材料的耐磨性由于促进剥层磨损的第二相的存在而恶化，此时的磨损机制已转化为剥层磨损和磨粒磨损。

　　除以上所述的正载荷是影响磨损行为的外部因素外，还有滑动速度的影响和滑动距离的影响。

　　滑动速度会因影响摩擦表面的温度而影响磨损机制。在大多数情况下，W-v 曲线（磨损率 – 滑动速度曲线）呈双峰特征。

　　有研究表明，在较高载荷下且低速时（小于 1m/s）复合材料的磨损率高于基体，随着速度的增加，复合材料逐渐由剥层和磨粒磨损转化为粘着磨损，由于增强相对承载能力的贡献导致复合材料表现出高于基体的耐磨性。速度进一步增加，磨损机制转化为热软化和熔化。而且复合材料的磨损率曲线与合金的磨损曲线存在交点（对应载荷称转变载荷，低于此载荷时，复合材料的磨损率较合金低；高于此载荷时较合金高）。所以，滑动速度的增加会使转变载荷有降低的趋势。

　　复合材料的磨损过程可以分为跑合、稳定磨损和剧烈磨损三个阶段。跑合阶段滑动距离较短，约 10 ~ 50m。耐磨件主要工作于稳定磨损阶段，当其处于剧烈磨损阶段时，已经失效。

　　一般来说，磨损量随滑动距离的增加以恒定速度增加。载荷越大会导致复合材料更大的磨损量。有研究表明，Al_2O_3 纤维增强与在 Al_2O_3 纤维 – 石墨混杂增强 AZ91 基复合材料的磨损体积损失均随滑动距离的增加呈近似线性增大。说明磨损是一个累计破坏的过程，随着滑动距离的增加，在稳定磨损阶段磨损量会线性增加。

3 镁 合 金

镁合金是以镁为基础加入其他元素组成的合金。其特点是：密度小（1.8g/cm³ 镁合金左右），强度高，弹性模量大，散热好，消振性好，承受冲击载荷能力比铝合金大，耐有机物和碱的腐蚀性能好。其主要合金元素有铝、锌、锰、铈、钍以及少量锆或镉等。目前使用最广的是镁铝合金，其次是镁锰合金和镁锌锆合金。镁合金主要用于航空、航天、运输、化工、火箭等工业部门。镁的密度大约是铝的2/3，是铁的1/4，是实用金属中的最轻的金属，具有高强度、高刚性。

其得益于中国汽车工业和3C等行业的转型升级及中国经济地位的显著提升，镁合金行业令市场看好。其中，汽车行业的轻量化、环保化需求，尤其是新能源汽车的发展以及镁合金研发技术和回收利用技术的不断进步，对促使镁合金的广泛应用将是利好消息。

2017年，国内汽车用镁合金用量超过68公斤/辆，而同期我国汽车销量突破2887.89万辆，乘用车销量达到了2471.83万辆，自主品牌汽车企业通过产业兼并、技术研发和市场渠道开拓等措施，预计2018年销量将突破1000万辆。图3-1给出了几种汽车用镁合金部件。

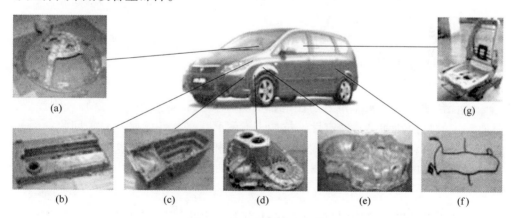

图 3-1　汽车用镁合金部件

（a）镁合金方向盘骨架；（b）镁合金汽缸罩盖；（c）镁合金油底壳；（d）镁合金变速器壳体；
（e）镁合金离合器壳体；（f）镁合金备胎架；（g）镁合金座椅骨架

汽车轻量化就是为汽车"瘦身"，在确保稳定提升性能的基础上，节能化设计各零部件，持续优化车型。实验证明，若汽车整车质量降低10%，燃油效率可提高 6% ~ 8%；汽车质量降低 1%，油耗可降低 0.7%；汽车整备质量每减少 100kg，百公里油耗可降低 0.3 ~ 0.6L。

到目前为止，国外汽车上共有 60 多个零部件采用镁合金，其中方向盘骨架、转向管柱支架、仪表盘骨架、座椅框架、气门室罩盖、变速箱壳、进气管等 7 个部件镁合金的使用率最高。据行业协会统计：国外乘用车平均用镁量约为 5kg，而中国自主品牌车型上用镁量不足 1kg。

据统计，2016 年，在我国生产的单车镁合金用量只有 7.3kg，与 2030 年单车镁合金用量目标 45kg 还有巨大差距，镁合金在未来汽车轻量化应用市场广阔，潜力无限。

与此同时，镁合金在医药化工和航空航天工业领域的应用也将得到增长。由于下游终端汽车消费市场的稳步增长，预计 2018 年，全球镁合金市场将超 600 万吨，年均复合增长率（CAGR）为 20% ~ 25%（其中包含了交通工具、3C、航空航天和医药化工领域镁合金的应用）。

此外，作为有色金属合金行业的子行业，镁合金行业在我国制造工业的升级过程中得到重视。作为资金、材料密集型行业，原材料价格的稳定和较低水平、铸造件行业的整合集中、技术研发的进步等都将较为有利于镁合金行业的发展，市场较为看好。

3.1　镁合金特性

镁合金作为结构材料，具有的优点包括密度低、比性能好、减振性能好、导电导热性能良好、工艺性能良好；其缺点是耐蚀性能差、易于氧化燃烧、耐热性差。镁合金的缺点是限制镁合金应用的瓶颈。国内外很多学者都围绕其应用瓶颈开展大量的科研工作，并已经取得了一定的具有实际应用潜质的成果。

镁合金加工、腐蚀性和力学性能都有许多特点：散热快、质量轻、刚性好、具有一定的耐蚀性和尺寸稳定性、抗冲击、耐磨、衰减性能好及易于回收；另外还有高的导热和导电性能、无磁性、屏蔽性好和无毒等特点。这些特点决定了镁合金的应用范围广：镁合金广泛用于携带式的器械和汽车行业中，以达到轻量化的目的。

镁合金的密度虽然比塑料重，但是，单位质量的强度和弹性率比塑料高，所以，在同样的强度零部件情况下，镁合金的零部件能做得比塑料的薄而且轻。另外，由于镁合金的比强度比铝合金和铁高，因此，在不减少零部件的强度下，可减轻铝或铁的零部件的质量。

镁合金相对比强度（强度与质量之比）最高。比刚度（刚度与质量之比）接近铝合金和钢，远高于工程塑料。

镁合金的熔点比铝合金熔点低，压铸成型性能好，压铸件壁厚最小可达0.5mm，适应于制造汽车各类压铸件。镁合金铸件抗拉伸强度与铝合金铸件相当，一般可达250MPa，最高可超过600MPa。屈服强度、延伸率与铝合金也相差不大。最重要的是，镁合金可做到100%回收再利用，这是其他材料无法比拟的优点。

但镁合金线膨胀系数很大，可达到25～26μm/(m·℃)，而铝合金则为23μm/(m·℃)，黄铜约20μm/(m·℃)，结构钢为12μm/(m·℃)，铸铁约10μm/(m·℃)，岩石（花岗岩、大理石等）仅为5～9μm/(m·℃)，玻璃为5～11μm/(m·℃)。

目前使用最广的是镁铝合金，其次是镁锰合金和镁锌锆合金。

在弹性范围内，镁合金受到冲击载荷时，吸收的能量比铝合金件大，所以镁合金具有良好的抗震减噪性能。在相同载荷下，减振性是铝的100倍，是钛合金的300～500倍。电磁屏蔽性佳，3C产品的外壳（手机及电脑）要能够提供优越的抗电磁保护作用，而镁合金外壳能够完全吸收频率超过100dB的电磁干扰。质感佳，镁合金的外观及触摸质感极佳，使产品更具豪华感，且在空气中更不容易被腐蚀。

镁合金的散热相对于其他合金来说有绝对的优势，对于相同体积与形状的镁合金与铝合金材料的散热器，某热源生产的热量（温度）镁合金比铝合金更容易由散热片根部传递到顶部，顶部更容易达到高温，即铝合金材料的散热器根部与顶部的温度差比镁合金材料的散热器小。这意味着由镁合金材料制作的散热片根部的空气温度与顶部的空气温度差比铝合金材料制作的散热片大，因此加速散热器内部空气的扩散对流，使散热效率提高。因此，相同温度，镁合金的散热时间还不到铝合金散热时间的一半。

所以，镁合金是应用于LED及其他灯饰、汽车应用零部件及其他要求高质量、高强度、高韧性配件的理想材料。

3.2 镁合金分类

镁合金的标记方法有很多，各国标准不一，目前普遍采用的是美国材料试验协会（ASTM）的标记方法。根据ASTM标准，镁合金的牌号和品级由4部分组成：第1部分为字母，标记合金中主要的合金元素，代表合金中含量较高的元素的字母放在前面，如果两个主要合金元素的含量相等，两个字母就以字母顺序排列；第2部分为数字，标记合金中主要合金元素的质量分数，四舍五入取整数；第3部分为字母，表明合金的品级；第4部分表明状态，由1个字母和1个数字组成。举例说明：AZ91D-T6，表明该合金中含铝8.3%～9.7%，含锌0.35%～1.0%，D表明合金纯度要求，T6表明合金状态为固溶＋时效。表3-1为部分镁合金中使用的合金元素代码。

表 3-1　镁合金牌号中的元素代码

英文字母	元素符号	中文名称	英文字母	元素符号	中文名称
A	Al	铝	N	Ni	镍
B	Bi	铋	P	Pb	铅
C	Cu	铜	Q	Ag	银
D	Cd	镉	R	Cr	铬
E	RE	混合稀土	S	Si	硅
F	Fe	铁	T	Sn	锡
H	Th	钍	W	Y	钇
K	Zr	锆	Y	Sb	锑
L	Li	锂	Z	Zn	锌
M	Mn	锰	X	Ca	钙

合金元素在镁合金中的作用各不相同。具体作用如下：

（1）Al。铝元素在镁中的极限固溶度为 12.7%，并且随着温度的降低显著减小。室温下的固溶度为 2.0% 左右，利用其固溶度的明显变化可以对其进行热处理。铝元素的含量对合金性能的影响极大。随着铝元素含量的增加，合金的结晶温度范围变小、流动性变好、晶粒变细、热裂及缩松现象等倾向明显得到改善。而且，随着铝含量的增加，抗拉强度和疲劳强度得到提高。但是 $Mg_{17}Al_{12}$ 在晶界上析出会降低其蠕变抗力，特别是在 AZ91、AZ80 合金中 $Mg_{17}Al_{12}$ 的析出量很高。在铸造镁合金中铝含量可达到 7% ~ 9%，而变形镁合金中铝含量一般控制在 3% ~ 5%。

（2）Zn。锌元素在镁中固溶度约为 6.2%，其固溶度随温度降低而显著减少。锌可提高合金应力腐蚀的敏感性与镁合金疲劳极限。锌元素含量大于 2.5% 时会对合金的防腐性能产生不利影响。原则上含铝镁合金中，锌元素含量一般控制在 2% 以下。

（3）Mn。在镁合金中添加锰元素，并不能提高合金的抗拉强度，但是能稍稍提高屈服强度。锰元素通过去除镁合金液中的铁及其他重金属元素，避免产生有害的金属间化合物来提高 Mg-Al 合金和 Mg-Al-Zn 合金的抗海水腐蚀能力。在熔炼过程中，部分有害的金属间化合物会分离出来。镁合金中的锰含量通常低于 1.5%，而在含铝的镁合金中，锰的固溶度仅为 0.3%。此外，锰还可以细化晶粒，提高可焊性。

（4）Si。硅可以改善压铸件的热稳定性与抗蠕变性能。因为硅可与镁在晶界处形成细小弥散的析出相 Mg_2Si，它具有 CaF_2 型面心立方晶体结构，具有较高的熔点和硬度。

（5）Zr。它是最有效的晶粒细化剂，对于含 Zn、Ag、RE、Y 等的镁合金，可添加 Zr 细化晶粒，改善性能。但对于含有 Al、Mn 的镁合金不能加 Zr 进行晶粒细化，因为 Zr 可以清除熔体中的 Al、Mn 和 Si 元素。

（6）Ca。它可细化组织。Ca 与 Mg 形成具有六方 $MgZn_2$ 型结构的高熔点 Mg_2Ca 相，使镁合金蠕变抗力有所提高，同时可以进一步降低成本。但是 Ca 含量超过 1% 时容易产生热裂倾向。Ca 对腐蚀性能不利。

（7）RE。向镁合金中添加微量稀土元素可以起到细化晶粒的作用。稀土元素与合金元素形成强化相，可提高合金的室温性能和高温抗蠕变性能，因而常作为镁合金的变质剂。某些稀土元素在镁中有很大的固溶度，如 Gd、Y 等，是开发热处理强化型镁合金的有益元素。其缺点是价格偏高。

其他金属元素对镁合金的作用也不尽相同，添加元素的主要目的在于提高镁合金的物理性能和耐腐蚀性能，在这里不再一一详述。

镁合金的分类方法很多，各国不尽统一。但总的来说，不外乎根据镁中所含的主要元素（化学成分）、成型工艺（或产品形式）和是否含锆等三种原则来分类。镁合金牌号及其成分见表 3-2。

表 3-2　镁合金牌号及其成分

种类	系列	成分（质量分数）/%					
		中国	美国	Al	Mn	Zn	其他
变形镁合金	Mg-Mn	MB1	M1	0.20	1.30~2.50	0.3	—
		MB8	M2	0.20	1.30~2.20	0.3	0.15~0.35Ce
	Mg-Al-Zn	MB2	AZ31	3.0~4.0	0.15~0.50	0.2~0.8	
		MB3	—	3.7~4.7	0.30~0.60	0.8~1.4	
		MB5	AZ61	5.5~7.0	0.15~0.50	0.5~1.5	
		MB6	AZ63	5.0~7.0	0.20~0.50	2.0~3.0	
		MB7	AZ80	7.8~9.2	0.15~0.50	0.2~0.8	
	Mg-Zn-Zr	MB15	ZK60	0.05	0.10	5.0~6.0	0.3~0.9Zr
铸造镁合金	Mg-Zn-Zr	ZM-1	ZK51A	—	—	3.5~5.5	0.5~1.0Zr
		ZM-2	ZE41A	—	0.7~1.7RE	3.5~5.0	0.5~1.0Zr
		ZM-4	EZ33		2.5~4.0RE	2.0~3.0	0.5~1.0Zr
		ZM-8	ZE63		2.0~3.0RE	5.5~6.5	0.5~1.0Zr
	Mg-RE-Zr	ZM3	—		2.5~4.0RE	0.2~0.7	0.3~1.0Zr
		ZM-6	—		2.0~2.8RE	0.2~0.7	0.4~1.0Zr
	Mg-Al-Zn	ZM-5	AZ81A	7.5~9.0	0.2~0.8	0.15~0.5	

3.2.1　按合金成分分类

镁合金可分为含铝镁合金和不含铝镁合金两大类。因多数不含铝镁合金都添加锆以细化晶粒组织（Mg-Mn 合金除外），工业镁合金系列又可分为含锆镁合金和不含锆镁合金两大类。以五个主要合金元素 Mn、Al、Zn、Zr 和稀土为基础，组成基本镁合金系，即 Mg-Mn、Mg-Al-Mn、Mg-Al-Zn-Mn、Mg-Zr、Mg-Zn-Zr、Mg-RE-Zr、Mg-Ag-RE-Zr、Mg-Y-RE-Zr。Th 也是镁合金中的一种主要合金元素，亦可组成镁合金系，即 Mg-Th-Zr、Mg-Th-Zn-Zr、Mg-Ag-Th-RE-Zr。但因 Th 具有放射性，除个别情况外，已很少使用。

3.2.2　根据加工工艺或产品形式分类

工业镁合金可分为铸造镁合金和变形镁合金两大类。

（1）铸造镁合金：

1）普通铸造镁合金：Mg-Al-Zn、Mg-Zn-Zr、Mg-Zn-Al、Mg-Zn-Al-Ca（ZAX）、Mg-RE→Mg-RE-Mn；

2）压力铸造镁合金：Mg-Al-Zn（AZ 系列，如 AZ91、AZ31 等）、Mg-Al-Mn（AM 系列，如 AM50，AM60 等）、Mg-Al-Si（AS 系列，如 AS41，AS21 等）、Mg-Al-RE（AE 系列，如 AE42）、Mg-Al-Ca（AX 系列，如 AX51）、Mg-Al-Ca-RE（ACM 系列，如 ACM522）、Mg-Zn-Al-Ca 和 Mg-RE-Zn（MEZ）等。

（2）变形镁合金：

1）锻造；2）挤压：Mg-Al-Zn、Mg-Zn-Zr、Mg-Zn-Mn、Mg-Mn、Mg-Li→Mg-Li-Al→Mg-Li-Al-Mn 和 Mg-Li-Al-Si；3）轧制。

铸造镁合金和变形镁合金没有严格的区分，铸造镁合金 AZ91、AM20、AM50、AM60、AE42 等也可以作为变形镁合金。

我国铸造镁合金主要有三个系列：Mg-Zn-Zr、Mg-Zn-Zr-RE 和 Mg-Al-Zn 系列，变形镁合金有 Mg-Mn、Mg-Al-Zn 和 Mg-Zn-Zr，镁含量大致都在 90% 以上。

镁合金分类如图 3-2 所示。

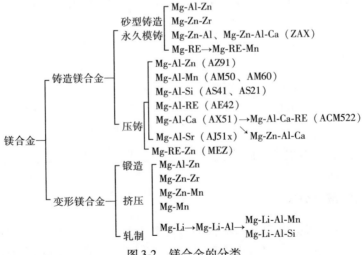

图 3-2　镁合金的分类

3.3 镁合金应用领域

3.3.1 航天领域

镁合金是航空器、航天器和火箭导弹制造工业中使用的最轻的金属结构材料。单位体积镁的质量比铝轻，密度为 $1.8g/cm^3$，强度也较低，只有 $200\sim300MPa$（$20\sim30kg/mm^2$），主要用于制造低承力的零件。

镁合金在潮湿空气中容易氧化和腐蚀，因此零件使用前，表面需要经过化学处理或涂漆。德国首先生产并在飞机上使用含铝的镁合金。镁合金具有较高的抗振能力，在受冲击载荷时能吸收较大的能量，还有良好的吸热性能，因而是制造飞机轮毂的理想材料。镁合金在汽油、煤油和润滑油中很稳定，适于制造发动机齿轮机匣、油泵和油管；又因在旋转和往复运动中产生的惯性力较小而被用来制造摇臂、襟翼、舱门和舵面等活动零件。民用机、军用飞机尤其是轰炸机广泛使用镁合金制品。例如，B-52 轰炸机的机身部分就使用了镁合金板材 635kg，挤压件 90kg，铸件超过 200kg。镁合金也用于导弹和卫星上的一些部件，如中国"红旗"地空导弹的仪表舱、尾舱和发动机支架等都使用了镁合金。中国稀土资源丰富，已于 20 世纪 70 年代研制出加钇镁合金，其提高了室温强度，能在 300℃下长期使用，并已在航空航天工业中推广应用。

3.3.2 汽车

目前，镁合金在汽车上的应用零部件可归纳为两类。

（1）壳体类。如离合器壳体、阀盖、仪表板、变速箱体、曲轴箱、发动机前盖、气缸盖、空调机外壳等。

（2）支架类。如方向盘、转向支架、刹车支架、座椅框架、车镜支架、分配支架等。

根据有关研究，汽车所用燃料的 60% 是消耗于汽车自重，汽车自重每减轻 10%，其燃油效率可提高 5% 以上；汽车自重每降低 100kg，每百公里油耗可减少 0.7L 左右，每节约 1L 燃料可减少 CO_2 排放 2.5g，年排放量减少 30% 以上。所以减轻汽车重量对环境和能源的影响非常大，汽车的轻量化成必然趋势。

3.3.3 数码单反相机

镁合金由于密度低、强度较高且具有一定的防腐性能，常用来做单反相机的骨架。一般中高端及专业数码单反相机都采取镁合金做骨架，可使其坚固耐用，手感好。

采用镁合金机身的数码单反相机不仅是准专业级专业的象征，还具有高昂的价格。

3.3.4　其他应用

手机、电话、笔记本电脑上的液晶屏幕的尺寸年年增大，在它们的支撑框架和背面的壳体上都使用了镁合金。

虽然镁合金的导热系数不及铝合金，但比塑料高出数十倍，因此，镁合金用于电器产品上，可有效地将内部的热散发到外面。

在内部产生高温的电脑和投影仪等的外壳和散热部件上使用镁合金。电视机的外壳上使用镁合金可做到无散热孔。

电磁波屏蔽性：镁合金的电磁波屏蔽性能比在塑料上电镀屏蔽膜的效果好，因此，使用镁合金可省去电磁波屏蔽膜的电镀工序。

在硬盘驱动器的读出装置等的振动源附近的零件上使用镁合金。若在风扇的风叶上使用镁合金，可减小振动从而达到低音。此外，为了在汽车受到撞击后提高吸收冲击力和轻量化，在方向盘和座椅上使用镁合金。

3.4　镁合金防腐方法

3.4.1　化学处理

镁合金的化学转化膜按溶液可分为：铬酸盐系、有机酸系、磷酸盐系、$KMnO_4$ 系、稀土元素系和锡酸盐系等。

传统的铬酸盐膜以 Cr 为骨架的结构很致密，含结构水的 Cr 则具有很好的自修复功能，耐蚀性很强。但 Cr 具有较大的毒性，废水处理成本较高，开发无铬转化处理势在必行。镁合金在 $KMnO_4$ 溶液中处理可得到无定型组织的化学转化膜，耐蚀性与铬酸盐膜相当。碱性锡酸盐的化学转化处理可作为镁合金化学镀镍的前处理，取代传统的含 Cr、F 或 CN 等有害离子的工艺。化学转化膜多孔的结构在镀前的活化中表现出很好的吸附性，并能改镀镍层的结合力与耐蚀性。

有机酸系处理所获得的转化膜能同时具备腐蚀保护和光学、电子学等综合性能，在化学转化处理的新发展中占有很重要的地位。

化学转化膜较薄、软，防护能力弱，一般只用作装饰或防护层中间层。

3.4.2　阳极氧化

阳极氧化可得到比化学转化更好的耐磨损、耐腐蚀的涂料基底涂层，并兼有良好的结合力、电绝缘性和耐热冲击等性能，是镁合金常用的表面处理技术之一。

传统镁合金阳极氧化的电解液一般都含铬、氟、磷等元素，不仅污染环境，也损害人类健康。近年来，研究开发的环保型工艺所获得的氧化膜耐腐蚀等性能较经典工艺 Dow17 和 HAE 有很大程度的提高。优良的耐蚀性来源于阳极氧化后

Al、Si 等元素在其表面均匀分布，使形成的氧化膜有很好的致密性和完整性。

一般认为氧化膜中存在的孔隙是影响镁合金耐蚀性能的主要因素。研究发现，通过向阳极氧化溶液中加入适量的硅 – 铝溶胶成分，一定程度上能改善氧化膜层厚度、致密度，降低孔隙率，而且溶胶成分会使成膜速度出现阶段性快速和缓慢增长，但基本上不影响膜层的 X 射线衍射相结构。

但阳极氧化膜的脆性较大、多孔，在复杂工件上难以得到均匀的氧化膜层。

3.4.3 金属涂层

镁及镁合金是最难镀的金属，其原因如下：

（1）镁合金表面极易形成的氧化镁，不易清除干净，严重影响镀层结合力；

（2）镁的电化学活性太高，所有酸性镀液都会造成镁基体的迅速腐蚀，或与其他金属离子的置换反应十分强烈，置换后的镀层结合十分松散；

（3）第二相（如稀土相、γ 相等）具有不同的电化学特性，可能导致沉积不均匀；

（4）镀层标准电位远高于镁合金基体，任何一处通孔都会增大腐蚀电流，引起严重的电化学腐蚀，而镁的电极电位负值大，施镀时造成针孔析氢；

（5）镁合金铸件的致密性都不是很高，表面存在杂质，其可能成为镀层孔隙的来源。

因此，一般采用化学转化膜法先浸锌或锰等再镀铜，然后再进行其他电镀或化学镀处理，以增加镀层的结合力。镁合金电镀层有 Zn、Ni、Cu-Ni-Cr、Zn-Ni 等涂层，化学镀层主要是 Ni-P、Ni-W-P 等镀层。

单一化学镀镍层有时不能很好地保护镁合金。有研究表明，通过将化学镀 Ni 层与碱性电镀 Zn-Ni 镀层组合，约 35μm 厚的镀层经钝化后可承受 800 ~ 1000h 的中性盐雾腐蚀。也有人采用化学镀镍作为底层，再用直流电镀镍，能得到微晶镍镀层，平均结晶颗粒大小为 40nm，因晶粒的细化而使镀层孔隙率大大降低，从而其结构更致密。

电镀或化学镀是同时获得优越耐蚀性和电学、电磁学和装饰性能的表面处理方法。缺点是前处理中的 Cr、F 及镀液对环境污染严重；镀层中多数含有重金属元素，增加了回收的难度与成本。由于镁基体的特性，镀层结合力还需要改善。

3.4.4 激光处理

激光处理主要有激光表面热处理和激光表面合金化两种。

激光表面热处理又称为激光退火，实际上是一种使表面快速凝固的处理方式。而激光表面合金化是一种基于激光表面热处理的新技术。激光表面合金化能获得不同硬度的合金层，其具有冶金结合的界面。利用激光辐照源的熔覆作用在高纯镁合金上还可制得单层和多层合金化层。

采用宽带激光在镁合金表面制备 Cu-Zr-Al 合金熔覆涂层时，由于涂层中形成的多种金属间化合物的增强作用，使合金涂层具有高的硬度、弹性模量、耐磨性和耐蚀性。而由于稀土元素 Nd 的存在，在经过激光快速熔凝处理之后得到的激光多层涂敷，晶粒得到明显细化，能提高熔覆层的致密性和完整性。

激光处理能处理复杂几何形状的表面，但镁合金在激光处理时易发生氧化、蒸发和产生汽化、气孔以及热应力等问题，因而设计正确的处理工艺至关重要。

3.4.5　其他处理

离子注入是在高真空状态下，在十至数百千伏电压的静电场作用下，经加速的高能离子（Al、Cr、Cu 等）以高速冲击要处理的表面而注入样品内部的方法。注入的离子被中和并留在样品固溶体的空位或间隙位置，形成非平衡表面层。

有研究认为耐蚀性能的提高是由于自然氧化物的致密化、注入离子的辐射和形成镁的氮化物的结果。所得改性层的性能与所注入离子的量和改性层的厚度有关，而基体表面的 MgO 对改性层的耐蚀性能的提高也有一定的促进作用。

气相沉积即蒸发沉积涂层，有物理气相沉积（PVD）和化学气相沉积（CVD）两种。它是利用能使镁合金中的 Fe、Mo、Ni 等杂质含量大幅度降低，同时利用涂层覆盖基体的各种缺陷，避免形成局部腐蚀电池，从而达到改善防腐性能的目的。

与镁合金的其他表面处理技术相比，有机涂层保护技术具有品种和颜色多样、适应性广、成本低、工艺简单的优点。目前广泛使用的主要是溶剂型的有机涂料。粉末型的有机涂层因无溶剂和具备污染少、厚度均匀以及较佳的耐蚀性能等特点，近几年来在汽车、电脑壳体等镁合金部件上的应用较受欢迎。

4 镁基复合材料使役行为

镁基复合材料的使役行为主要是指几种阴离子对其腐蚀行为的影响。本章以镁基复合材料在盐湖环境下的使役行为例，对其使役行为作详细介绍。

镁基复合材料在盐湖环境下使役行为研究包括不同晶须含量对镁基复合材料使役行为的影响规律和同一晶须含量的镁基复合材料在不同浓度阴离子溶液中的使役行为。按照原料制备、电化学腐蚀行为研究、腐蚀产物微观形貌观察以及晶须增强镁基复合材料防护方法研究等步骤进行。具体有以下几个方面。

（1）制备不同晶须含量的镁基复合材料。晶须增强镁基复合材料的制备采用熔体搅拌法制备。该工艺的原理为：在高温下向金属液体中加入硼酸镁晶须，再通过机械搅拌或电磁搅拌，实现晶须在金属液体中均匀分散，最后冷却，制备出所需要的镁基复合材料。其工艺流程如图4-1所示。

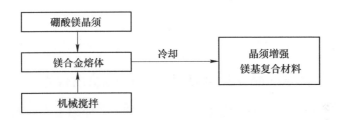

图 4-1 熔体搅拌法制备晶须增强镁基复合材料的工艺流程

（2）采用武汉科斯特电化学工作站研究材料的电化学使役行为。电化学研究主要是通过电位–时间（E-t）曲线、交流阻抗（EIS）曲线、动电位极化曲线的测定来考察材料的使役行为。电化学测试过程如下：

1）E-t 曲线测试在开路情况下测试工作电极和参比电极之间电位差。这种测试能够显示出工作电极和溶液界面反应电流达到平衡时的电位。开路电位的测试数据可以将其他测试技术最初的延迟期用具体的时间来表征。

2）动电位极化曲线的测试在开路电位和EIS测试完毕后进行，一般情况下，测试样品已在溶液中浸泡了1h左右。测试电位从相对于开路电位 – 250mV 开始，扫描至大约 – 1.3V/SCE，扫描速率为1mV/s。

3）EIS 使用武汉科斯特双通道电化学工作站的 power sine 软件进行测试，这种软件的频率范围可以从 1MHz 到 10μHz 之间进行。在本书中，使用 single-sine

技术，频率范围为 100kHz 到 100MHz，交流电的振幅为 10mV，测试点数为 150 个。所有的测试都是在开路电位测试完成后立刻进行。

（3）腐蚀后样品表面及腐蚀产物形貌分析。腐蚀后试样表面形貌采用扫描电子显微镜（SEM）进行观察，试样的截面特征用光学显微镜（OM）观察。腐蚀产物的形貌采用场发射扫描电子显微镜（FE-SEM）观察，物相分析采用 XRD 分析。腐蚀产物层中各元素的深度分析采用俄歇电子能谱（AES）分析。

（4）硼酸镁晶须增强镁基复合材料表面化学镀镍工艺及镀层性能研究。

1）化学镀镍工艺。

化学镀镍工艺是利用在一定温度和一定浓度的碱式碳酸镍（氧化剂，提供镍离子）和次亚磷酸钠（还原剂）的溶液中，通过氧化还原反应，在镁基复合材料表面形成 Ni-P 合金化学镀层。

2）镀层性能研究。

镀层耐蚀性能——采用科斯特电化学测试系统，研究了镀层的 E-t 曲线、动电位极化曲线和交流阻抗。这些研究所采用的方法与镁基复合材料使役行为研究所采用的方法相同。

采用环境扫描电子显微镜所配置的 EDAX 电子探针分析系统对基体及镀层成分分析。

采用锉刀实验法对镀层进行结合力测试。利用锉刀沿 45°锉去表面镀层，露出基体与镀层界面，镀层若无起皮或脱落现象，表明镀层结合力良好。

4.1　不同晶须含量的晶须增强镁基复合材料使役行为

本节在制备的晶须增强镁基复合材料的基础上，介绍了不同晶须含量的晶须增强镁基复合材料在不同阴离子溶液中的使役行为规律，并探讨了各种阴离子对镁基复合材料的腐蚀机理。

4.1.1　不同晶须含量的镁基复合材料在 NaCl 溶液中的电化学腐蚀行为

在 E-t 曲线（见图 4-2）中，随着晶须含量的增加，材料的腐蚀电位逐渐升高，晶须含量为 35% 的镁基复合材料的腐蚀电位最高，耐腐蚀性最强。

晶须含量为 3% 和 5% 的两种镁基复合材料，由于材料不可避免的存在孔洞，腐蚀介质 Cl$^-$ 穿过孔洞时会造成曲线的波动，使得原本接近的两条曲线不断出现交叉。

不同晶须含量的镁基复合材料在 3.5% NaCl 溶液中的动电位极化曲线如图 4-3 所示。在阴极部分，晶须含量越高的 AZ91D 镁基复合材料，其电流密度越高，表明晶须含量越高的 AZ91D 镁基复合材料降低过电位的能力越强，晶须含量低的 AZ91D 镁基复合材料阴极反应相对容易；在阳极部分，晶须含量较低的

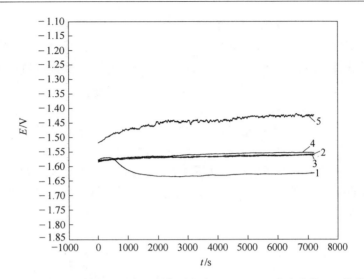

图 4-2 不同晶须含量的镁基复合材料在 3.5% NaCl 溶液中的 E-t 曲线

1—$Mg_2B_2O_5$ 含量为 0%；2—$Mg_2B_2O_5$ 含量为 3%；3—$Mg_2B_2O_5$ 含量为 5%；

4—$Mg_2B_2O_5$ 含量为 10%；5—$Mg_2B_2O_5$ 含量为 35%

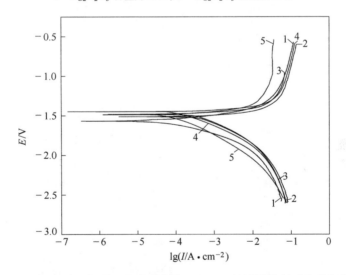

图 4-3 不同晶须含量的镁基复合材料在 3.5% NaCl 溶液中的动电位极化曲线

1—$Mg_2B_2O_5$ 含量为 0%；2—$Mg_2B_2O_5$ 含量为 3%；3—$Mg_2B_2O_5$ 含量为 5%；

4—$Mg_2B_2O_5$ 含量为 10%；5—$Mg_2B_2O_5$ 含量为 35%

AZ91D 镁基复合材料具有较低的电流密度。电流密度减少程度与晶须增强复合材料的腐蚀速度有关。

由极化曲线测试结果可见，不同晶须含量的复合材料在同一浓度的氯化钠溶液中，均在自腐蚀电位附近达到点蚀电位，随着晶须含量的增加，自腐蚀电位也逐渐降低。但是从阳极极化电流密度的角度分析，可以看出，晶须含量为 35% 时的电流密度介于 $10^{-3}\,A/cm^2$ 和 $10^{-2}\,A/cm^2$ 之间，比其他基体的腐蚀电流密度低了一个数量级以上，由此可见，晶须含量为 35% 的镁基复合材料在 Cl^- 溶液中耐蚀性较好。这与 E-t 曲线的结果是一致的。

不同晶须含量的镁基复合材料在 3.5% NaCl 溶液中的交流阻抗谱和电路拟合如图 4-4 ~ 图 4-9 所示。随着晶须含量的增加，其被腐蚀表面的阻抗也随之减小。这是由于随着晶须含量的增加，材料受到的腐蚀也越来越小，腐蚀表面形成了一层钝化膜，导致了阻抗不断增加。从图 4-4 中可以看出晶须含量为 0% 的曲线与其他曲线有明显的区别。该曲线在腐蚀的后期发生了明显的变化，无晶须存在，钝化膜随着腐蚀的不断进行发生脱落，导致腐蚀过于严重。

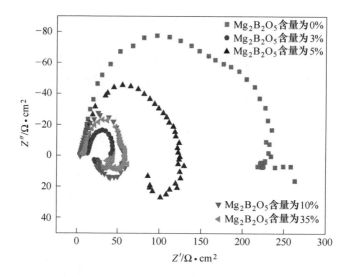

图 4-4　不同晶须含量的镁基复合材料在 3.5% NaCl 溶液中的交流阻抗谱

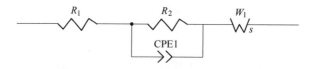

图 4-5　含量为 0% 的晶须的阻抗拟合后的电路图

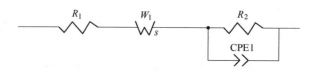

图 4-6　含量为 3% 的晶须的阻抗拟合后的电路图

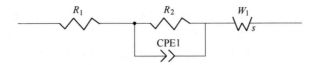

图 4-7　含量为 5% 的晶须的阻抗拟合后的电路图

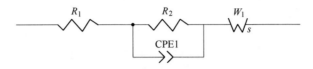

图 4-8　含量为 10% 的晶须的阻抗拟合后的电路图

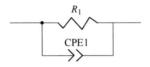

图 4-9　含量为 35% 的晶须的阻抗拟合后的电路图

4.1.2　不同晶须含量的镁基复合材料在 Na_2CO_3 溶液中的电化学腐蚀行为

从 E-t 图（见图 4-10）中看出晶须含量为 35% 的镁基复合材料的腐蚀电位最高，其耐蚀性最好。试样浸入含 CO_3^{2-} 溶液的腐蚀性介质之后，由于 CO_3^{2-} 的侵蚀作用，腐蚀介质不断向氧化膜层/基体界面渗透。这种侵蚀作用的结果直接导

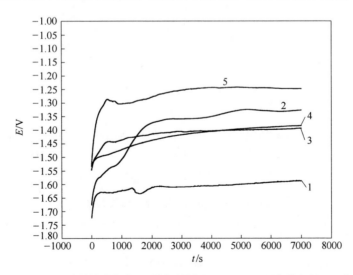

图 4-10　不同晶须含量的镁基复合材料在 5% Na_2CO_3 溶液中的 E-t 曲线

1—$Mg_2B_2O_5$ 含量为 0%；2—$Mg_2B_2O_5$ 含量为 3%；3—$Mg_2B_2O_5$ 含量为 5%；

4—$Mg_2B_2O_5$ 含量为 10%；5—$Mg_2B_2O_5$ 含量为 35%

致已有的薄弱区域不断破坏和新的薄弱区域不断出现。由于镁及其合金、材料在
Na_2CO_3 溶液中的腐蚀属于析氢腐蚀，从腐蚀过程的化学反应式可以看出，腐蚀
会造成局部 pH 值升高，导致不溶性腐蚀产物如 $Mg(OH)_2$ 等在试样表面的生成、
堆积，对腐蚀介质的扩散通道造成堵塞，增大了材料表面膜层的致密度；同时，
对电子的传输构成屏障。随着浸泡时间延长，这一作用越来越明显，这也是 E-t
曲线上会出现波动的原因。

　　动电位极化曲线如图 4-11 所示，极化曲线拟合数据见表 4-1。从动电位极化
曲线中可见看出：随着晶须含量的增加，自腐蚀电位逐渐升高，材料的耐腐蚀性
逐渐增强。不同晶须含量的镁基复合材料在浓度为 5% 的碳酸钠溶液中，均在自
腐蚀电位附近达到点蚀电位，随着晶须含量的降低，自腐蚀电位也逐渐降低。再
从数据拟合的结果中可以发现，晶须含量为 35% 的镁基复合材料自腐蚀电位最
高，腐蚀速率最低，腐蚀电流密度低 1~2 个数量级，这也说明，晶须含量为
35% 的镁基复合材料在 5% 的碳酸钠溶液中耐蚀性最好。

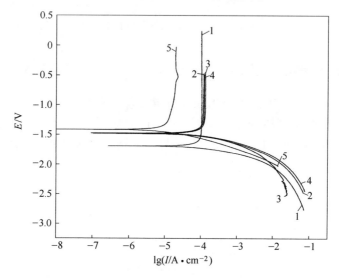

图 4-11　不同晶须含量的镁基复合材料在 5% Na_2CO_3 溶液中的极化曲线

1—$Mg_2B_2O_5$ 含量为 0%；2—$Mg_2B_2O_5$ 含量为 3%；3—$Mg_2B_2O_5$ 含量为 5%；

4—$Mg_2B_2O_5$ 含量为 10%；5—$Mg_2B_2O_5$ 含量为 35%

表 4-1　由极化曲线拟合的相关数据

晶须含量/%	B_a/mV	B_c/mV	I_0/A·cm^{-2}	腐蚀速率/mm·a^{-1}	E_0/V·SCE^{-1}
0	664.68	667.73	0.01025	120.56	-2.2102
3	409.21	411	6.5062×10^{-4}	7.6527	-1.5466
5	294.38	294.63	4.7905×10^{-4}	5.6347	-1.6442
10	392.74	394.55	3.9702×10^{-4}	4.6698	-1.4442
35	7.8061×10^6	168.99	1.4868×10^{-5}	0.17488	-1.4137

　　不同晶须含量的镁基复合材料在 5% Na_2CO_3 溶液中的交流阻抗谱和电路拟合如图 4-12～图 4-15 所示。在交流阻抗谱（见图 4-12）中，随着晶须含量的增加，镁基复合材料被腐蚀表面的阻抗随之降低。这是由于随着晶须含量的增加，AZ91D 镁基复合材料的抗腐蚀性越来越强，镁基复合材料表面钝化膜的形成较慢、较少，因此阻抗会降低。当镁基复合材料中晶须含量较少时，在碳酸钠溶液中腐蚀会很严重，使得材料表面形成一层钝化膜，这种现象导致阻抗的不断增加。从图 4-12 中可看出当晶须含量达到 10% 后阻抗迅速降低，而晶须含量低于 5% 的镁基复合材料在 CO_3^{2-} 溶液中阻抗较大。总体的趋势是晶须含量的增加会使阻抗降低，使其耐腐蚀性增强。

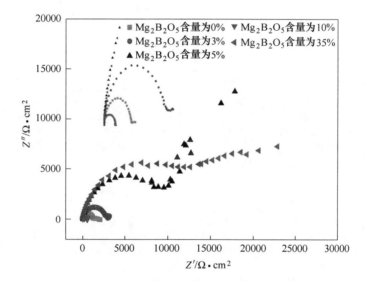

图 4-12　不同晶须含量的镁基复合材料在 5% Na_2CO_3 溶液中的交流阻抗

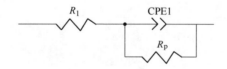

图 4-13　晶须含量为 0% 的镁基复合材料在浓度为
5% CO_3^{2-} 溶液中交阻曲线拟合电路

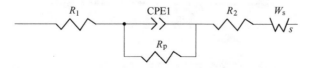

图 4-14　晶须含量为 3%、5% 和 20% 的镁基复合材料在浓度为
5% CO_3^{2-} 溶液中交阻曲线拟合电路

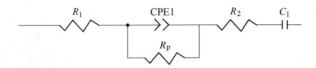

图 4-15　晶须含量为 10% 的镁基复合材料在浓度为
5% CO_3^{2-} 溶液中的交阻曲线拟合电路

　　腐蚀产物膜的表面形貌和物相分析：将体积分数为 0%、3% 和 35% 的试样分别浸入腐蚀溶液中 2h，用扫描电子显微镜观察其表面形貌（见图 4-16）。对比发现，镁合金（0%）表面的腐蚀产物生成的位置并没有特定的规律，而含有晶须的材料表面最先在晶须周围发生腐蚀，并且迅速覆盖住裸露的晶须。$Mg_2B_2O_5$ 晶须与镁合金基体材料在 Na_2CO_3 溶液中组成微电池，形成电偶腐蚀，增加了材料的腐蚀速度，而迅速生成的腐蚀产物又覆盖在材料的表面，阻碍了材料的进一

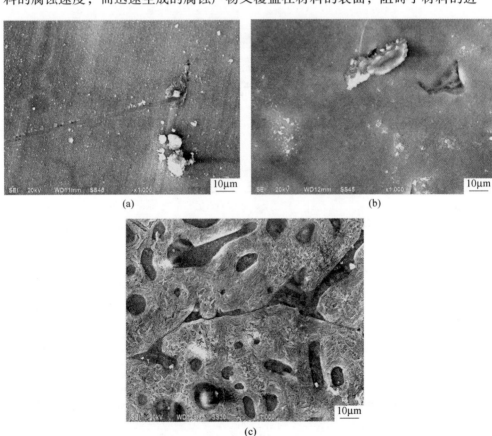

图 4-16　晶须含量分别为 0%（a）、3%（b）和 35%（c）的
试样在腐蚀介质中浸泡 2h 后的表面形貌

步腐蚀。电偶腐蚀的驱动力随着阴极面积的增加而增大，从而阴极面积越大电偶腐蚀越容易发生。

晶须含量35%的试样浸泡在腐蚀溶液中2h后，材料的表面已观察不到晶须，而是生成了较为致密的钝化膜，且空隙率低，类似于自钝化现象，对基体起到了一定程度的保护作用。所以晶须的存在提高了基体材料的耐腐蚀性，并且随着晶须体积分数的增加，材料的耐蚀性逐渐增强。

Na_2CO_3 属于弱碱性溶液，镁合金在碱性溶液中具有 Mg 的腐蚀特性。用 XRD 分析其表面物相成分，除 α-Mg 和 $Mg_2B_2O_5$ 之外，还检测到 $Al_{3.16}Mg_{1.84}$ 金属间化合物和 $MgCO_3$（见图 4-17）。这与 Song G L 等人推测的结果一致，Mg 及其合金在碱性溶液中的腐蚀属于析氢腐蚀，暴露于最外层的 $Mg(OH)_2$ 被 CO_3^{2-} 冲蚀生成 $MgCO_3$，残留在基体表面。还有很多峰值较小不能做到准确的匹配，说明溶液中还有更复杂的反应。

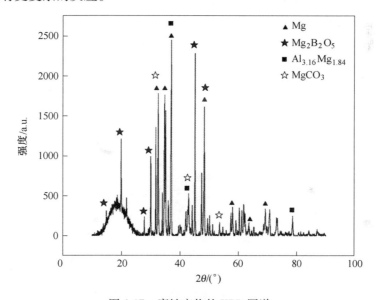

图 4-17 腐蚀产物的 XRD 图谱

4.1.3 不同晶须含量的镁基复合材料在 Na_2SO_4 溶液中的电化学腐蚀行为

由 E-t 曲线（见图 4-18）可以看出晶须含量为 35% 的复合材料的电位最高，耐蚀性最强。3% 和 5% 的两条线出现交叉是由于两试样晶须含量接近，而试样本身也会存在孔洞，当腐蚀穿透小孔时会产生曲线波动，使得原本接近的曲线发生交叉。

由极化曲线测试结果（见图 4-19）可见，不同含量的晶须在同一摩尔浓度的 Na_2SO_4 溶液中，均在自腐蚀电位附近达到点蚀电位，随着晶须含量的增加，

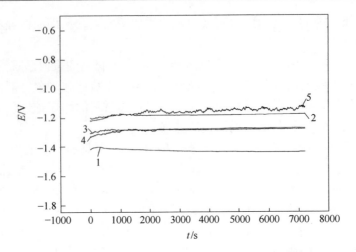

图 4-18　不同晶须含量的镁基复合材料在 5% Na$_2$SO$_4$ 溶液中的 E-t 曲线

1—Mg$_2$B$_2$O$_5$ 含量为 0%；2—Mg$_2$B$_2$O$_5$ 含量为 3%；3—Mg$_2$B$_2$O$_5$ 含量为 5%；

4—Mg$_2$B$_2$O$_5$ 含量为 10%；5—Mg$_2$B$_2$O$_5$ 含量为 35%

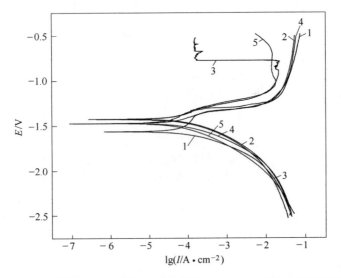

图 4-19　不同晶须含量的镁基复合材料在 5% Na$_2$SO$_4$ 溶液中的极化曲线

1—Mg$_2$B$_2$O$_5$ 含量为 0%；2—Mg$_2$B$_2$O$_5$ 含量为 3%；3—Mg$_2$B$_2$O$_5$ 含量为 5%；

4—Mg$_2$B$_2$O$_5$ 含量为 10%；5—Mg$_2$B$_2$O$_5$ 含量为 35%

复合材料的自腐蚀电位也逐渐升高。

　　在交流阻抗图（见图 4-20）中，随着晶须含量的增加，复合材料表面的阻抗并无明显的规律，但整体而言其阻抗有增大的趋势。这是由于随着晶须含量的增加，晶须与基体之间形成的微电池效应越来越明显，生成钝化膜的速度变大，受到的腐蚀也越来越小，这种现象导致了阻抗的不断增加。

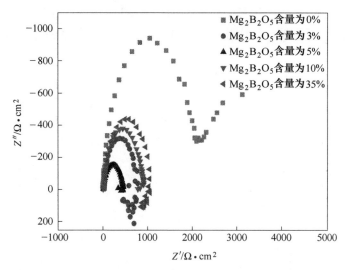

图 4-20 不同晶须含量的镁基复合材料在 5% Na_2SO_4 溶液中的交流阻抗

4.1.4 不同晶须含量的镁基复合材料在 NaOH 溶液中的电化学腐蚀行为

E-t 曲线（见图 4-21）表明晶须含量为 35% 的复合材料耐腐蚀性能最好。在 1000s 后，电位趋缓，可能是由于镁基复合材料表面形成了比较致密的氧化膜所致，电位升高则可能是由于氧化膜的逐渐增厚造成的。

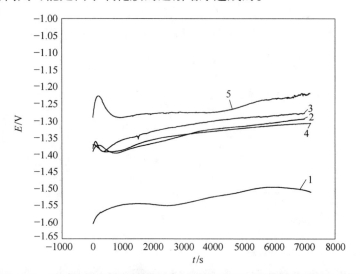

图 4-21 不同晶须含量的镁基复合材料在 5% NaOH 溶液中的 *E-t* 曲线

1—$Mg_2B_2O_5$ 含量为 0%；2—$Mg_2B_2O_5$ 含量为 3%；3—$Mg_2B_2O_5$ 含量为 5%；

4—$Mg_2B_2O_5$ 含量为 10%；5—$Mg_2B_2O_5$ 含量为 35%

　　极化曲线测试结果如图 4-22 所示。从图中可以见到，在阳极区均出现明显的钝化现象，尤其是含量为 35% 的晶须增强 AZ91D 镁基复合材料，基本成竖线，说明钝化现象更加明显，也说明在其表面形成的钝化膜更加致密和稳定，从而提高了其耐蚀性。

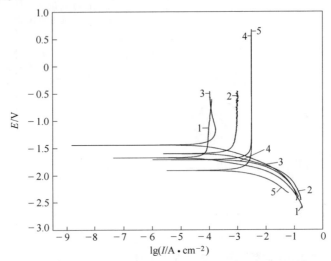

图 4-22　不同晶须含量的镁基复合材料在 5% NaOH 溶液中的极化曲线

1—$Mg_2B_2O_5$ 含量为 0%；2—$Mg_2B_2O_5$ 含量为 3%；3—$Mg_2B_2O_5$ 含量为 5%；

4—$Mg_2B_2O_5$ 含量为 10%；5—$Mg_2B_2O_5$ 含量为 35%

　　交流阻抗测试结果如图 4-23 所示。从图中可见，晶须含量为 35% 镁基复合材料的感抗弧明显较其他晶须含量的镁基复合材料大，说明耐蚀性良好，但却低

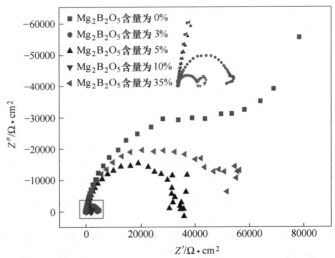

图 4-23　不同晶须含量的镁基复合材料在 5% NaOH 溶液中的交流阻抗

于纯 AZ91D 镁合金。

晶须增强 AZ91D 镁基复合材料的耐蚀性较 AZ91D 镁合金差；在晶须增强镁基复合材料中，晶须含量为 35% 的镁基复合材料耐蚀性最好。

镁基复合材料在氯离子溶液中的耐蚀性最差，在碳酸根和氢氧根离子溶液中耐蚀性良好。盐湖环境中的主要阴离子对晶须增强镁基复合材料的使役行为影响大小顺序为：$Cl^- > SO_4^{2-} > CO_3^{2-} > OH^-$。

镁基复合材料在 CO_3^{2-} 或 OH^- 溶液中耐蚀性能良好的原因可能是在其表面形成了致密度较好且具有一定厚度的氧化膜。此氧化膜的成分可能是碳酸镁、氢氧化镁和氧化镁等多种化合物的复杂混合物。由此说明碳酸根离子、氢氧根离子对镁基复合材料的腐蚀行为具有一定的抑制作用。

4.2　同一晶须含量镁基复合材料在不同浓度阴离子环境下的使役行为

根据前面测试的结果发现，镁基复合材料在 Cl^- 和 SO_4^{2-} 溶液中的使役行为很差，而在 CO_3^{2-} 和 OH^- 溶液中使役行为比较理想，因此本节以晶须含量为 10% 的镁基复合材料为例，介绍了不同浓度的 Cl^- 和 SO_4^{2-} 对镁基复合材料使役行为的影响规律。

4.2.1　晶须增强镁基复合材料在不同浓度 SO_4^{2-} 溶液中的电化学测试

将晶须含量为 10% 的镁基复合材料放入 SO_4^{2-} 浓度分别为 1%、3% 和 10% 的溶液中，进行电位－时间（E-t）曲线测定。晶须增强镁基复合材料在不同 SO_4^{2-} 溶液中的 E-t 曲线如图 4-24 所示。

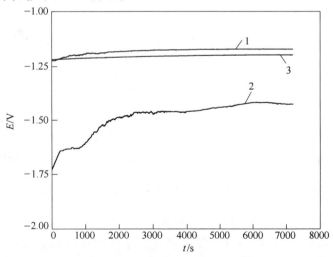

图 4-24　晶须增强镁基复合材料在不同 SO_4^{2-} 溶液中的 E-t 曲线

1—1% Na_2SO_4；2—3% Na_2SO_4；3—10% Na_2SO_4

从图 4-24 中可以看出，随着浸泡时间的延长，晶须增强镁基复合材料的电位虽有较小的波动，但均趋于稳定，基本呈现随硫酸根离子浓度增加电位下降的趋势。3% SO_4^{2-} 溶液中晶须增强镁基复合材料电位波动较大的原因，可能是在其表面形成的腐蚀产物膜比较厚，并在张应力的作用下逐渐脱落，造成了电位波动较大。由于形成腐蚀膜速度较脱落速度慢，不能覆盖基体表面，造成了自腐蚀电位比较低的现象。

将晶须含量为 10% 的镁基复合材料放入 SO_4^{2-} 浓度分别为 1%、3% 和 10% 的溶液中，进行动电位极化曲线测定。晶须增强镁基复合材料在不同 SO_4^{2-} 溶液中的极化曲线如图 4-25 所示。

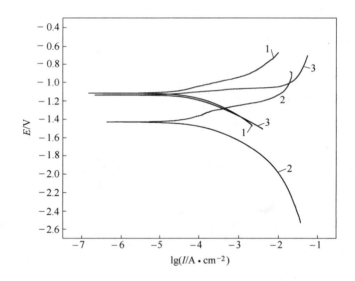

图 4-25　晶须增强镁基复合材料在不同 SO_4^{2-} 溶液中的极化曲线

1—1% Na_2SO_4；2—3% Na_2SO_4；3—10% Na_2SO_4

从图 4-25 中可以看出，随着硫酸根离子浓度增加，自腐蚀电位也有下降的趋势，这与电位－时间曲线的测试结果一致。3% SO_4^{2-} 溶液中自腐蚀电位降低较大的原因，可能是在其表面形成的腐蚀产物膜比较厚，且腐蚀产物膜在张应力的作用下逐渐脱落，由于形成腐蚀膜速度较脱落速度慢，不能覆盖基体表面。

4.2.2　晶须增强镁基复合材料在不同浓度 Cl^- 溶液中的电化学测试

将晶须含量为 10% 的镁基复合材料放入 Cl^- 浓度分别为 0.9%、1% 和 3% 的溶液中，进行电位－时间（E-t）曲线测定。晶须增强镁基复合材料在不同 Cl^- 溶液中的极化曲线如图 4-26 所示。

将晶须含量为 10% 的镁基复合材料放入 Cl^- 浓度分别为 0.9%、1% 和 3% 的溶液中，进行极化曲线测定。晶须增强镁基复合材料在不同 Cl⁻ 溶液中的极化曲线如图 4-27 所示。

从图 4-26 和图 4-27 可以看出，Cl⁻ 对镁基复合材料的腐蚀具有很大的影响：增加少量 Cl⁻，镁基复合材料的自腐蚀电位就明显降低。电位－时间曲线表明，随着时间的延长，镁基复合材料表面腐蚀产物逐渐增厚，耐蚀性增强，自腐蚀电位增加。

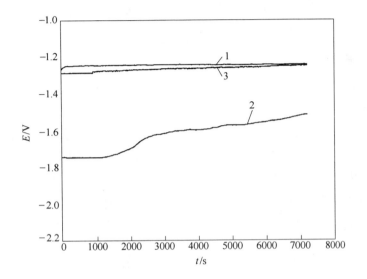

图 4-26　晶须增强镁基复合材料在不同 Cl⁻ 溶液中的极化曲线
1—0.9% NaCl；2—3% NaCl；3—1% NaCl

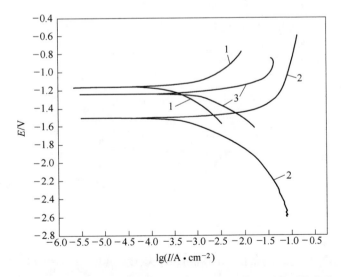

图 4-27　晶须增强镁基复合材料在不同 Cl⁻ 溶液中的极化曲线
1—0.9% NaCl；2—3% NaCl；3—1% NaCl

4.3　晶须增强镁基复合材料防护方法

晶须增强镁基复合材料防护方法类似于镁合金的防护方法，唯一不同的地方在于进行化学镀或者电镀时，由于增强相的晶须不具备金属材料的特性，在其表面沉积金属后的结合力很差。针对此问题，作者开展了相关的研究工作，确定了最佳的化学镀工艺参数，同时考察了镀层的耐蚀性，分析了镀层沉积机理。

4.3.1　基材前处理

基材为硼酸镁晶须增强 AZ91D 镁基复合材料，成分（质量分数，%）为：Al 8.300 ~ 9.700，Cu < 0.030，Mn 0.150 ~ 0.500，Si < 0.010，Zn 0.350 ~ 1.000，Ni < 0.002，$Mg_2B_2O_5$ 9.900 ~ 10.000，余量为 Mg。尺寸为 30mm × 20mm × 5mm。前处理过程为：打磨→自来水、蒸馏水洗→室温下丙酮超声波除油 15min→自来水、蒸馏水洗→酸洗 [0.05%（质量分数）HF + 0.05%（质量分数）H_3PO_4、室温、30s] →自来水、蒸馏水洗。

4.3.2　化学镀镍

用碱式碳酸镍主盐体系工艺进行化学镀镍，工艺参数范围：$2NiCO_3 \cdot 3Ni(OH)_2 \cdot 4H_2O$ 10 ~ 30g/L，$NaH_2PO_2 \cdot H_2O$ 10 ~ 30g/L，NH_4OH 30mL/L，pH 值为 4.0 ~ 8.0，温度为 50 ~ 85℃，10mL/L HF，5g/L $C_6H_6O_7$，10g/L NH_4HF_2，时间 2h。通过正交试验对主盐浓度、还原剂用量、镀液温度和镀液 pH 值等工艺参数进行优选，确定了 A、B、C、D 4 种工艺，见表 4-2。观察 4 种镀镍工艺镀镍过程对镀件及镀液体系的影响，从中找出最佳的镀镍工艺。

表 4-2　优选的 4 种镀镍工艺的参数

编号	$\rho[2NiCO_3 \cdot 3Ni(OH)_2 \cdot 4H_2O]/g \cdot L^{-1}$	$\rho[NaH_2PO_2 \cdot H_2O]/g \cdot L^{-1}$	pH 值	$t/℃$
A	20	20	6.5	60
B	20	20	7.5	80
C	20	15	6.5	80
D	15	20	6.5	60

4.3.2.1　化学镀镍工艺选定

图 4-28 为 4 种工艺制备的 Ni-P 镀层的 SEM 形貌。由图可知，A 工艺镀层无明显缺陷，B 工艺镀层有少量夹杂物，C 工艺镀层有明显小孔，D 工艺镀层有明显缺陷。

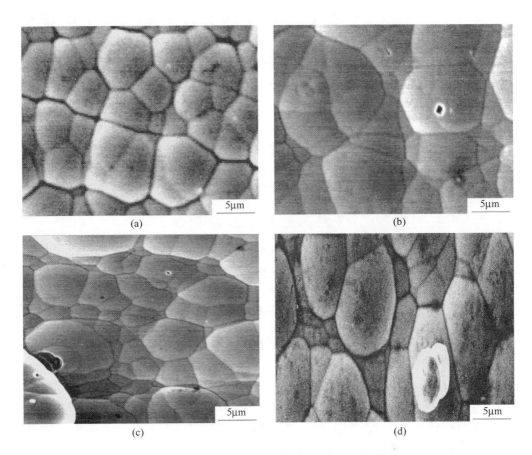

图 4-28　4 种工艺制备 Ni-P 镀层的表面 SEM 形貌
（a）A 工艺；（b）B 工艺；（c）C 工艺；（d）D 工艺

　　表 4-3 为 4 种工艺化学 Ni-P 镀层的外观及镀镍过程中镀镍液的情况。从图 4-28 和表 4-3 可知，A 种镀液所获得的化学镀层外观质量较好，无明显缺陷，致密，而且镀液稳定，施镀条件易于控制，因此选定 A 工艺为最佳化学镀镍工艺。

表 4-3　4 种工艺 Ni-P 镀层外观及镀液情况

镀镍工艺编号	镀层外观及镀液情况
A	光滑，银灰色，2h 后镀液澄清、透明
B	光滑，银灰色，2h 后镀液变浑浊
C	较粗糙，灰色，有麻点，施镀时有大量气泡析出，2h 后镀液变浑浊
D	粗糙，灰色，有明显麻点，SEM 下观察有明显缺陷，施镀时有大量气泡析出，2h 后镀液变浑浊

通过以上四种工艺参数和镀层表观形貌以及镀液稳定性分析可知，镀液的稳定性和镀层的完整性取决于镀液的 pH 值、施镀的温度以及主盐和还原剂的比例。温度高以及还原剂过量（相对于主盐浓度而言），都会导致 Ni-P 被还原的趋势增加。一旦被还原出来的 Ni-P 没有及时沉积在复合材料的表面，就会变成一个新的沉积活化点，从而促进还原剂和主盐加速反应，溶液中分布的 Ni-P 颗粒越来越多，最终造成镀液变浑浊。对比表 4-2 数据，并结合图 4-28 和表 4-3 可以发现：溶液 pH 值过高及还原剂过少（相对于主盐浓度而言）都会引起镀层出现针孔或起皮，使镀层完整性被破坏。因此确定最佳的镀镍工艺参数是制备出耐蚀性良好镀层的关键。

4.3.2.2　化学 Ni-P 镀层性能

采用 CS2350 双通道电化学工作站测试开路电位－时间曲线、动电位极化曲线和交流阻抗曲线：镀镍试样为工作电极，用有机胶密封，裸露测试面积为 $1cm^2$，参比电极为饱和甘汞电极，辅助电极为大面积铂片；腐蚀介质均为质量分数 3.5% 的 NaCl 溶液，用轻质氧化镁调节溶液 pH 值为 7.0；动电位极化曲线的扫描范围为 $-1 \sim +1V$，扫描速度为 0.5mV/s，交流阻抗测试频率范围 0.01Hz ~ 100kHz，交流阻抗的幅值是 5mV。电化学测量均在 25℃进行。

A　开路电位－时间（E-t）曲线

图 4-29 为晶须增强 AZ91D 镁基化学 Ni-P 镀层在 3.5% NaCl 溶液中的电位－时间曲线。由图 4-29 可知，在近 1800s 时，开路电位趋于稳定，接近 $-1.12V$。

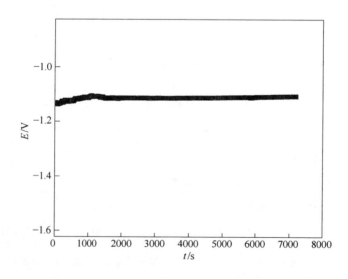

图 4-29　晶须增强 AZ91D 镁基化学 Ni-P 镀层的开路电位－时间曲线

B 动电位极化曲线

图 4-30 为晶须增强 AZ91D 镁基复合材料 Ni-P 镀层的极化曲线。由图可知：增强晶须 AZ91D 镁基复合材料的阴极反应主要是析氢反应，在阴极极化过程中样品表面光亮。阳极区是典型的活性溶解，在极化过程中表面产生点蚀，随着外加电位的提高，腐蚀电流密度提高，腐蚀面积逐渐扩展。Ni-P 镀层样品的阴极反应与镁合金基体类似，阳极反应不存在明显的钝化区间。自腐蚀电位接近 - 1.11V，与基体 AZ91D 镁基复合材料的自腐蚀电位 - 1.52V 相比提高了 0.41V，而且镀层自腐蚀电流密度较基体降低了近 3 个数量级以上，腐蚀的倾向大幅度降低。动电位扫描进入阳极区以后，表面 Ni-P 镀层产生钝化，但钝化区间不明显。Ni-P 镀层对增强晶须 AZ91D 镁基复合材料基体起到了较好的保护作用。通过测定化学镀层质量随时间的变化，结果显示，化学镀的镀层沉积速度较小，这势必造成在 2h 内得到的 Ni-P 镀层较薄。虽然镀层自腐蚀电位提高的不多，但却证实在镁基复合材料基体上进行化学镀镍是可行的。

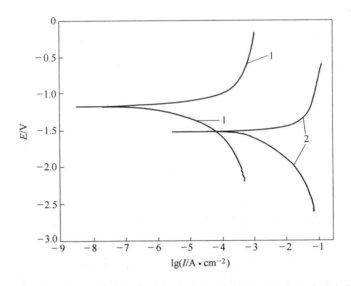

图 4-30 增强晶须 AZ91D 镁基复合材料化学 Ni-P 镀层在 3.5%NaCl 溶液中的极化曲线
1—Ni-P 镀层；2—AZ91D

C 交流阻抗

图 4-31 为化学镀镍镀层试样在 3.5%NaCl 溶液中的交流阻抗谱，相应的拟合电路图如图 4-32 所示，电路图中 R_1 为溶液电阻，CPE1 代表膜层电容，R_2 代表膜层电阻，膜层电阻大，说明镀层耐蚀性良好。从交流阻抗图谱可以看出，镀层试样出现一个高频容抗弧，且在第四象限没有感抗弧出现，表明镀层具有良好的耐蚀性能。虽然第一象限具有一个高频容抗弧，但容抗弧并不完整，说明图 4-32

中的 R_2 值比较大，因此镀层耐蚀性较好。

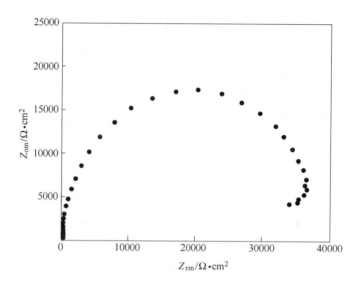

图 4-31　晶须增强 AZ91D 镁基复合材料 Ni-P 镀层在 3.5% NaCl 溶液中的交流阻抗曲线

通过对镀层的微观形貌和电化学测试分析可知：镀层呈现泡状凸起且紧密堆积，没有明显裂纹及孔洞，也没有应力开裂趋势，致密性较好，具有一定的耐蚀能力。化学镀 Ni-P 镀层是典型的析氢反应过程。气体产生若不及时从复合材料表面逸散，

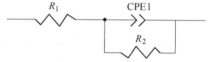

图 4-32　由电化学阻抗图谱拟合的电路图

势必造成镀层表面的不完整或者出现孔洞，这也是图 4-28 B 和 C 中镀层表面出现缺陷的原因。至于图 4-28 D 中的表面缺陷，可能是化学镀镍溶液分解或出现浑浊后固体夹杂物沉积到 Ni-P 镀层表面引起的。这种缺陷会造成镀层结合力差、表面粗糙、耐蚀能力下降等缺陷。镀层沉积速度测试结果显示，镀层沉积速度较慢，在两小时内的镀层厚度不够，电化学测试时，镀层比较容易被击穿，故电化学测试结果不甚理想。但如果适当延长化学镀施镀时间或对其表面进行二次施镀，会得到具有一定厚度和更高耐蚀能力的 Ni-P 镀层，但这有待于进一步研究。

4.3.2.3　腐蚀形貌

将试样浸入 3.5%（质量分数）NaCl 溶液中常温腐蚀 24h，采用德国卡尔蔡司 EVOMA15LS15 型扫描电镜（SEM）观察镀层腐蚀前后的表面微观形貌。图 4-33 为最佳工艺条件下所得的化学镀镍试样在室温下浸入 3.5% NaCl 溶液中 24h 后的 SEM 表面形貌。浸泡 24h 后镀层表面仅出现少数腐蚀孔，但腐蚀介质并未穿透镀

层到达基底，未造成镀层严重破坏和脱落，镀层基本保持完好。可见，化学 Ni-P 镀层具有一定的抗腐蚀能力。

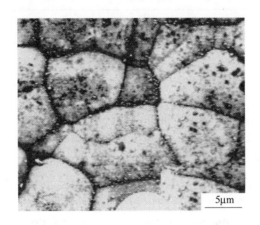

图 4-33　最佳工艺制备的镍镀层在 3.5% NaCl 溶液中浸泡 24h 的表面 SEM 形貌

4.3.2.4　结合力测试

采用锉刀实验法测定镀层结合力：利用锉刀沿 45°锉去棱边表面镀层，露出基体与镀层界面，观察镀层是否起皮或脱落。锉刀试验结果显示，镀层无起皮现象，表明镀层结合良好，锉后不易脱落。

4.3.3　化学镀镍沉积机理

化学镀镍沉积机理如下：

$$Ni^{2+} + H_2PO_2^- + H_2O \Longrightarrow H_3PO_3 + H^+ + Ni \downarrow$$

通过强氧化剂和强还原剂的氧化还原反应，实现了 Ni 的沉积过程。当反应后 H^+ 浓度达到某一浓度范围后，会有如下反应：

$$H_3PO_3 + 3H^+ + 3e \Longrightarrow P \downarrow + 3H_2O$$

正是由于以上两个反应的存在，致使最终得到的镀层为 Ni-P 复合镀层。

4.4　化学镀 Ni-P-SiC 复合镀层

复合镀层具有比化学镀镍层更好的力学性能及耐蚀性能，因此笔者又对晶须增强镁基复合材料表面进行化学镀 Ni-P-SiC 复合镀层的研究，确定了最佳的化学镀工艺参数，同时考察了镀层的耐蚀性，分析了镀层沉积机理。

4.4.1　实验材料

实验所用材料为晶须增强 AZ91D 镁基复合材料，采用搅拌铸造法成型，试样规格为 10mm × 10mm × 10mm。其主要合金元素及含量见表 4-4。

表 4-4　晶须增强 AZ91D 镁合金

所含成分	Al	Cu	Mn	Si	Zn	Ni	晶须	Mg
含量（质量分数）/%	8.3 ~ 9.7	< 0.03	0.15 ~ 0.50	< 0.01	0.35 ~ 1.0	< 0.002	10	余量

4.4.2　化学镀工艺

实验样品为 10mm × 10mm × 10mm 的晶须增强 AZ91D 镁合金长方形薄片。采用工艺流程为：打磨→化学除油→酸洗→碱性活化→化学镀镍 →干燥。将试样依次除油、酸洗、活化、化学镀镍，每个操作步骤之间加自来水洗和蒸馏水洗步骤。化学镀镍溶液选定碱式碳酸镍主盐体系，根据镁合金在不同配方碱式碳酸镍主盐体系中镀层状态的不同和腐蚀性能的好坏，如能否沉积、镀层表观的均匀性、镀层在 3.5% NaCl 溶液中浸泡后的腐蚀情况，筛选溶液中各组分及其浓度、溶液 pH 值、处理时间和处理温度，确定最佳工艺条件。

4.4.2.1　预处理

在晶须增强镁合金基体材料上进行化学镀镍 – 碳化硅，与其他金属基体如碳钢相比，要更复杂和困难，因为镁合金具有非常活泼的化学性质。为了使化学镀层与镁基体间具有良好的结合力，就必须在化学镀镍前对镁合金进行严格的预处理。

除油的目的是去除镁合金表面的油脂和污物。采用丙酮除油，其除油效果好并且不会对镁合金基体产生腐蚀。

酸洗是为了除去金属表面的氧化物、嵌入基体表面的污物以及附着的冷加工屑等。目前对镁合金进行酸性浸洗的溶液主要是铬酸或铬酸盐酸性溶液，这类洗液对镁合金的表面清洁起到了相当好的作用。但是，环保法规对于铬酸盐使用的限制日益严格，需要新的环境友好型的替代工艺。采用氢氟酸工艺对晶须增强 AZ91D 镁合金进行预处理，浸洗后在镁合金表面上形成一层米色薄膜。这层膜的存在对基体起到了一定的保护作用，使镁合金在酸洗前处理阶段不至于因腐蚀而过多损失，同时又能够有效去除氧化物等污物。但酸洗的时间不宜太长，一般为 2 ~ 3min。

4.4.2.2　不同梯度的 SiC 复合镀层工艺

在 4.3 节所进行的实验基础之上，采用相同的镀液配方和施镀工艺条件，添加不同梯度的 SiC，具体梯度如下：SiC 2g/L，SiC 5g/L，SiC 10g/L，在超级恒温槽当中施镀两个小时，期间需要用玻璃棒适度地搅拌以及注意 pH 值的调节，使其基本保持在 6 ~ 7 之间。在此基础之上便可制得该三种梯度的镀镍-碳化硅样品。

4.4.2.3　复合镀层微观形貌

将三种不同梯度 SiC 下的样品在扫描电镜下进行表观形貌的观察，考察添加 SiC 对镍镀层的表观形貌有何影响。结果如图 4-34 所示。

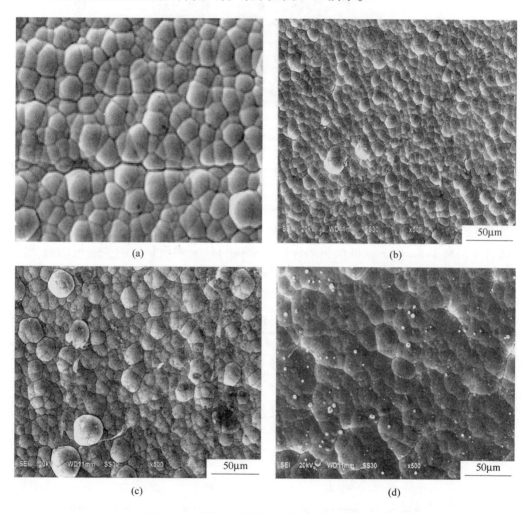

图 4-34　不同 SiC 梯度下的复合镀层表面形貌

（a）Ni-P 镀层表观形貌；（b）2g/L 碳化硅添加下的表观形貌；
（c）5g/L 碳化硅添加下的表观形貌；（d）10g/L 碳化硅添加下的表观形貌

5g/L 碳化硅的镀层表面明显不够均匀，2g/L 和 10g/L 的镀层表面相对均匀。但是对 10g/L 碳化硅的镀层样品在 2000 倍下进行观察（见图 4-35），镀层表面有一些散状分布的腐蚀孔，说明该含量下的镀层不是很好。因此通过对比分析来看，碳化硅含量的增加会对 Ni-P 镀层的耐蚀性产生不利影响。

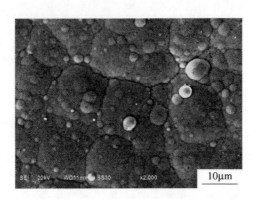

图 4-35　10g/L 碳化硅镀层样品在 2000 倍下的表观形貌

4.4.2.4　复合镀层元素含量

将三种不同梯度的样品进行电子探针检测，检测其中的各种元素。具体结果见表 4-5。随着碳化硅用量的增加，元素镍和磷均呈含量逐渐减小的趋势，但是磷含量仍高于 8.2%，耐蚀性得到保障；从碳与硅元素质量比的关系可以看出，在化学镀沉积过程中，碳化硅并未与任何物质发生化学反应，碳化硅的稳定性得到证实。因此，碳化硅的加入能够进一步提高复合镀层的耐磨性能。

表 4-5　镀层元素含量分布　　　　　　　　　　（wt,%）

元素	Ni	P	Si	C
SiC 2g/L	85.6	9.2	2.6	2.6
SiC 5g/L	80.4	8.8	5.4	5.4
SiC 10g/L	78.2	8.2	6.8	6.8

4.4.2.5　化学镀层的耐蚀性

A　电化学测试设备

电化学测试体系为三电极体系（见图 4-36），分别为工作电极、辅助电极和参比电极。工作电极（WE）又称研究电极或指示电极。对工作电极的要求有所研究的电化学反应不会因为电极自身发生的反应而受到影响，测定的电位区域较宽，电极不与溶剂或电解液组分发生反应，且电极面积不宜太大，表面均一、平滑、易净化等。辅助电极（CE）又称对电极，与工作电极组成回路，使工作电极上电流畅通，以保证研究的反应在电极上发生。若测量过程中通过的电流较大时,为使参比电极的电位保持稳定,必须使用辅助电极,否则将影响测量的准确性。参比电极(RE)电位不受试液组成变化的影响,具有较恒定的数值。

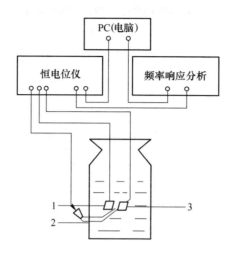

图 4-36 电化学测试的三电极体系示意图
1—铂电极;2—饱和甘汞电极;3—工作电极

B 研究方法

在电化学工作站(见图 4-37)中进行测量,测量时以 $w(NaCl) = 3.5\%$ 溶液作为电化学反应池的腐蚀介质,腐蚀介质用纯 NaCl 和蒸馏水配制。将试样打磨、

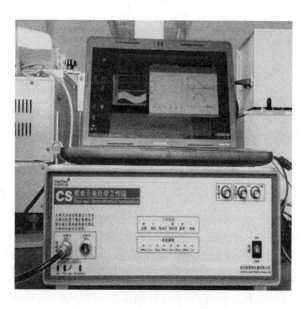

图 4-37 CS 双单元化学工作站

抛光后一端暴露于腐蚀溶液中，另一端用导线连接，用环氧树脂固封制作电极，暴露于溶液中的面积约 1cm²。电化学试验采用标准三电极系统：试样为工作电极，饱和甘汞电极（SCE）为参比电极，铂片为辅助电极。开路电位（E-t 曲线）测试时间为 7200s，动电位极化曲线扫描范围为 −1～1V（相对开路电位），扫描速率为 0.5mV/s，交流阻抗谱的频率扫描范围为 0.01Hz～100kHz，幅值为 5mV。测试前将试样用 600 号到 2000 号 SiC 砂纸逐级打磨、抛光，用蒸馏水清洗后烘干备用。（测试条件均为室温。）

　　C　*E-t* 曲线和动电位极化曲线

　　图 4-38 为添加不同含量碳化硅的试样在腐蚀液中的测试结果。实验中发现在 10min 以内各试样腐蚀速度均较快，在实验进行到 15min 左右时腐蚀速度逐渐下降，最后趋于稳定。从图中可以看出无碳化硅添加的镍－磷镀层的自腐蚀电位最高，其耐蚀性也最好。而添加碳化硅的量为 2g/L、5g/L、10g/L 的样品的自腐蚀电位，是逐渐下降的趋势，也就是说这些样品的耐腐蚀性在逐渐下降。

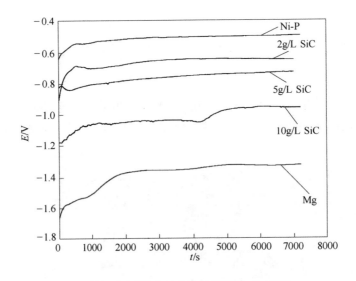

图 4-38　不同梯度的碳化硅样品的 *E-t* 曲线

　　图 4-39 为添加不同含量碳化硅的试样在腐蚀介质中的动电位极化曲线。动电位极化曲线的阳极部分几乎竖直，这表明材料表面在阳极区均发生了不同程度的钝化，其中无碳化硅添加的镍－磷镀层的电流密度最小，说明在试样表面形成一层相对较厚的钝化膜，该试样的耐蚀性较好。而从图 4-39 分析发现添加碳化硅含量分别为 2g/L、5g/L、10g/L 试样的电流密度在依次增大，说明试样的耐蚀性在逐渐地降低，但是还是能够直观地看到添加适量的碳化硅后，耐蚀性相对于基体合金有了明显的提高。

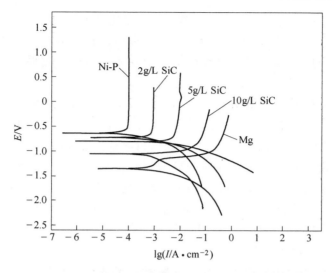

图4-39　不同梯度的碳化硅样品的动电位极化曲线

D　交流阻抗

交流阻抗图4-40中的图线曲率和该试样的电阻成正相关，通过对图线的分析可以发现上图中无碳化硅添加的镍－磷镀层的图线曲率最大，其试样的电阻也最大，耐蚀性也最好。而碳化硅含量为2g/L、5g/L、10g/L的试样的图线曲率逐渐减小，电阻也逐渐减小，说明试样的耐蚀性也逐渐减小。

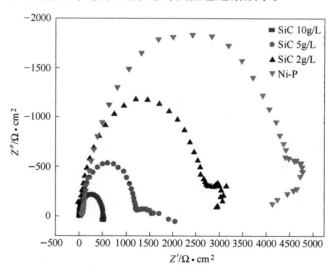

图4-40　不同梯度的碳化硅样品的交流阻抗图

E　镀层耐蚀性

通过上面实验的分析发现，添加碳化硅后，2g/L碳化硅的耐蚀性稍好。因此将无碳化硅添加的镍－磷样品和添加 2g/L 碳化硅的样品在室温下浸入 3.5% NaCl 水溶液中，进行 24h 全浸实验。实验结束后，将样品在扫描电镜下观察可见，无碳化硅添加的镍－磷镀层致密无明显缺陷，镀层外观质量较好。而添加 2g/L 碳化硅的镍－磷－碳化硅镀层，出现少数腐蚀孔，但腐蚀介质并未穿透镀层到达基底，造成基底严重破坏和脱落，镀层基本完好。在浸泡过程中肉眼观察，发现样品表面仅有少量气泡附着。可见，在最佳工艺条件下所得的化学镀镍－磷镀层具有较强的抗腐蚀能力，而镍－磷－碳化硅镀层的耐蚀性下降。

　　无论是电化学测试还是腐蚀后的形貌观察，都发现一个现象：添加碳化硅后，镍－磷镀层的耐蚀性有不同程度的下降，其中随着碳化硅含量的增加，耐蚀性呈下降趋势。分析此种现象，原因可能有：

　　(1) SiC 颗粒添加以后，属于化学沉积，使复合镀层变得疏松，没有原来的镍－磷镀层致密，降低了复合镀层的耐蚀性。

　　(2) 碳化硅颗粒添加以后，与镍－磷镀层形成了电偶腐蚀，因此加速了镀层的腐蚀，造成镀层耐蚀性的降低。

5　复合材料回收和再利用

　　复合材料以轻质高强、耐腐蚀等优异性能而被广泛应用，应用领域遍及建筑、交通、航空、航天、电子、船舶、能源等各个领域，复合材料已成为人类生活中必不可少的材料。但是，复合材料工业为人类提供优质材料的同时，也产生了大量的废弃物，如何处理这些废弃物已成为复合材料工业发展的障碍。本章针对复合材料废弃物处理问题主要介绍了国内外复合材料废弃物回收发展现状、经济性分析以及未来发展趋势等方面的内容。

5.1　国内外复合材料废弃物回收发展现状

5.1.1　国内废弃物回收现状

　　我国复合材料废弃物在 2009 年年产量已达 323 万吨，先后超过德国、日本而居世界第二位，并接近居世界首位的美国。每年新增的生产中的边角废料近 20t；50 多年的发展，寿命到期的产品废料也在逐步增加；每年预计各类废弃物接近 50 万吨，特别是国内最近两年新增的风电叶片工厂每年新增的废料超过万吨，大量报废的电子产品所用的覆铜板废弃物也超过万吨。据统计，目前我国 80% 左右的复合材料制品为手糊生产，生产中产生的废弃物更多，且回收利用尚属空白。

　　我国对热固性复合材料废弃物的处理主要采取填埋和焚烧 – 填埋的方法，二者均占用土地资源且对土壤造成破坏。焚烧不会造成土地浪费，但由于燃烧中产生大量毒气，会造成二次污染，同时存在潜在的、未知的危险。庆幸的是部分地区已开始研究尝试采用物理回收方式，如北京玻璃研究院、枣强县等。另外，北京首能蓝天在热解处理方面也取得了一些突破，但这些目前还都处于起步阶段。复合材料废弃物数量巨大的现状目前已引起国家和相关部门重视，并开展相关的工作。国家也相继出台了一系列针对回收再利用的政策，如我国自 1996 年施行《中华人民共和国固体废弃物污染环境防治法》；此外，国家发布的《当前优先发展的高技术产业化重点领域指南（2007 年度）》中明确规定，固体废弃物的资源综合利用是国家优先发展的领域之一；《2011 ~ 2015 年中国废旧物资回收加工行业投资分析及前景预测报告》指出"十二五"期间，我国将进一步提高废弃物资源化水平，废旧物资回收行业将明显受益于当前的节能环保政策；"十三五"期间更是明确提出加强废弃物资源化利用力度。

5.1.2　国外废弃物回收现状

2009 年全球复合材料的产量约 900 万吨。其中北美、欧洲和亚洲是三个最大的生产和应用地区，全球树脂基复合材料的年平均增长率在 5% 以上，其中亚太地区的增长率可达 7%（中国约为 9.5%，印度约为 15%，欧洲和北美地区为 4%）。全球每年新增的废弃物接近 100 万吨，在工业发达国家，热固性复合材料回收利用技术日益受到关注。各有关大公司共同投资、联合建厂，并有政府资助。回收加工厂多以粉碎和热解法技术为主，已具备一定的规模，技术日趋成熟。其主要研究方向大致分为两个方面：（1）研究非再生热固性复合材料废弃物的处理新技术；（2）开发可再生、可降解的新材料。

目前日本复合材料回收再利用有两种方式：（1）粉碎作填料使用；（2）将回收料粉碎到一定程度添加到水泥中，回收能量。由于复合材料废弃物本身热能较低（8.37 ~ 16.74kJ/kg），需要和热能值较高的 PP、PE 薄膜按 1 : 1 混合，达到 20.93 ~ 25.12kJ/kg 的水泥所需燃料的要求。该种方式的处理费用为每千克 25 ~ 30 日元。日本强化塑胶协会专门成立了再生资源化研究中心，专门研究废料回收。日本政府和协会一起投入 1.8 亿日元建设了回收工厂，该工厂设计月回收量 600t，2000 年 7 月底投入运行。工厂人员有 6 人，一次粉碎设备功率为 130kW，二次粉碎设备功率为 150kW，厂区面积为 300m^2，车间面积为 660m^2，回收装备是由专业生产厂家加工完成，2 个月即可完成安装。

欧洲 ERCOM 公司的连续粉碎机是欧洲最早开发的实用化机械设备，其用途是对使用过的 SMC/BMC 制品废弃物进行破碎回收。该系统的关键技术是粉体输送技术，粗粉碎料尺寸为 5cm 左右碎块；破碎能力为 3t/h；粉碎机容量为 30m^3 或 10t；细粉碎设备是锤磨式粉碎分级系统，可以分别得到 3 种级别尺寸的纤维和粉末的再生品。欧洲新的废弃物法规将对填埋和焚烧等这些传统型的废弃物处理办法进一步控制，2004 年底开始禁止采用填埋的方法。欧洲 GPRMC 及其联合体正在引进 "欧洲复合材料循环概念"，其主要目标是用最经济的方法在欧洲处理玻璃钢废弃物，在保护环境和遵守法律的同时为玻璃钢回收开发新的经济的可行性市场。

美国 Seawolf Design 公司所属的 FRP Equipment 公司推出了 3 个新型号玻纤增强塑料（GRP）回收设备，作为其粉碎机系列产品的新增供应产品。3 个回收塑料用粉碎机生产线规格分别为 91.44cm、121.92cm 和 152.40cm 的装置，以适应和满足回收大型废塑料碎片和不同复合材料的要求，最大生产能力可达 1818.10kg/h。FRP Equipment 公司回收设备的技术特点是：回收 GRP 时能分离和抽出玻纤，而且不损坏玻纤的完整性，回收玻纤可以重新加入树脂，并仍保持玻纤的一般物性；回收过程排放物少，不需要再处理，因此降低材料成本，废料少，处理成本低；回收的玻纤可重新用于喷射（spray up）、树脂传递模塑（RTM）、拉挤成型、块状模塑料（BMC）和单丝卷烧和离心浇铸等工艺。

5.2 复合材料回收的经济性分析

5.2.1 物理方式（粉碎）的经济性

物理粉碎的设备一般为 FRP 专用微粉碎机，应用较多的是 ASAOKA 股份公司生产的 FM-300-S 型微粉破碎机，此设备填料时，FRP 废弃物尺寸和形状都需要加以限定，一般采用 100 目的筛子筛分能够有效提高微粉回收率。由于此设备采用金刚石铣刀破碎，所以不会有铁粉进入微粉。微粉的破碎和筛分都是在设备内部封闭空间内完成的，所以不用担心产生粉尘对环境及工人的危害，一名作业员就可进行操作。

经济性：以 FM-300-S 为例，需有约 200 万元的投资。用 8 年折旧计算可得：

（1）废弃物处理支出：折旧费为每月 2 万元；月处理废料为 80000kg，每千克 2.5 元。

（2）废弃物处理收入：废料处理费为每吨 1500～2000 元；当做填料使用，则每千克 0.5 元。

由废弃物处理的支出和收入计算结果可得，其收支相抵，基本持平或稍微亏损。

5.2.2 化学方式（热解）的经济性

化学方式（热解）的设备为批量型干馏气化燃烧炉（道前筑炉工业股风公司制造）。

经济性：FRP 的回收油量约为 28%～40%。经计算有：

（1）废弃物的处理收入：1）FRP 废弃物处理费为 45 万元/年；2）油回收带来的收入（用作燃料时）为 31.5 万元/年。小计 76.5 万元/年。

（2）废弃物处理支出：1）残渣处理费为 3 万元/年；2）电费为 19.5 万元/年；3）设备的保养维护、设备费为 20 万元/年。小计 42.5 万元/年。

由上述计算结果可知，废弃物处理的年收入为 34 万元（人工费除外）。

5.2.3 能量方式（焚烧）的经济性

能量方式（焚烧）的装置名：FRP 专用焚烧炉（ACTRORY 村田股份公司生产）TRM-1000 型。用来处理废弃不要的 FRP 模型、不合格品、修剪端材、废树脂残渣等，在废热锅炉里回收蒸汽再利用。焚烧能力为 350kg/h，合计每月 50t。

经济性：处理以 FRP 为中心的废材，设备费用为 500 万元。经计算有：

（1）废弃物处理收入：

收入 = 废弃物处理费（1 万元/月）+ 重油（热回收）（5 万元/月）≈ 6 万元/月。

（2）废弃物处理支出：加热重油为 5 万元/月。

由上述可知，废弃物处理年间利益为:（6 万元/月 – 5 万元/月）× 12 月 = 12 万元/年。

5.2.4　经济性比较

对比物理方式、化学方式、能量方式，对三种方式经济性分析可知：

（1）粉碎方式的经济性是最差的，且处理不完全，但设备投入较低；

（2）热解方式的经济性是最好的，能够实现彻底的回收再利用，但设备造价比较高；

（3）焚烧方式的经济性是可行的，但需要辅助设备解决能量的使用问题。

所以，目前单纯的粉碎方式很少采用，热解正在成为回收再利用的主要方式。总之，无论采用什么方式，都需要结合实际情况，既要考虑社会效益也要考虑经济效益。

5.3　复合材料废弃物回收技术发展趋势展望

21 世纪是环保的世纪，我国可持续发展战略的实施，对环境保护提出了更高的要求。复合材料回收再利用也是各国法律所严格要求的，是复合材料工业发展的必然要求，具有重要的社会效益和经济效益。目前，综合处理已成为复合材料回收利用技术发展的新方向，主要体现在以下两方面：

（1）在设计和制造时，就考虑到废弃物的回收和再利用。如采用热塑性复合材料制造叶片，研究采用竹纤维增强复合材料，研究采用生物基胶黏剂替代环氧树脂等，研究新的制造技术，减少制造过程废弃物的排放等。

（2）综合各种处理技术，实现资源的充分利用。目前，国外先进的处理技术倾向于利用其他工业基础，综合使用以上方法，充分利用废弃物特点，同时回收能量、物质，最大程度地实现废弃物的回收和利用，如水泥窑炉处理技术等。

5.4　镁基复合材料回收技术发展趋势

作为镁基复合材料，其回收利用应该借鉴相应复合材料的回收途径，结合材料自身特点进行回收。

比如，具有表面金属镀层的镁基复合材料，可以采取破碎、重力筛选分离金属镀层与基体材料，然后才用焚烧方式制备氧化镁，将燃烧镁产生的热量进行发电、供暖等，最后再利用电解方式制备金属镁。

再比如，将镁基复合材料直接酸溶制备镁盐溶液，再利用先进脱水工艺制备无水镁盐，进而通过冶金工艺制镁，实现镁循环利用等。

镁基复合材料回收利用目前没有固定的回收途径，关于镁基复合材料的回收也刚刚起步，很多问题有待于进一步研究。

第 2 篇

铝基复合材料

6 铝及铝冶金概述

6.1 氧化铝的生产

我国根据本国的铝矿资源特点发展出多种氧化铝生产方法。20 世纪 50 年代初就已用碱石灰烧结法处理铝硅比只有 3.5 的纯一水硬铝石型铝土矿，开创了具有特色的氧化铝生产体系。用我国的烧结法可使 Al_2O_3 的总回收率达到 90%，每吨氧化铝的碱耗（Na_2CO_3）约 90kg，氧化铝的 SiO_2 含量下降到 0.02% ~ 0.04%，而且在 20 世纪 50 年代已经从流程中综合回收金属镓和利用赤泥生产水泥。20 世纪 60 年代初建成了拜耳烧结混联法氧化铝厂，使 Al_2O_3 总回收率达到 91%，每吨氧化铝的碱耗下降到 60kg，为高效处理较高品位的一水硬铝石型铝土矿开创了一条新路。我国在用单纯拜耳法处理高品位一水硬铝石型铝土矿方面也积累了不少经验。

氧化铝外观为白色粉末，结晶状态为六方晶体结构，分子式通常写为 Al_2O_3，分子量为 101.96。氧化铝是典型的两性氧化物，不溶于水，可溶于无机酸和碱性溶液，由于其结晶形式不同，在酸、碱溶液中的溶解度及溶解速度也不同。氧化铝有多种同素异构体，如：$\alpha\text{-}Al_2O_3$、$\beta\text{-}Al_2O_3$、$\gamma\text{-}Al_2O_3$、$\delta\text{-}Al_2O_3$、$\theta\text{-}Al_2O_3$、$K\text{-}Al_2O_3$、$\delta\text{-}Al_2O_3$。而常见稳定结构的氧化铝主要是 $\alpha\text{-}Al_2O_3$ 和 $\gamma\text{-}Al_2O_3$。$\alpha\text{-}Al_2O_3$ 性质稳定，熔点为 2050℃，沸点为 2900℃，密度为 3.9 ~ 4.0g/cm³，$\gamma\text{-}Al_2O_3$ 是将各种 $Al(OH)_3$ 加热脱水获得的，$\gamma\text{-}Al_2O_3$ 呈立方晶系，晶格常数 $a = 7.91 \times 10^{-10}$。

氧化铝水合物是由 OH^-、O^{2-}、Al^{3+} 构成的化合物，其中并不含水分子，水合物是对该种化合物的俗称。氧化铝水合物是铝土矿中的主要矿物。自然界中 OH^-、O^{2-}、Al^{3+} 构成的化合物主要有三水铝石、一水软铝石、一水硬铝石和刚玉，其分子式为：三水铝石 $Al(OH)_3$、一水软铝石 $\gamma\text{-}AlOOH$、一水硬铝石 $\alpha\text{-}AlOOH$、刚玉 Al_2O_3。氧化铝水合物的化学性质也由于其结构不同而有很大差别，化学活性按下列次序递减：三水铝石化学活性最大，一水软铝石次之，一水硬铝石较弱，刚玉则是非常稳定的氧化铝。

6.1.1 氧化铝的生产方法

从矿石中提取氧化铝有多种方法，如拜耳法、碱石灰烧结法、拜耳-烧结联合法等。拜耳法一直是生产氧化铝的主要方法，其产量约占全世界氧化铝总产量的 95%。

拜耳法生产氧化铝的原理是用苛性钠（NaOH）溶液加温溶出铝土矿中的氧化铝，得到铝酸钠溶液，溶液与残渣（赤泥）分离后，降低温度，加入氢氧化铝作晶种，经长时间搅拌，铝酸钠分解析出氢氧化铝，经洗净并在 950～1200℃温度下煅烧，便得氧化铝成品。析出氢氧化铝后的溶液称为母液，蒸发浓缩后可循环使用。拜耳法生产氧化铝简易流程如图 6-1 所示。

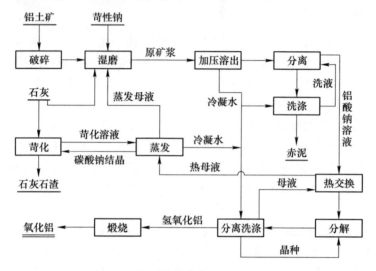

图 6-1　拜耳法生产氧化铝简易流程

现代拜耳法的主要进展在于：（1）设备的大型化和连续操作；（2）生产过程的自动化；（3）节省能量，例如高压强化溶出和流态化焙烧；（4）生产砂状氧化铝以满足铝电解和烟气干式净化的需要。

6.1.1.1　碱法生产氧化铝

碱法生产氧化铝就是用碱（NaOH 或 Na_2CO_3）处理铝土矿，使矿石中的氧化铝水合物和碱反应生成铝酸钠溶液。铝土矿中的铁、钛等杂质和绝大部分的二氧化硅则成为不溶性的化合物进入固体残渣中，这种残渣被称为赤泥。铝酸钠溶液与赤泥分离后，经净化处理，分解析出 $Al(OH)_3$，将 $Al(OH)_3$ 与碱液分离并经过洗涤和焙烧后，即可获得产品氧化铝。

6.1.1.2　酸法生产氧化铝

酸法生产氧化铝就是用硫酸、盐酸、硝酸等无机酸处理铝矿石，得到含铝盐溶液，然后用碱中和这些盐溶液，使铝成氢氧化铝析出，焙烧氢氧化铝或各种铝盐的水合物晶体，便得到氧化铝。用酸法处理铝矿石时，存在于矿石中的铁、钛、钒、铬等杂质与酸作用进入溶液中，这不但引起酸的消耗，而且它们与铝盐分离比较困难。氧化硅绝大部分成为不溶物进入残渣与铝盐分离，但有少量成为硅胶进入溶液，所以铝盐溶液还需要脱硅，而且需要昂贵的耐酸设备。用酸法处理分布很广的高硅低铝矿（如黏土、高岭土、煤矸石和煤灰）在原则上是合理的，在铝土矿资源缺乏的情况下可以采用此法。

6.1.1.3 酸碱联合法生产氧化铝

酸碱联合法是先用酸法从高硅铝矿石中制取含铁、钛等杂质的不纯氢氧化铝，然后再用碱法处理。这一流程的实质是用酸法除硅、碱法除铁。

拜耳法的优点主要是流程简单、投资省和能耗较低，最低时每吨氧化铝的能耗仅 $1.254 \times 10^7 kJ$ 左右，碱耗一般为 100kg 左右（以 Na_2CO_3 计）。

拜耳法生产的经济效果决定于铝土矿的质量，主要是矿石中的 SiO_2 含量，通常以矿石的铝硅比即矿石中的 Al_2O_3 与 SiO_2 含量的重量比来表示。因为在拜耳法的溶出过程中，SiO_2 转变成方钠石型的水合铝硅酸钠（$Na_2O \cdot Al_2O_3 \cdot 1.7SiO_2 \cdot nH_2O$），随同赤泥排出。矿石中每千克 SiO_2 大约要造成 1kg Al_2O_3 和 0.8kg NaOH 的损失。铝土矿的铝硅比越低，拜耳法的经济效果越差。直到 20 世纪 70 年代后期，拜耳法所处理的铝土矿的铝硅比均大于 7 ~ 8。由于高品位三水铝石型铝土矿资源逐渐减少，如何利用其他类型的低品位铝矿资源和节能新工艺等问题，已是研究、开发的重要方向。

6.1.2 铝土矿组成与分类

铝土矿（Bauxite）实际上是指工业上能利用的以三水铝石、一水铝石为主要矿物的矿石的统称。铝土矿是生产金属铝的最佳原料，其最主要的应用领域也是生产金属铝，该领域的铝土矿用量占世界铝土矿总产量的 90% 以上。

铝土矿在非金属方面的用量所占比重虽小，但用途却十分广泛。铝土矿（见图 6-2）是一种以氧化铝水合物为主要成分的复杂铝硅酸盐矿石，主要化学成分有 Al_2O_3、SiO_2、Fe_2O_3、TiO_2，少量的 CaO、MgO、硫化物，微量的镓、钒、磷、铬等元素的化合物。

铝土矿按其含有的氧化铝水合物的类型可分为三水铝石型铝土矿、一水软铝石型铝土矿、一水硬铝石型铝土矿和混合型铝土矿。

铝土矿的非金属用途主要是作耐火材料、研磨材料、化学制品及高铝水泥的原料。铝土矿在非金属方面的用量所占比重虽小，但用途却十分广泛。例如：化学制品方面硫酸盐、三水合物及氯化铝等产品可应用于造纸、净化水、陶瓷及石油精炼；活性氧化铝在化学、炼油、制药工业上可作催化剂、触媒载体及脱色、脱水、脱气、脱酸、干燥等物理吸附剂；用 γ-Al_2O_3 生产的氯化铝可供染料、橡

（a）　　　　　　　　　　　　　　　　　　　（b）

图 6-2　铝土矿

（a）三水铝石；（b）铝矾土

胶、医药、石油等有机合成应用；玻璃组成中有 3% ~ 5% Al_2O_3 可提高熔点、黏度、强度。研磨材料是高级砂轮、抛光粉的主要原料。耐火材料是工业部门不可缺少的筑炉材料。

金属铝是世界上仅次于钢铁的第二重要金属，2016 年全世界铝消费量达到 5903 万吨。根据预测，2020 年全球铝消费总量将达到 7000 万吨，未来几年的年均复合增长率（CAGR）将达到 4.53%。由于铝具有密度小、导电导热性好、易于机械加工及其他许多优良性能，因而广泛应用于国民经济各部门。全世界铝用量最大的是建筑、交通运输和包装部门，占铝总消费量的 60% 以上。铝是电器工业、飞机制造工业、机械工业和民用器具不可缺少的原材料。

铝土矿形态特征如下：

单斜晶系：$a_0 = 0.864nm$，$b_0 = 0.507nm$，$c_0 = 0.972nm$；$Z = 8$。晶体结构与水镁石相似，属于典型的层状结构。不同之处是 Al^{3+} 仅充填由 OH^- 呈六方最紧密堆积层相间的两层 OH^- 中 2/3 的八面体空隙，因为 Al^{3+} 具有比 Mg^{2+} 高的电荷，故较少数量的 Al^{3+} 即可平衡 OH^- 的电荷。

斜方柱晶类：C2h-2/m（L2PC）。晶体呈假六方板状，极少见。主要单形为平行双面 a、c，斜方柱 m。常依（100）和（110）成双晶。常见聚片双晶。集合体呈放射纤维状、鳞片状、皮壳状、钟乳状或鲕状、豆状、球粒状结核或呈细粒土状块体。主要呈胶态非晶质或细粒晶质。

物理性质：白色或因杂质呈浅灰、浅绿、浅红色调。玻璃光泽，解理面珍珠光泽。透明至半透明。解理极完全。硬度为 2.5 ~ 3.5。相对密度为 2.30 ~ 2.43g/cm³。具有泥土臭味。偏光镜下无色。二轴晶，$N_g = 1.587$，$N_m = N_p = 1.566$。

产状与组合：主要由含铝硅酸盐经分解和水解而成。热带和亚热带气候有利于三水铝石的形成。在区域变质作用中，经脱水可转变为软水铝石、硬水铝石（140～200℃）；随着变质程度的增高，可转变为刚玉。

三水铝石（gibbsite，Al(OH)$_3$）是铝的氢氧化物结晶水合物，是铝土矿的主要成分。三水铝石的晶体极细小，晶体聚集在一起成结核状、豆状或土状，一般为白色，有玻璃光泽，如果含有杂质则发红色。它们主要是长石等含铝矿物风化后产生的次生矿物，化学组成为Al(OH)$_3$，晶体属单斜晶系 P21/n 空间群的氢氧化物矿物。与拜三水铝石（bayerite）和诺三水铝石（nordstrandite）成同质多象，旧称三水铝矿或水铝氧石，1822 年以矿物收藏家 C. G. Gibbs 的姓命名。晶体结构与水镁石相似，由夹心饼干式的(OH)—Al—(OH)配位八面体层平行叠置而成，只是 Al^{3+} 不占满夹层中的全部八面体空隙，仅占据其中的 2/3。三水铝石的晶体一般极为细小，呈假六方片状，并常成双晶，通常以结核状、豆状、土状集合体产出。颜色为白色或因杂质染色而呈淡红至红色。玻璃光泽，解理面显珍珠光泽。底面解理极完全。摩斯硬度为 2.5～3.5，密度为 2.40g/cm^3。三水铝石主要是长石等含铝矿物化学风化的次生产物，是红土型铝土矿的主要矿物成分。但也可为低温热液成因。俄罗斯南乌拉尔的兹拉托乌斯托夫斯克的热液脉中产出有达 5cm 大小的晶体。

中国铝土矿除了分布集中外，以大、中型矿床居多。储量大于 2000 万吨的大型矿床共有 31 个，其储量占全国总储量的 49%；储量在 500 万～2000 万吨之间的中型矿床共有 83 个，其储量占全国总储量的 37%，大、中型矿床储量合计占到了全国总储量的 86%。

中国铝土矿的质量比较差，加工困难、耗能大的一水硬铝石型矿石占全国总储量的 98% 以上。在保有储量中，一级矿石（$w(Al_2O_3)$ 为 60%～70%，Al/Si ≥12）只占 1.5%，二级矿石（$w(Al_2O_3)$ 为 51%～71%，Al/Si≥9）占 17%，三级矿石（$w(Al_2O_3)$ 为 62%～69%，Al/Si ≥ 7）占 11.3%，四级矿石（$w(Al_2O_3)$ >62%，Al/Si≥5）占 27.9%，五级矿石（$w(Al_2O_3)$ >58%，Al/Si ≥4）占 18%，六级矿石（$w(Al_2O_3)$ > 54%，Al/Si ≥ 3）占 8.3%，七级矿石（$w(Al_2O_3)$ >48%，Al/Si≥6）占 1.5%，其余为品级不明的矿石。

我国铝土矿的另一个不利因素是适合露采的铝土矿矿床不多，据统计适合露采的铝土矿矿床的储量只占全国总储量的 34%。与国外红土型铝土矿不同，我国古风化壳型铝土矿常共生和伴生有多种矿产。在铝土矿分布区，上覆岩层常产有工业煤层和优质石灰岩。在含矿岩系中共生有半软质黏土、硬质黏土、铁矿和硫铁矿。铝土矿矿石中还伴生有镓、钒、锂、稀土金属、铌、钽、钛、钪等多种有用元素。在有些地区，上述共生矿产往往和铝土矿在一起构成具有工业价值的矿床。铝土矿中的镓、钒、钪等也都具有回收价值。我国铝土矿类型分布见表 6-1。

表 6-1　我国铝土矿类型分布

基本类型	亚类型	主要分布地区
一水型铝土矿	水铝石-高岭石型（D-K 型）	山西、山东、河北、河南、贵州
	水铝石-叶蜡石型（D-P 型）	河南
	勃姆石-高岭石型（B-K 型）	山东、山西
	水铝石-伊利石型（D-I 型）	河南
	水铝石-高岭石-金红石（D-K-R 型）	四川
三水型铝土矿	三水铝石型（G 型）	福建、广西

6.1.3　铝土矿的铝硅比

铝土矿中的硅是碱法处理铝土矿制取氧化铝过程中最有害的杂质，铝土矿的铝硅比是衡量铝土矿质量的主要指标之一，铝硅比愈高的矿石品质愈好。铝硅比是指铝土矿中的氧化铝和二氧化硅的质量比，即 A/S = 矿石中的氧化铝质量/矿石中的二氧化硅质量，通常写为：$A/S = Al_2O_3/SiO_2$。

我国探明的铝土矿储量为 30 亿吨，矿石 A/S 为 4~6 的中低品位矿石占 60%。近年来由于我国的氧化铝产能和产量大幅增加也造成了我国矿石品位迅速下降，生产成本持续升高。由于成本的压力，曾经为我国氧化铝工业做过突出贡献的烧结法工艺和混联法工艺也面临着被淘汰的境地。

6.1.4　铝酸钠溶液

工业铝酸钠的主要成分是 $NaAl(OH)_4$、$NaOH$、Na_2CO_3、Na_2SiO_4 等。通常把 $NaAl(OH)_4$ 中的 Na_2O 叫做化合碱，把 $NaOH$ 中的 Na_2O 叫做游离碱，把 Na_2CO_3 中的 Na_2O 叫做碳酸碱。把化合碱与游离碱之和叫做苛性碱，并把碳酸碱和苛性碱统称为全碱。

6.1.4.1　铝酸钠溶液分子比

铝酸钠溶液的苛性比是指溶液中的苛性碱与氧化铝的摩尔比，用 α_k 表示：苛性比（α_k）= 苛性碱(Na_2O)(mol)/氧化铝(Al_2O_3)(mol) = 苛性碱(g)/氧化铝(g) × 1.645。

6.1.4.2　铝酸钠溶液结构

通过对铝酸钠溶液进行的大量的研究揭示，铝酸钠溶液是离子真溶液，铝酸钠溶液能够完全解离为钠离子和铝酸根离子。关于铝酸钠溶液的结构问题，实质是指铝酸根离子的组成及结构。根据近年来的研究结果，可归纳为以下几点：

（1）在一定温度下，中等浓度的铝酸钠溶液中，铝酸根离子是以 $Al(OH)_4^-$ 为主。据此，从铝或氢氧化铝转入溶液的阳离子 Al^{3+} 与 4 个 OH^- 化合时形成 $Al(OH)_4^-$。3 个 OH^- 与阳离子 Al^{3+} 以正常的价键结合，而第 4 个 OH^- 则以配价键结合，$Al(OH)_4^-$ 有正规的四面体结构。

（2）在稀溶液中且温度较低时，铝酸根离子以水化离子 $[Al(OH)_4^-](H_2O)$ 的形式存在。

（3）在较浓的溶液中或温度较高时，发生 $Al(OH)_4^-$ 脱水，并能形成 $[Al_2O(OH)_6]^{2-}$。

一般生产条件下都用 $Al(OH)_4^-$ 表示铝酸根离子。

6.1.4.3　铝酸钠溶液诱导期

铝酸钠溶液的诱导期即过饱和铝酸钠溶液自发分解析出氢氧化铝的时间长短。诱导期即在开头一段时间内溶液不发生明显的分解，在此期间溶液主要是发生内部变化——离子聚合或晶核开始形成。诱导期的长短取决于溶液的组成（浓度、α_k、杂质和温度）等因素。α_k 和浓度高以及有机物等存在时诱导期长。添加晶种时也有诱导期，但诱导期的延续时间比不添加种子时短得多。以至于在晶种量较多时延续时间只有几分钟甚至完全消失。

6.1.4.4　铝酸钠溶液稳定性及其影响因素

铝酸钠溶液的稳定性是指从过饱和铝酸钠溶液开始分解析出氢氧化铝所需时间的长短。形成铝酸钠溶液后立刻开始分解或经过短时间后即开始分解的溶液，称为不稳定的溶液。能够存放很久仍不发生明显分解的溶液，称为稳定的溶液。影响工业铝酸钠溶液稳定性的主要因素有溶液的分子比、溶液温度、溶液的氧化铝浓度、溶液中的杂质等。

6.1.5　拜耳法生产氧化铝

6.1.5.1　拜耳法生产氧化铝的基本原理

拜耳法生产氧化铝的基本原理是：

（1）用 NaOH 溶液溶出铝土矿，所得到的铝酸钠溶液在添加晶种、不断搅拌的条件下，溶液中的氧化铝呈氢氧化铝析出，即种分过程。

（2）分解得到的母液，经蒸发浓缩后在高温下可用来溶出新的铝土矿，即溶出过程。

交替使用上述两个过程，就能够每处理一批矿石便得到一批氢氧化铝，构成所谓的拜耳法循环。

用反应方程式表示如下：

$$Al_2O_3(1\ 或\ 3)H_2O + 2NaOH + aq \longrightarrow 2NaAl(OH)_4 + aq$$

6.1.5.2　拜耳法生产氧化铝工序

拜耳法生产氧化铝的工序比较复杂，大致包括原矿浆制备、高压溶出、赤泥分离、洗涤、晶种分解、氢氧化铝分离、洗涤、氢氧化铝焙烧等工序。每一道工序又由若干细节工序组成。氧化铝生产工艺流程图如图 6-3 所示。

A　原矿浆的制备

原矿浆制备的主要设备包括：带式输送机、球磨机、矿浆磨、螺旋分级机。原矿浆制备的工艺流程如图 6-4 所示。

B　铝土矿破碎

从矿山开采的矿石一般呈不规则形状。根据目前破碎设备的生产性能，一次破碎成符合磨矿粒度要求的细颗粒很困难，所以破碎一般采用分段破碎，将破碎分成粗碎、中碎、细碎过程进行：

（1）由直径 1500 ~ 500mm 的矿石破碎成 400 ~ 125mm，叫做粗碎；

（2）由直径 400 ~ 125mm 的矿石破碎成 100 ~ 25mm，叫做中碎；

（3）由直径 100 ~ 25mm 的矿石破碎成 25 ~ 5mm，叫做细碎。

影响矿石破碎的因素很多，主要与矿石的结构、硬度、形状大小以及均匀性等物理性质有关。

铝土矿破碎方法主要有压碎、壁碎、折断、磨剥、击碎。

矿石破碎方法：

（1）压碎：利用两破碎工作面逼近时加压，使物料破碎。此法的特点是作用力逐步加大，作用力的范围较大，适用于破碎较硬的矿石。

（2）壁碎：破碎工作是由尖齿楔入物料的壁面而完成的。其特点是作用力的范围较为集中而发生局部破裂。此法适用于脆性矿石的破碎。

（3）折断：物料在破碎工作面间如同承受集中负荷的支点梁，除在外力作用点处受壁力之外，矿石本身发生折屈而破碎。

（4）磨剥：破碎工作面在物料上相对移动，对物料施加剪压力，这种力是作用在物料表面上的。此法适用于细粒物料的磨矿。

（5）击碎：利用击碎力的瞬间作用于物料上使物料破裂，其为动力破碎。

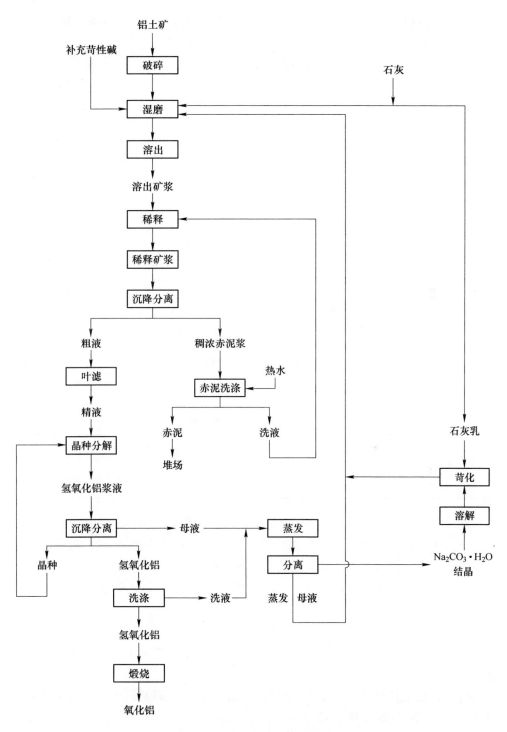

图 6-3　氧化铝生产工艺流程图

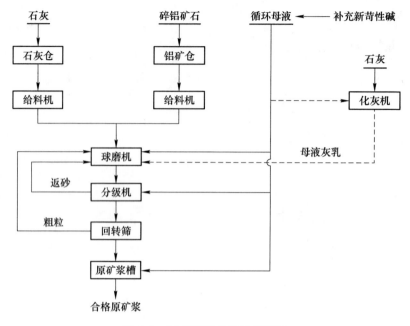

图 6-4　原矿浆制备的工艺流程

C　配矿计算

假设已知两种铝土矿的成分如表 6-2 所示。

表 6-2　两种铝土矿的成分

成分	$SiO_2/\%$	$Fe_2O_3/\%$	$Al_2O_3/\%$	A/S
第一种	S_1	F_1	A_1	K_1
第二种	S_2	F_2	A_2	K_2

要求混矿的 A/S 为 K，计算两种矿石的配矿比例。根据条件必须是 $K_1 < K < K_2$ 或 $K_1 > K > K_2$，否则达不到调整要求。假设第一种矿石用 1t 时，需要配入第二种矿石 X 吨，根据铝土矿铝硅比的定义进行计算：

$$(A_1 + XA_2)/(S_1 + XS_2) = K \quad 或 \quad K_1 + XK_2 = K$$

D　配碱

单位矿石所需要的循环母液量叫配碱量。

生产中，要求溶出液具有一定分子比，此指标是工厂根据具体生产条件而确定的。配碱量主要考虑以下三方面的用碱量：

（1）铝酸钠结合碱。例如当规定的 $MR = 1.45$ 时，即是溶出一个分子的氧化铝，在溶液中就要保留有 1.45 个分子的氧化钠。

（2）与氧化硅反应生成钠硅渣所需碱。矿石中有 1kg 的氧化硅就要配入

$M(\mathrm{kg})$ 的苛性钠。

（3）在溶出过程中由于反苛化反应和机械损失的苛性碱。

但配料时加入的碱并不是纯苛性氧化钠，而是生产中返回的循环母液。循环母液中除苛性氧化钠外，还有氧化铝、碳酸钠和硫酸钠等成分，所以在循环母液中有一部分苛性氧化钠与母液本身的氧化铝化合，称为惰性碱。剩下的部分才是游离苛性氧化钠，它对配料才是有效的。

E　石灰入量

拜耳法配料加入的石灰量是以铝矿石中含氧化钛（TiO_2）量计算的，按其反应式要求氧化钙和氧化钛的克摩尔比为 2.0。

F　原矿浆液固比调整

在磨矿中，球磨机的下料量要求稳定。因此，原矿浆液比固的调节是通过调节循环母液的加入量来实现的。在拜耳法磨矿中，循环母液由三个点加入，而磨机内和分级机溢流的液固比在磨矿的操作中要求稳定。因此，调节原矿浆的液固比，实际上是靠增减加入混合槽的循环母液量来实现。

稳定循环母液的浓度和严格铝土矿的配矿制度，是确保拜耳法正确配碱的有效措施。同时应尽量减少非生产用水进入流程及提高石灰质量等，这也是拜耳法正确配料达到良好溶出指标的重要保证。

G　预脱硅

为了减轻拜耳法过程中，硅渣在溶出时析出而影响溶出效果，在原矿浆进入溶出之前进行预脱硅是减轻结疤的有效途径。

预脱硅就是在高压溶出之前，将原矿浆在 90℃ 以上条件下搅拌 6 ~ 10h，添加钠硅渣晶种，使硅矿物尽可能转变为硅渣，该过程称为预脱硅。

预脱硅过程并不是所有的硅矿物都能参加反应，只有高岭石和多水高岭石这些活性的硅矿物才能反应生成钠硅渣，保持较长时间可以使生成钠硅渣的反应进行得更充分。

H　铝土矿拜耳法溶出

铝土矿拜耳法溶出有间接加热溶出和直接加热溶出，溶出是生产砂状氧化铝的关键之一。

I　高压溶出的目的

高压溶出的目的就是用苛性碱溶液将铝土矿中的氧化铝溶出，生成铝酸钠溶液，有效地提取铝土矿中的氧化铝；使溶液充分脱硅，避免过量的 SiO_2 影响，把苛性碱的消耗减至最少。

工业生产中一般采用循环母液来溶出铝土矿。为了加快氧化铝水合物（特别是一水硬铝石）的溶出速度，通过添加石灰并且把铝土矿、石灰、循环母液磨制成矿浆后在溶出设备中完成溶出过程。

J　氧化铝水合物在溶出过程中的行为

铝土矿所含氧化铝水合物在溶出条件下与循环母液中的 NaOH 作用生成铝酸钠进入溶液中。

三水铝石型铝土矿中的 $Al(OH)_3$ 与 NaOH 在常压下即可反应，反应方程式为：

$$Al(OH)_3 + NaOH + aq = NaAl(OH)_4 + aq$$

而一水软铝石型或一水硬铝石型铝土矿中的 AlOOH 在相应的高温（高压）及高碱浓度下发生下列反应：

$$AlOOH + NaOH + aq = NaAl(OH)_4 + aq$$

含在某些一水硬铝石型铝土矿中的刚玉在一般工业高压溶出条件下与苛性钠不发生作用而残留于赤泥中。

氧化铝水合物与苛性钠发生的反应是溶出过程的主反应。

K　氧化硅水合物在溶出过程中的行为

铝土矿中的氧化硅一般以石英（SiO_2）、蛋白石（$SiO_2 \cdot nH_2O$）、高龄石（$Al_2O_3 \cdot 2SiO_2 \cdot 2H_2O$）、叶蜡石（$Al_2O_3 \cdot 4SiO_2 \cdot H_2O$）等形式存在。

SiO_2 在溶出过程的行为取决于它的矿物组成、溶出温度和溶出过程的时间。

无定形的蛋白石，不仅易溶于苛性碱溶液，而且还能溶于碳酸钠溶液，其反应方程式如下：

$$SiO_2 \cdot nH_2O + 2NaOH + aq = Na_2SiO_3 + aq$$
$$SiO_2 \cdot nH_2O + 2Na_2CO_3 + aq = Na_2SiO_3 + CO_2 + aq$$

游离状态的 SiO_2 和石英只有在较高温度下，才开始和铝酸钠溶液起反应。在低温下溶出三水铝石时，矿石中以石英形态存在的那部分 SiO_2 将转移到赤泥中被分离出去，不会引起氧化铝和氧化钠的损失。

溶出一水硬铝石时，在溶出条件下铝土矿中所有形态的 SiO_2 都与碱反应，生成含水铝硅酸钠，反应方程式为：

$$Al_2O_3 \cdot 2SiO_2 \cdot 2H_2O + 6NaOH + aq = 2NaAlO_2 + 2Na_2SiO_3 + aq$$
$$2NaAlO_2 + 2Na_2SiO_3 + aq = 3Na_2O \cdot Al_2O_3 \cdot nSiO_2 \cdot nH_2O + 4NaOH$$

添加石灰时 $3Na_2O \cdot Al_2O_3 \cdot nSiO_2 \cdot nH_2O$ 进一步反应生成含水铝硅酸钙。反应方程式为：

$$3Na_2O \cdot Al_2O_3 \cdot nSiO_2 \cdot nH_2O + 3Ca(OH)_2 = $$
$$3CaO \cdot Al_2O_3 \cdot nSiO_2 \cdot nH_2O + 6NaOH$$

不添加石灰，溶出一水硬铝石时，SiO_2 成为钠硅渣进入赤泥中。添加石灰溶出一水硬铝石时，还会生成水化石榴石。生产上称含水铝硅酸钠为钠硅渣，生产含水铝硅酸钠的反应为脱硅反应。含硅矿物能对氧化铝生产带来危害。

L SiO$_2$ 造成的危害

由于 SiO$_2$ 的存在，溶出时造成氧化铝和苛性碱的损失，生成的铝硅酸盐绝大多数进到赤泥之中而排除。但还有少量仍残留在溶液之中。在生产条件发生变化时，SiO$_2$ 在溶液之中过饱和而析出，导致整个工厂管道和设备器壁上产生结疤，妨碍生产。残留在铝酸钠溶液中的 SiO$_2$ 在分解时会随氢氧化铝一起析出，影响产品质量。因此，在生产过程要控制和减少 SiO$_2$ 的有害作用。

M 氧化铁水合物在溶出过程中的行为

铝土矿中主要含有赤铁矿（α-Fe$_2$O$_3$）、菱铁矿（FeCO$_3$）、针铁矿（α-FeOOH）和水赤铁矿（Fe$_2$O$_3$·0.5H$_2$O）等。

铝土矿溶出时所有赤铁矿全部残留在赤泥中，成为赤泥的重要组成部分。

赤泥中以针铁矿形式存在的 Fe$_2$O$_3$，通常都具有不良的沉降和过滤性能。因此，在溶出时添加石灰促进了针铁矿转变为赤铁矿，可以提高氧化铝的溶出率，也改善了赤泥的沉降性能。

氧化铁含量越多，赤泥量越大，则洗涤用水越多，因此水的蒸发量大，相应赤泥分离设备、洗涤设备及蒸发设备相应增多，提高了产品成本。

在生产溶液中往往含有 2~3mg/L 以铁酸钠形态溶解的铁，还含有细度在 3μm 以下的含铁矿物微粒，这些微粒很难滤除，成为氢氧化铝被铁污染的来源。

N 氧化钛水合物在溶出过程中的行为

铝土矿含钛矿物多以金红石和锐钛矿物存在。

不加石灰时，含钛矿物能引起氧化铝溶出率降低和氧化钠损失，还导致赤泥沉降性能变坏以及在加热设备表面形成结疤。

在溶出一水硬铝石型铝土矿时，不添加石灰，氧化钛与碱作用生成不溶性的钛酸钠：

$$3TiO_2 + 2NaOH + aq \Longrightarrow Na_2O \cdot 3TiO_2 \cdot 2.5H_2O + aq$$

钛酸钠结晶致密，在矿粒表面形成致密薄膜，把矿粒包裹起来，阻碍一水硬铝石的溶出。由于三水铝石易溶解，在钛酸钠生成之前已经溶解完毕，所以 TiO$_2$ 不影响三水铝石的溶出。一水软铝石型铝土矿，则受到一定程度的影响。

生产中为了消除氧化钛在溶出过程中的危害，一般采用添加石灰的办法，使 TiO$_2$ 与 CaO 作用生成不溶解的钛酸钙：

$$2CaO + TiO_2 + 2H_2O \Longrightarrow 2CaO \cdot TiO_2 \cdot 2H_2O$$

由于钛酸钙结晶粗大松脆，易脱落，所以氧化铝溶出不受影响，并且消除了生成钛酸钠所造成的碱损失。

O 添加石灰的作用

高压溶出过程添加石灰的主要作用是：

（1）消除含钛矿物的有害作用，显著提高 Al_2O_3 的溶出速度和溶出率；

（2）促进针铁矿转变为赤铁矿，使其中的氧化铝充分溶出，并使赤泥的沉降性能得到改善；

（3）活化一水硬铝石的溶出反应；

（4）生成水化石榴石，减少 Na_2O 损失，降低碱耗。

P　铝土矿溶出过程

铝土矿溶出属于多相反应。反应发生于液体和固体两相的界面上，两相接触界面上的 $[OH]^-$，由于不断地参与反应而逐渐消失，因而靠近矿粒表面溶液中的 $[OH]^-$ 浓度逐渐降低。同时紧靠矿粒表面这一层的反应产物 $[Al(OH)_4]^-$ 的浓度则趋于饱和，形成扩散层。因此，新的 OH^- 不断地通过扩散层向固相表面移动与氧化铝反应，而反应产物 $[Al(OH)_4]^-$ 则不断地通过扩散层向外移动，使反应不断地进行。

铝土矿溶出过程包括以下几个步骤：

（1）循环母液湿润矿粒表面；

（2）氧化铝水合物与 OH^- 相互作用生成铝酸钠；

（3）形成 $Al(OH)_4^-$ 的扩散层；

（4）$Al(OH)_4^-$ 从扩散层扩散出来。而 OH^- 则从溶液中扩散到固相接触面上，使反应继续下去。

Q　影响铝土矿溶出过程的主要因素

影响铝土矿溶出的因素包括：（1）溶出温度；（2）保温时间；（3）溶出液中氧化铝浓度；（4）溶出摩尔比；（5）搅拌强度；（6）矿浆细度。

6.2　铝冶金概述

6.2.1　铝冶金原料及设备

现代金属铝的生产主要采用冰晶石-氧化铝融盐电解法，其生产工艺流程如图 6-5 所示。

直流电通入电解槽，使溶解于电解质中的氧化铝在槽内的阴、阳两极发生电化学反应。在阴极电解析出金属铝，在阳极电解析出 CO 和 CO_2 气体。铝液定期用真空抬包吸出，经过净化澄清后，浇铸成商品铝锭。阳极气体经净化后，废气排空，回收的氟化物返回电解槽。电解槽温度控制在 940~960℃。

6.2.1.1　氧化铝（Al_2O_3）

氧化铝是电解生产金属铝的原料。氧化铝是一种白色粉末，熔点为 2050℃，真密度为 3.5~3.6g/cm³，堆积密度为 1g/cm³ 左右，不溶于水而能溶解于熔融的

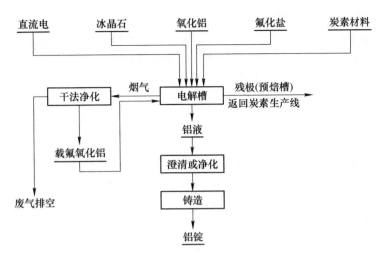

图 6-5 电解铝工艺流程

冰晶石中。工业氧化铝一般含 Al_2O_3 98%左右。为了得到优质金属铝,要求原料氧化铝化学纯度高、化学活性大、物理性能好及粒度适中。

(1)化学纯度。氧化铝中含有少量杂质如 SiO_2、Fe_2O_3、TiO_2、Na_2O、CaO 等。在电解过程中,比铝更具正电性的金属氧化物(SiO_2、Fe_2O_3、TiO_2)将会被电解析出的铝还原成金属进入铝液,从而污染金属铝,降低质量品级。比铝更具负电性的金属氧化物(Na_2O、CaO)则会与冰晶石发生反应,从而使电解质成分发生改变而影响电解过程,增大氟盐的消耗。水分的存在同样会分解冰晶石,还能生成有害的氟化氢气体而污染环境,并增加液体铝中的氢含量。另外氧化铝应该具有较小的吸水性,潮湿料进入槽内会引起电解质的爆炸。所以,电解铝生产对氧化铝的纯度提出了严格要求。表 6-3 列出了我国的氧化铝成分质量标准。

表 6-3 我国氧化铝成分质量标准

牌 号	化学成分/%				
	Al_2O_3 含量（不少于）	杂质含量（不大于）			
		SiO_2	Fe_2O_3	Na_2O	灼减
AO-1	98.6	0.02	0.02	0.50	1.0
AO-2	98.4	0.04	0.03	0.60	1.0
AO-3	98.3	0.06	0.04	0.65	1.0
AO-4	98.2	0.08	0.05	0.70	1.0

(2)物理性能。氧化铝的物理性能对电解铝生产很重要。电解炼铝对氧化铝物理性能的要求如下:

1）氧化铝在冰晶石电解质中的溶解速度要快；

2）输送加料过程中，氧化铝飞扬损失要小，以降低氧化铝单耗指标；

3）氧化铝能在阳极表面覆盖良好，减少阳极氧化；

4）氧化铝作为电解铝生产的主要槽面保温材料，应具有良好的保温性能，以减少电解槽的热量损失；

5）氧化铝应具有较好的化学活性和吸附能力来吸附电解槽烟气中的氟化氢气体；

6）采用风动输送系统时，要求氧化铝的流动性要好。

可见电解铝生产除要求氧化铝能快速溶解于电解质中，还要求氧化铝对氟化氢气体有较好的吸附能力。氧化铝的晶型结构是决定其物化性能的主要因素，不同晶型结构的氧化铝其物化性能是不一样的：$\gamma\text{-Al}_2\text{O}_3$ 化学活性大，能较快溶解于电解质中，并对氟化氢气体有较好的吸附能力；而 $\alpha\text{-Al}_2\text{O}_3$ 化学活性小，在电解质中的溶解速度慢，对氟化氢气体的吸附能力较差，但导热系数低，保温性能好。所以要求氧化铝中 $\gamma\text{-Al}_2\text{O}_3$ 和 $\alpha\text{-Al}_2\text{O}_3$ 的比例要适当，既要容易溶解于电解质中，又不能吸附能力过大，造成氧化铝吸水性太强和保温性能差。

根据物理性能的不同，氧化铝一般分成三类：砂状、面粉状和中间状。表 6-4 列出了不同类型氧化铝的物理性能。

表 6-4　不同类型氧化铝的物理性能

氧化铝类型	安息角/(°)	灼减/%	$\alpha\text{-Al}_2\text{O}_3$/%	真密度/$g \cdot cm^{-3}$	假密度/$g \cdot cm^{-3}$	比表面积/$m^2 \cdot g^{-1}$	平均粒度/μm
砂状	30 ~ 35	1.0	25 ~ 35	< 3.7	> 0.85	> 35	80 ~ 100
面粉状	40 ~ 45	0.5	80 ~ 95	> 3.9	< 0.75	2 ~ 10	50
中间状	35 ~ 40	0.5	40 ~ 50	< 3.7	> 0.85	> 35	50 ~ 80

从表 6-4 中看出，砂状氧化铝呈球状、颗粒粗、安息角小，$\gamma\text{-Al}_2\text{O}_3$ 含量较高，具有较大的化学活性和流动性，适于风动输送、自动下料的电解槽使用以及在干法气体净化中作氟化氢气体的吸附剂。面粉状氧化铝呈片状和羽毛状，颗粒较细，安息角大并且 $\alpha\text{-Al}_2\text{O}_3$ 含量达到 80% 以上，保温性能好。中间状氧化铝介于两者之间。

目前，大型预焙槽生产已成为电解铝生产的主要方式，对砂状氧化铝的需求越来越大。我国砂状氧化铝的物理性能标准见表 6-5，我国砂状氧化铝的质量标准分成 A、B 和 C 三种。A 型适用于有干法烟气净化设施的电解铝生产。B 型适用于无干法净化设施的电解铝生产。C 型是由于氧化铝生产工艺技术达不到 A 型和 B 型的标准而暂时制定的。表中的主要指标项目是必须达到的，从属指标项目则可适当放宽。

表 6-5　我国砂状氧化铝的物理性能标准

项　目		A		B	C
		一般	最好		
主要指标	比表面积/m² · g⁻¹	45 ~ 65	50 ~ 60	40 ~ 55	> 35
	−44μm 粒子/%	< 15	< 10	< 20	< 35
	破损系数/%	< 18	< 12	< 20	< 40
	堆积密度/g · cm⁻³	0.95 ~ 1.05	0.95 ~ 1.05	0.95 ~ 1.05	0.95 ~ 1.05
从属指标	α-Al₂O₃ 含量/%	18 ~ 24	19 ~ 22	20 ~ 26	< 35
	灼减/%	0.8 ~ 1.2	0.9 ~ 1.1	0.68 ~ 1.0	> 0.55

用来表征氧化铝物理性能的概念如下：

1）安息角：是指物料在光滑平面上自然堆积的倾角（图 6-6 中的 θ 角），是表示氧化铝流动性能好坏的指标。安息角越大，氧化铝的流动性越差；安息角越小，氧化铝的流动性越好。

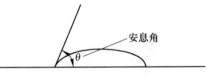

图 6-6　安息角

2）灼减：是指残存在氧化铝中的结晶水含量。

3）比表面积：是指单位质量物料的外表面积与内孔表面积之和的总表面积，是表示氧化铝化学活性的指标。比表面积越大，氧化铝的化学活性越好，越易溶解；比表面积越小，氧化铝的化学活性越差，越不易溶解。

4）堆积密度（也称体积密度）：是指在自然状态下单位体积物料的质量。通常堆积密度小的氧化铝有利于在电解质中的溶解。

5）真密度：是指不包括内外气孔体积的单位体积物料的质量（内气孔是指物料中不与大气相通的气孔，外气孔是指物料中与大气相通的气孔）。

6）假密度：是指不包括外气孔体积的单位体积物料的质量。

7）粒度：是指氧化铝颗粒的粗细程度。过粗的氧化铝在电解质中的溶解速度慢，甚至沉淀；而过细的氧化铝则飞扬损失加大。

8）破损系数：是氧化铝的强度指标。是指氧化铝在载流流化床中循环 15min 后，式样中 −44μm 粒子含量改变的百分数。

6.2.1.2　氟化盐（溶剂）

电解铝生产中用的溶剂氟化盐有冰晶石、氟化铝以及作为添加剂使用的氟化钙、氟化镁、氟化锂等几种。

（1）冰晶石（Na_3AlF_6）。冰晶石是氧化铝的溶剂，是组成电解质的主要成分。冰晶石呈白色粉末状，不溶于水，熔点为 1000℃，是一种稳定的化合物。天然冰晶石储量很少，现代电解铝工业使用的冰晶石为人工合成冰晶石。表 6-6 列出了人造冰晶石的质量标准。

表 6-6　人造冰晶石质量标准（GB/T 4291—2017）

分　类	牌号	化学成分(质量分数)/%									物理性能
		F	Al	Na	SiO_2	Fe_2O_3	SO_4^{2-}	CaO	P_2O_5	湿存水	烧减量/%
		不小于		不大于							
高分子比冰晶石	CH-0	52.0	12.0	33.0	0.25	0.50	0.10	0.02	0.02	0.20	1.5
	CH-1	52.0	12.0	33.0	0.36	0.80	0.15	0.03	0.03	0.40	2.5
普通冰晶石	CM-0	53.0	13.0	32.0	0.25	0.50	0.20	0.02	0.02	0.20	2.0
	CM-1	53.0	13.0	32.0	0.36	0.80	0.60	0.03	0.03	0.40	2.5

冰晶石作为溶剂，理论上在电解过程中是不消耗的，但在实际中，由于存在挥发损失、炭素内衬的吸附和机械损失等，使冰晶石在生产中有一定的消耗量，一般情况下，每生产 1t 铝消耗冰晶石 5～15kg。

（2）氟化铝（AlF_3）。氟化铝为人工合成产品，呈白色粉末状，其沸点为 1260℃，挥发性很大。由于在电解生产过程中，电解质中的氟化铝会挥发，且原料氧化铝所含的氧化钠（Na_2O）和水分（H_2O）在进入电解质中后，也会与电解质发生化学反应，生成氟化钠和氟化氢，从而使电解质成分发生改变，分子比升高，影响电解生产。所以添加氟化铝的目的就是调整电解质的分子比，保证电解质成分的稳定。其单位消耗量为 20～30kg/t 铝。表 6-7 列出了铝电解用氟化铝的质量标准。

表 6-7　氟化铝质量标准（GB/T 4292—2017）

牌　号	化学成分(质量分数)/%								物理性能
	F	Al	Na	SiO_2	Fe_2O_3	SO_4^{2-}	P_2O_5	烧减量	松装密度/$g \cdot cm^{-3}$
	不小于		不大于						不小于
AF-0	61.0	31.5	0.30	0.10	0.06	0.10	0.03	0.5	1.5
AF-1	60.0	31.0	0.40	0.32	0.10	0.60	0.04	1.0	1.3
AF-2	60.0	31.0	0.60	0.35	0.10	0.60	0.04	2.5	0.7

（3）氟化钠（NaF）。氟化钠为白色粉末，具有碱性，是一种添加剂。在电解槽开动初期，由于电解质被炭素内衬选择性吸附钠盐造成的分子比下降而加入。氟化钠也能被碳酸钠代替，使用效果一样。工业上要求氟化钠中的 NaF 含量不小于 94%。氟化钠质量标准见表 6-8。

表6-8 氟化钠质量标准（YS/T 517—2009）

等级	化学成分/%						
	NaF	SiO$_2$	碳酸盐 （CO$_3^{2-}$）	硫酸盐 （SO$_4^{2-}$）	酸度 （HF）	水中 不溶物	H$_2$O
	不小于	不大于					
一级	98	0.5	0.37	0.3	0.1	0.7	0.5
二级	95	1.0	0.74	0.5	0.1	3	1.0
三级	84	—	1.49	2.0	0.1	10	1.5

（4）氟化钙（CaF$_2$）。氟化钙（也称萤石）为天然矿物质，呈暗红色粉末状，是一种添加剂，能降低电解质的熔点和改善电解质的性质。常在电解槽启动装炉时使用，有利于形成坚固炉帮。对氟化钙的质量要求是：CaF$_2 \geqslant 95\%$，CaCO$_3 \leqslant 2\%$，SiO$_2 \leqslant 1.5\%$，（Al$_2$O$_3$ + Fe$_2$O$_3$）$\leqslant 0.5\%$，H$_2$O$\leqslant 1\%$。

（5）氟化镁（MgF$_2$）。氟化镁呈暗红色粉末状，是一种添加剂，比氟化钙更能降低电解质的熔点和改善电解质的性质。其单位消耗量为 3~5kg/t 铝。

6.2.1.3 阳极材料

在电解过程中，阳极要在高温下直接与腐蚀性强的电解质接触，并且还要具有良好的导电性，能满足这种耐高温、耐腐蚀、电阻小、价格低廉等要求的只有炭素材料。

在电解过程中，由于炭素阳极会被氧化铝分解出来的氧所氧化，阳极会逐渐消耗，因此，需要定期添加块状阳极糊或更换预焙阳极块。

（1）阳极糊。阳极糊是在铝电解的自焙阳极电解槽上作为阳极导电材料使用的。这种导电材料在加到电解槽上之前未被烧结，而是在电解过程中自发烧结而形成阳极，因此也称为连续自焙阳极。它不仅起导电作用，而且也参与电解过程中的电化学反应。被称为阳极糊是因为在电解槽上导入电流的一端叫阳极。

阳极糊本身是电的不良导体，但在阳极壳体中由于受到电解槽高温电解质供热及阳极自身所产生的焦耳电阻热的作用，其阳极下部逐渐自行焙烧成导电性能较好的炭阳极锥体。在电解生产中，随着阳极下部不断被氧化消耗掉，阳极必须定期向下移动，同时焙烧带逐渐上移，使焙烧带保持在一定范围的水平上。为了连续不断地进行生产，还必须在壳体上部定期接上新铝壳及补充阳极糊。电解生产 1t 铝锭，大约需要消耗 500kg 左右的阳极糊。

阳极糊是由石油焦、沥青焦及沥青制成的。

阳极糊的产品规格有两种：1）电解槽正常生产用的富油阳极糊（沥青含量约为 27%~34%），2）新电解槽启动初期使用的贫油阳极糊（沥青含量为

22% ~ 26%）。这两种糊的原料及生产工艺流程完全相同，仅配料比不同。贫油阳极糊是根据使用单位特殊定制而生产的，常规生产的都是富油阳极糊。富油阳极糊按灰分含量分成三个等级，其成品质量标准见表6-9。

表 6-9　富油阳极糊的质量标准

等　级	灰分/%	电阻率/$\mu\Omega \cdot m$	抗压强度/$kg \cdot cm^{-2}$	空隙度/%
优级品	<0.5	<85	>270	<32
一级品	<1.0	<85	>270	<32
二级品	<1.5	不规定	>270	<32

对阳极糊的质量要求如下：

1）灰分少。因为炭素阳极在铝电解过程中会连续消耗并且数量很大，若灰分多，特别是铁、硅、铜、钛等氧化物存在，这些金属元素会同时电解析出进入铝液，从而影响了原铝质量，降低了铝的品位，因此要求阳极糊的灰分含量越低越好。该指标是阳极糊质量的主要控制项目。

2）导电性能好。由于阳极本身是用做导入电流的物体，故要求它的电阻要小。电阻小，阳极电压降低，当电解槽其他条件不变时，电耗自然也降低。电阻的大小，一般用电阻率表示。阳极糊的电阻率要求小于 $85\mu\Omega \cdot m$。

3）具有一定的机械强度，亦称抗压强度。抗压强度一般用抗压力表示。在电解槽上的阳极，其本身的体积、质量都很大，而且全部由插入阳极内的阳极钢棒支撑和吊挂，同时在阳极操作过程中会造成振动或受力不均，若阳极不具有一定的强度，就要产生裂纹和掉块，给电解生产带来不良影响。目前要求阳极抗压强度大于27MPa。

4）孔隙度小。电解槽上的阳极糊在自焙过程中由于沥青挥发、焦化会产生一定的孔隙，这些孔隙不仅会使阳极的强度降低，电阻增加，而且会使阳极的氧化损失增加，使电解质中的炭渣增多，从而影响正常生产。目前要求阳极糊的孔隙度小于32%。

（2）预焙阳极块。预焙阳极块是将炭块糊经压挤或振动成型后，又经高温焙烧后制成的。预焙阳极块的尺寸根据阳极排列与组数的不同，长度各有不同；而宽度一般在 500 ~ 750mm 之间；至于高度则要考虑阳极电压降和残极率的问题，高度如果偏高，会使阳极的电压降升高，高度如果偏低，残极率又会相对增大，增加碳耗，所以高度要适宜，如 550mm。国外用振动成型法生产的阳极炭块，最大的尺寸为 2250mm × 750mm × 2500mm，单块重为 2500kg。

表6-10列出了预焙阳极块的理化标准。

除上述物理指标外，在外观和杂质含量上也有要求：成品表面粘接的填充料必须清理干净；成品表面的氧化面积不得大于该表面积的 20%，深度不得超过

5mm；成品掉棱长度不大于300mm，深度不大于60mm，且不得多于两处；棒孔或孔边缘裂纹长度不大于80mm，孔与孔之间不能有连通裂纹；大面裂纹长度不大于200mm，数量不多于3处；组装炭块的铝导杆弯曲度不大于15mm；组装炭块焊缝不脱焊，爆炸焊片不开缝；磷生铁浇注饱满平整，无灰渣和气泡；杂质含量尽量少。

表6-10 预焙阳极块的理化标准（YS/T 285—1998）

牌 号	灰分 /%	电阻率 /μΩ·m	抗压强度 /kg·cm^{-2}	堆积密度 /g·cm^{-3}	真密度 /g·cm^{-3}
	不大于		不小于		
TY-1	0.50	55	32	1.50	2.00
TY-2	0.80	60	30	1.50	2.00
TY-3	1.00	65	29	1.48	2.00

（3）铝导杆组的质量标准。铝导杆组是预焙阳极块与阳极水平母线的连接设施。预焙阳极块上有预先留出或铣出的圆锥台型孔（也称炭碗），铝导杆上的钢爪插入炭碗并被磷生铁浇注，从而使铝导杆与预焙阳极构成一体。铝导杆组是电解槽上重要的辅助器材，其质量标准如下：

1）铝导杆长度：电解槽电流强度的不同，其铝导杆长度是不相同的。一般边部下料预焙槽为1700～2000mm，中间下料预焙槽为1800～2000mm，低于1700mm则不能使用。弯曲度每米不超过8mm。

2）导杆表面应平滑，损伤面积累计不得超过90cm^2。

3）爆炸块表面平整光滑，不得有裂纹和炸裂现象。

4）爆炸焊块规格为165mm×165mm×52mm，铝钢结合面大于98%，抗拉强度不小于110MPa。

5）钢爪棒径为135mm±1mm，爪趾高280mm。

6）钢爪顶面与四爪底面要求平行，四爪应在同一轴线上。

7）铝导杆与爆炸块与钢爪焊接要均匀、饱满，无夹渣气孔、咬边、裂纹等缺陷（所有焊接处不允许裂纹）。

8）铝导杆要与钢爪长度方向平行，与钢爪宽度方向垂直。

（4）磷生铁的质量标准。磷生铁是预焙阳极块与铝导杆进行连接的浇铸料，其质量标准如下：

1）化学成分应符合：C 2.6%～3.5%，Si 2.5%～3.5%，P 0.8%～1.6%，Mn≤0.9%，S≤0.1%。

2）铁水出炉温度在1400℃±50℃。

（5）成品阳极组质量标准：

1）符合以上炭块、导杆组和磷生铁的质量标准。

2）浇注温度为 1350℃ ±50℃，浇注铁水应注满棒孔，凝固生铁上表面与炭块上表面的距离不大于 10mm。

3）铝导杆与炭块工作面垂直，垂直度偏差不得大于 3°。

4）磷铁环要饱满、平整，炭块表面要清理干净。

6.2.1.4 铝电解槽的发展

电解槽是冰晶石-氧化铝熔盐电解制铝工艺的主要设备。由于技术的进步，从起初的几千安培的小电解槽到现在的几十万安培的大电解槽，从人工操作到计算机控制操作，电解槽的结构和容量在发生着巨大的变化。

20 世纪 90 年代之前，国内电解生产金属铝的主要设备是自焙电解槽。但由于环境保护意识的提高以及技术条件的成熟，自焙槽纷纷停产而改为预焙电解槽，新建槽已全部为预焙电解槽，并且预焙槽的容量越来越大，电流强度从 160kA 到 350kA 都有，375kA 的预焙槽也在筹建中。

6.2.2 铝电解原理

6.2.2.1 铝电解质的性质

冰晶石-氧化铝熔盐电解制铝是生产金属铝的主要方法。这是因为液态冰晶石作为溶解氧化铝的溶剂能满足生产电解铝的要求：

（1）冰晶石不含有比铝更具有正电性的金属杂质，不会电解析出其他金属。

（2）液态冰晶石能较好地溶解氧化铝。

（3）在电解温度下，冰晶石-氧化铝熔体的密度比液态金属铝的密度小，能较好分层，且液态冰晶石在液态金属铝上层，减少了铝的氧化。

（4）冰晶石-氧化铝熔体有导电能力。

（5）冰晶石-氧化铝熔体有良好的流动性，有利于阳极气体的逸出和电解质的循环。

（6）冰晶石-氧化铝熔体对炭素材料的腐蚀较小，槽内炭素材料耐用。

作为溶剂的液态冰晶石和作为溶质的氧化铝以及作为改善熔体物理化学性质的添加剂一起构成了阳极和阴极之间不可缺少的电解质液。所以为了更好地改善电解生产过程，有必要对电解质的性质作进一步的了解。

A 初晶温度

初晶温度是指液体开始形成固态晶体时的温度。生产中的电解温度一般控制在电解质初晶温度以上 10 ~ 20℃左右。在生产上，为使电能消耗降低、电流效率提高、电解质挥发损失降低，冰晶石-氧化铝熔体的初晶温度越低越好。影响冰晶石-氧化铝熔体初晶温度的因素有氧化铝含量、电解质分子比（符号为 CR）和添加剂等。

（1）氧化铝含量的影响。在氧化铝一定浓度范围（小于11%）下，冰晶石-氧化铝熔体的初晶温度随氧化铝含量的增加而降低。但如果氧化铝含量超过11%，则冰晶石-氧化铝熔体的初晶温度随氧化铝含量的增加会急剧上升，所以在自焙槽生产时氧化铝添加量不能超过这个数值。另外，氧化铝含量波动较大时，冰晶石-氧化铝熔体的初晶温度也会波动较大，具体见表6-11。所以预焙槽生产为稳定电解槽温度，平稳槽况，采用氧化铝自动化添加使电解质中的氧化铝含量在3%左右波动。

表6-11 电解质（摩尔比2.6～2.8，CaF_2 4%～6%）中氧化铝含量与电解质熔点的关系

电解质中的氧化铝含量/%	电解质的熔点/℃
8	940～945
5	955～960
1.3～2	970～975

（2）电解质摩尔比的影响。冰晶石-氧化铝熔体的初晶温度随电解质摩尔比的降低而降低。表6-12列出了含有8%氧化铝、4%～6%氟化钙的电解质初晶温度与摩尔比的关系。但是，氧化铝在电解质中的溶解度会随着电解质摩尔比的降低而降低，所以，电解质摩尔比控制不能太低，否则会产生槽底沉淀。自焙槽一般在2.6～2.8之间，而预焙槽由于是自动计量准确下料，为保持低温操作，摩尔比则可控制得低一些，在2.3～2.55之间。

表6-12 电解质初晶温度与摩尔比的关系

摩尔比	2.8	2.6	2.4	2.3	2.2	2.1
初晶温度/℃	945	940	935	930	920	910

（3）添加剂的影响。添加剂（如氟化钙、氟化镁等）均能降低电解质的初晶温度。但这些添加剂都将降低氧化铝在电解质中的溶解度，所以，在一般情况下电解质中各种添加剂的总和不超过10%。

表6-13列出了构成电解质的三种基本成分中某成分增加或减少1%，对电解质初晶温度的影响情况。

表6-13 电解质成分对电解质熔点的影响

电解质成分(质量分数)/%			初晶温度/℃	成分变化量	初晶温度降低值/℃
AlF_3	CaF_2	Al_2O_3			
7	6	5	953		0
7	7	5	950	+1% CaF_2	-3
8	6	5	949	+1% AlF_3	-4
7	6	6	947	+1% Al_2O_3	-6

B　密度

密度是指单位体积的物质的质量，单位为 g/cm^3。

电解温度下，铝液的密度变化小，维持在 $2.3g/cm^3$。但电解质的密度会随着温度的升高和氟化铝、氧化铝含量的增加而降低。上层电解质的密度越小，与下层铝液的分层就越好，铝的损失就越小。在电解过程中，由于电解质温度是变化的，电解质中的氧化铝也是不断消耗的，所以电解质密度会发生波动，有可能导致分层不清，造成铝的损失增加。因此，维持电解质的温度稳定和氧化铝含量稳定对生产是十分有利的。预焙槽的下料方式能够很好地达到这个目的，使电解质维持在 $2.1g/cm^3$ 的水平上，与铝液分层清晰。

C　电导率

电导率也被称为比电导或导电度，它是物体导电能力大小的标志，生产上通常用比电阻的倒数来表示，单位为 $\Omega^{-1} \cdot cm^{-1}$。

提高电解质的电导率对电解铝生产是非常有意义的。因为工业生产中的电解质电压降占槽电压的 36% ~ 40%，改变电解质电压降对电耗的影响是非常大的。所以电解质导电性越好，其电压降就越小，越有利于降低生产能耗。

电解质熔体的电导率会受到电解温度、电解质分子比、炭渣、氧化铝及添加剂的影响。

（1）电解温度的影响。在正常电解过程中，槽内只有少量炭渣时，电解质的电导率随温度升高而提高。这是因为温度高能使电解质黏度降低，离子间的内摩擦减小，离子运动速度加快所致。反之，温度降低则电导率下降。但是在生产中不能用提高电解温度的办法提高电导率，因为提高电导率的效益补偿不了电流效率降低的损失。

（2）电解质摩尔比的影响。电解质的摩尔比低时，电导率降低；而摩尔比高时，则电导率高。电解质摩尔比与电导率的关系见表 6-14。

表 6-14　电解质摩尔比与电导率的关系

摩 尔 比	3.0	2.7	2.6	2.5	2.4	2.3	2.2	2.1
电导率/$\Omega^{-1} \cdot cm^{-1}$	2.66	2.049	2	1.953	1.934	1.852	1.798	1.75

（3）氧化铝浓度的影响。电解质电导率随氧化铝浓度的增加而降低。表 6-15 显示了自焙槽在加料前后电导率的变化情况。在加料之后，电解质中氧化铝浓度增加，电导率减小，以后随着电解过程的进行，氧化铝浓度逐渐降低，电解质的电导率也随之逐渐提高。

在预焙电解槽生产中，一方面为减少电解质压降，另一方面计算机是根据槽电阻的大小来进行自动控制的，所以为维持正常槽电阻的稳定，给计算机控制提供条件，氧化铝含量的波动要小。

表 6-15　自焙槽加料前后电导率的变化

电解质成分		电导率/$\Omega^{-1} \cdot cm^{-1}$		
		加料后	中　期	下次加料前
摩尔比	2.5~2.7	1.85~1.75	2.05~1.95	2.25~2.15
	2.3~2.5	1.75~1.65	1.95~1.85	2.15~2.05
Al_2O_3 浓度（质量分数）/%		8	5	1.3~2.0

（4）炭渣的影响。电解质中的炭渣来自阳极掉粒和阴极破损。一般来说，当电解质中的含碳量为 0.05% ~ 0.10% 时，对电导率没有影响；但当达到 0.2% ~ 0.5% 的时候，电导率开始降低，到含碳为 0.6% 时，电导率就会降低大约 10% 。这是因为当电流通过电解质的炭粒时，就会在熔融液与炭粒界面上发生电化学反应而形成电位差，从而导致电解质的电导率降低。

（5）添加剂的影响。添加剂对冰晶石电导率的影响可分为两类：1）电解质中添加氟化锂和氯化钠，能改善电解质的导电性，特别是氟化锂效果显著；2）电解质中添加氟化钙和氟化镁，能降低电解质的电导率。

D　黏度

黏度是表示液体中质点之间相对运动的阻力，也称内部摩擦力，单位为 Pa·s（帕·秒）。熔体内质点间相对运行的阻力越大，熔体的黏度也就越大。

工业铝电解质的黏度一般保持在 3×10^{-3}Pa·s 左右，过大或过小对生产均不利。

电解质黏度过大会造成：

（1）电解质流动性差，阳极气体不易排出，炭渣分离不清，增加电解质的比电阻。

（2）电解质循环不好，会造成其成分和温度不均，易使阳极中心温度过高。

（3）电解质内部阻力大，会降低电解质的电导率。

（4）减缓了电解质中铝颗粒的沉降速度，增加铝的损失。

电解质黏度过小则会造成：

（1）会加快电解质的循环，加剧铝的溶解与氧化速度，增加铝的损失，降低电流效率。

（2）加快了氧化铝在电解质中的沉降速度，使氧化铝在电解质中没有足够的溶解时间，易生成氧化铝沉淀。

在生产中的电解质保持适宜黏度的标准是：电解质的流动性好、温度均匀、炭渣分离清楚、电解质干净和沸腾有力。

影响电解质黏度的因素，主要是电解质的成分和温度。温度能影响粒子的运动速度，温度升高，粒子的运动速度加快，则电解质黏度随之降低，反之则升高。氧化铝溶解在冰晶石熔融液中生成了铝氧氟络合离子，它的体积较为庞大，能引起熔融液黏度增大，数量越多则电解质黏度越大。电解质中氧化铝含量在10%以内时，生成的铝氧氟络合离子数目少，对黏度的影响也较小。但当超过10%时，则电解质的黏度开始显著上升。

E　电解质的湿润性

湿润性是表示液体在一定环境下对固体的湿润能力。液体对固体的湿润程度往往用液-固之间的接触角（θ）大小来表示。接触角（θ）是指液体的液面切线 AM 与固体的界面 AN 所夹的角度，一般称 θ 角为湿润角。如图 6-7 所示，当图（a）的湿润角 $\theta > 90°$，说明液体表面张力大，对固体湿润性不好；当图（b）的湿润角 $\theta < 90°$ 时，则说明表面张力小，对固体湿润性良好。

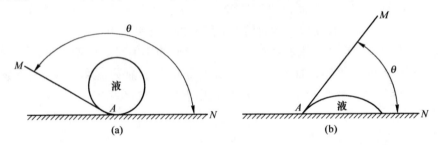

图 6-7　湿润角
(a) $\theta > 90°$；(b) $\theta < 90°$

电解铝生产过程中，电解质对炭素材料（包括炭渣）的湿润性是非常重要的。炭渣能否顺利地从电解质中分离出来以及阳极效应的发生，都与此性质有关。电解质对炭渣的湿润性良好，则有利于炭渣的分离；电解质对炭阳极的湿润性恶化，则阳极效应发生。

电解质对炭素材料的湿润性随成分和温度的变化而变化：

（1）电解质中氧化铝含量的影响。电解质对炭素材料的湿润性随电解质中氧化铝含量的增加而变好，阳极效应的熄灭即是这个原因。但如果氧化铝在电解质中呈过饱和的未溶解悬浮状态存在时则相反，湿润性会大大恶化，难灭效应的产生即是这种原因。

（2）电解质摩尔比变化的影响。电解质中的氟化钠越多，对炭素材料的湿润性愈好，而氟化铝增多则使炭素材料的湿润性变差。因此，阴极炭素材料对电解质中的氟化钠会产生强烈的吸收。在正常电解生产中，酸性电解质能使炭渣分离清楚，其原因是电解质中氟化铝含量增加，其对炭素材料的湿润性变差，使炭渣从电解质中排出。

（3）添加剂的影响。向电解质中添加氟化钙和氟化镁能降低电解质对炭素材料的湿润性，也能降低电解质对铝液的湿润性，其中氟化镁比氟化钙明显。由于对铝液的湿润性变差，铝液的溶解损失减少，可提高电流效率，并且也可防止和降低炭块由于吸收氟化钠等表面活性物质而引起的破坏。

（4）电解温度的影响。一般说来，电解温度升高时，电解质对炭素材料及铝液的湿润性良好，所以热槽时炭渣分离不好，铝溶解损失加大。

另外，在电解铝生产时，铝液对电解质以及铝液对炭素材料的湿润性对生产也有所影响。在电解槽中，铝液不能很好地湿润炭素材料。但铝液对炭素材料的湿润性与铝的纯度有关，当铝液中含有硅、铁，特别是钠时，能提高铝液对炭素材料的湿润性。另外存在于铝液中或炭块表面上的炭化铝，也能强烈地提高铝液对炭素材料的湿润性。铝液对炭素材料湿润性的提高，使其有可能被炭素吸收或向炭块的孔隙中渗透。

F 各种添加剂对电解质性质的影响

在电解铝生产中，为了改善电解质的性质，使其有利于生产，通常向电解质中添加各种添加剂，以达到提高电流效率、降低能耗的目的。

物质能作为铝电解添加剂的条件为：

（1）在电解过程中不参与电化学反应，以免电解析出其他元素而影响铝的纯度。

（2）能够对电解质的性质有所改善。

（3）对氧化铝的溶解度不至于有太大影响。

（4）吸水性和挥发性要小。

（5）价格要低廉。

但是目前还未找到能够同时满足上述要求的添加剂，能够部分满足上述要求的添加剂除了氟化铝外，在工业上常使用的还有氟化钙、氟化镁和氟化锂。这几种添加剂对电解质性质的影响见表6-16。

从表6-16可见，几种常用添加剂都具有降低电解质初晶温度的共同优点，这对电解铝生产极为有利。但共同的缺点是降低氧化铝在电解质中的溶解度和溶解速度。生产中为了减少其危害，通常采用低氧化铝浓度生产，使电解质中氧化铝浓度远未达到饱和状态，这样可以保证固体氧化铝及时溶解。

这些添加剂除了上述共同点外，又各具有其他不同的优点和缺点。氟化铝的最大缺点是增大电解质的挥发损失，从而恶化工人劳动条件。氟化钙在降低电解质初晶温度方面稍逊于其他几种，但氟化钙货源充足（一般使用天然萤石稍作加工即可），价格低廉，故应用十分普遍。氟化镁也是较为理想的一种添加剂，在我国使用较为广泛。氟化锂价格昂贵，这在一定程度上使其应用受到限制。

生产中为了有效地改善电解质的性质，通常将几种添加剂配合使用，应控制其含量，尽量发挥各自的优点，避开其缺点。目前较为普遍的是将氟化铝、氟化钙、氟化镁等添加剂同时使用，其总量控制在10%左右，这样可使电解质初晶温度降低到 930℃左右，其他物理性质也不会有明显的恶化；将电解生产工作温度控制在 940~950℃范围内，这在生产中已收到显著效果。

表 6-16　几种添加剂对电解质性质的影响

项　目	初晶温度	密　度	电导率	黏　度	表面性质	挥发性	氧化铝溶解度
氟化铝	可降低初晶温度（添加 10%，约降低 20℃）	可减小电解质密度	可减小电解质电导率	可减小电解质黏度	减小电解质与铝液的界面张力，减小电解质与阳极气体的界面张力，增大电解质与炭素材料的湿润角	增大电解质的挥发性	减小氧化铝在电解质中的溶解度
氟化钙	可降低初晶温度（添加 1%，约降低 3℃）	可增大电解质密度	可减小电解质电导率	可增大电解质黏度	增大电解质与铝液的界面张力，增大电解质与炭素材料的湿润角	降低电解质的挥发性	减小氧化铝在电解质中的溶解度，有利于槽帮的形成
氟化镁	可降低初晶温度（添加 1%，约降低 5℃）	可增大电解质密度	可减小电解质电导率	可增大电解质黏度	增大电解质与铝液的界面张力，增大电解质与炭素材料的湿润角	降低电解质的挥发性	减小氧化铝在电解质中的溶解度和溶解速度
氟化锂	可降低初晶温度（添加 1%，约降低 8℃）	可增大电解质密度	提高电解质电导率	可减小电解质黏度	对电解质的表面性质影响小	降低电解质的挥发性	减小氧化铝在电解质中的溶解度和溶解速度

6.2.2.2　铝电解的两极反应

电解质熔体中的离子主要有钠离子、铝氧氟络合离子（如 $AlOF_2^-$）、含氟铝离子（如 AlF_6^{3-}）及少部分的简单离子（Al^{3+}、O^{2-}、F^-），其中 Na^+ 是导电离子。

A　阴极反应

电解质熔体中的离子，在直流电场的作用下，阳离子移动到阴极附近，阴离子移动到阳极附近。根据离子的电位次序，虽然钠离子是导电离子，但在正常生产条件下，钠离子并没有在阴极放电，而是铝离子在阴极放电析出成为金属铝。

阴极反应过程为：

$$2Al^{3+}（络合）+6e =\!\!=\!\!= 2Al$$

B　阳极反应

当氧离子移动到阳极时，会在有阳极碳参加的情况下放电析出并生成阳极气体（CO_2），反应为

$$2O^{2-}（络合）+C-4e =\!\!=\!\!= CO_2$$

C　阴阳两极的总反应

将上述两极反应合成：

$$2Al^{3+}(络合) + 2O^{2-}(络合) + 1.5C \Longrightarrow 2Al + 1.5CO_2$$

D　阴阳两极附近电解质成分的变化

在电解过程中，含铝络离子在阴极放电析出铝：

$$3AlOF_2^- + 6e \Longrightarrow 2Al + 6F^- + AlO_3^{3-}$$

在阴极液中就剩下氟离子和铝氧离子，导电的钠离子移动到阴极后不放电析出也会在阴极附近富集，这样，钠离子就会和氟离子、铝氧离子作用生成氧化钠：

$$9Na^+ + 6F^- + AlO_3^{3-} \Longrightarrow Na_3AlF_6 + 3Na_2O$$

在阳极附近，钠离子由于导电而离开阳极附近的电解质，剩下的含铝络合离子放电析出氧：

$$3AlOF_2^- - 6e \Longrightarrow 1.5O_2 + 3Al^{3+} + 6F^-$$

在阳极液中就会富集铝离子、氟离子和铝氧氟离子，从而生成氧化铝和氟化铝：

$$3AlOF_2^- + 3Al^{3+} + 6F^- \Longrightarrow 4AlF_3 + Al_2O_3$$

此时，电解质成分就会在两极附近发生变化，但在实际中，这种现象会由于两极之间距离小，并且阳极气体的逸出会带动电解质上下不停地循环，使阴阳两极的电解质混合多余的氧化钠和氟化铝消失：

$$3Na_2O + 4AlF_3 \Longrightarrow 2Na_3AlF_6 + Al_2O_3$$

从上述过程可知，冰晶石在电解过程中理论上不会有损耗。

6.2.2.3　铝电解的两极副反应

在铝电解过程中，除前述两极主反应外，同时在两极上还发生着一些复杂的副反应。这些副反应的发生对生产是不利的，生产中应尽量加以遏制。

A　阴极副反应

在阴极上除了铝的电化学析出反应以外，还有阴极副反应，其主要有：钠的析出、铝向电解质中的溶解、碳化铝的生成和电解质被阴极炭素内衬选择吸收。

这些副反应在电解铝生产实际中都很重要，前两个副反应对电流效率有直接的影响，而后两个副反应直接关系着电解槽的寿命。

B　钠的析出

钠在电解质中的溶解度很小，沸点又很低，所以除极少一部分溶解在铝液中，大部分钠自阴极表面蒸发出来，被阳极气体和电解液表面上的空气氧化燃烧生成氧化钠（Na_2O），使从"火眼"里排出气体的燃烧中带有黄色火焰。温度愈高，钠析出的愈多，则火焰就愈黄。这种现象常常能在铝电解异常时看到。

a　影响钠析出的因素

从电解时的现象可以知道，阴极上不仅有铝离子放电析出金属铝，而且由于电解条件的变化，还会有钠离子放电和化学置换反应发生而有钠的生成。影响钠析出的因素是温度、阴极电流密度、电解质摩尔比、电解质中的氧化铝浓度。

（1）温度。温度的提高会使钠离子的放电电位降低，析出的可能性增加。

（2）阴极电流密度。阴极电流密度增加使阴极电位增加，即使钠离子的析出电位不变，也会使钠离子与铝离子同时放电析出。

（3）电解质摩尔比。电解质摩尔比的增加意味着钠离子在电解质中的浓度增加，使钠离子放电的可能性增加。

（4）电解质中的氧化铝浓度。电解质中的氧化铝浓度减小，同样会使钠离子放电的可能性增加。

b　析出钠的危害

钠的析出消耗了电流，使电流效率降低，并且析出的钠会被吸附进入电解槽炭素内衬，造成电解槽内衬的损坏。

c　降低钠析出的措施

降低钠析出的措施有：

（1）及时添加氟化铝，严格控制电解质分子比在较低状态。

（2）保持规整的炉膛结构，稳定阴极电流密度。

（3）维持槽况，及时处理热槽。

C　铝的溶解

铝液与电解质液在电解槽中依密度不同而良好分层。但在接触界面上由于铝与电解质相互作用，铝溶解在电解质中，其溶解度在 1000℃ 时为 0.15%。但是由于电解质的强烈循环，溶解的铝被电解质由阴极带到阳极，这样在阳极附近被阳极气体中的 CO_2 或空气中的氧所氧化，电解质中溶解金属的减少，又促使铝继续向电解质中继续溶解，所以尽管铝在电解质中溶解度不大，但实际上确实造成铝的大量损失，降低了电流效率。

a　铝的溶解形式

铝的溶解形式有：

（1）铝的物理溶解。铝在电解质中物理溶解可以在清澈的电解质中明显看到，这种现象称为"金属雾"。

（2）铝生成低价化合物的溶解。电解质中存在的氟化铝或铝离子在铝液和电解质两个层面的界面处会与金属铝发生反应，生成低价化合物，从而使铝溶解进入电解质。反应式如下：

$$2Al + Al^{3+} =\!\!=\!\!= 3Al^+$$

（3）置换反应的溶解。金属铝与熔融盐之间的置换反应也是铝溶解的一种形式，其反应式如下：

$$Al + 6NaF = Na_3AlF_6 + 3Na$$

b 溶解铝的损失过程

由于电解槽阳极气体的逸出，造成电解槽内电解质形成了强有力的由下到上的循环，使溶解进入电解质中的铝随着阴极附近的电解质液体转移到阳极附近，为阳极气体中的二氧化碳与阳极气体中的氧所氧化，氧化反应式如下：

$$2Al + 3CO_2 = Al_2O_3 + 3CO$$
$$6AlF + 3O_2 = 2Al_2O_3 + 2AlF_3$$
$$3AlF + 3CO_2 = Al_2O_3 + AlF_3 + 3CO$$

上述反应被称为二次反应，被氧化的溶解铝被称为铝的二次反应损失。在电解槽中循环不断地进行这样的过程，就造成了铝的损失。二次反应铝损失越多，电流效率就会越低。

c 铝溶解的危害

铝溶解进入电解质中并被氧化，使电流效率降低，生产成本增加。

d 降低铝溶解的措施

在电解温度下，铝在电解质中的溶解度不超过 0.1%，虽然很小，但是，它是分布在整个电解质中的，而在工业电解条件下，电解质并没有和空气隔绝。因此，铝在电解质表面上不断被空气和阳极上析出的气体所氧化。由于溶解质中的铝不断地溶解，这样就引起铝的不断损失，这种损失随温度的升高而增大，并且会使电流效率降低。

因此，电解炼铝时，在尽可能低的温度下进行电解，是降低铝溶解损失的有效措施。

D 碳化铝的生成

a 碳化铝的生成现象

在大修电解槽拆下的阴极炭块中，常常看到在小缝隙中充满着亮黄色的碳化铝晶体，在较大的缝隙中充满着碳化铝和铝的混合物，这些碳化铝都是在电解条件下生成的。

b 碳化铝的生成反应

碳化铝的生成反应有以下几种：

（1）在工业电解条件下，在槽底过热时，铝和阴极碳作用生成碳化铝，其反应式如下：

$$4Al + 3C = Al_4C_3$$

（2）溶解在电解质中的铝与它接触到的炭渣相互作用也能生成碳化铝。

（3）高温下在熔融体中有过量的 AlF_3 存在时，低价氟化铝的生成可能性增加，而低价氟化铝能与碳生成碳化铝。

c　生成碳化铝的危害

生成碳化铝的危害有：

（1）生成的碳化铝沉积在槽底上形成了碳化物薄层，因为碳化铝的电阻很大，所以增加了阴极上的电能消耗，同时又造成了铝的损失。

（2）渗入到阴极炭块体中的铝，在高温下与炭素反应生成了碳化铝，它会使炭块体积增大 20%，炭块体积膨胀后内应力增加，加速了阴极炭块的破坏。

d　减少生成碳化铝的措施

减少生成碳化铝的措施有：

（1）高温会促使碳化铝的生成，要避免电解槽局部过热现象发生。

（2）及时捞炭渣，始终保持干净的电解质。

（3）采用弱酸性电解质电解，降低低价氟化铝的生成。

E　电解质被阴极炭素内衬选择吸收

炭素内衬对电解质中的钠离子具有选择性吸收的能力，从而会减少电解质中钠离子的数量，造成电解质分子比的降低。这个副反应在电解槽焙烧及启动阶段对电解槽影响很大：（1）炭素内衬选择吸收钠后会造成炭块早期破损；（2）电解质被阴极炭素内衬选择吸收钠后，造成启动阶段电解质分子低，使生成的炉帮熔点低，易熔化。因此，电解槽在焙烧启动阶段需要添加氟化钠以弥补钠的减少，提高电解质的分子比。

6.2.2.4　阳极副反应

在电解生产中，阳极副反应主要是阳极效应，另外为溶解铝在阳极附近的氧化反应。溶解铝在阳极附近的氧化反应在前面已经介绍过，这里仅介绍阳极效应。

阳极效应是熔融盐电解时独有的一种特征，这种特征在许多熔融盐电解时都能看到，只是采用冰晶石-氧化铝熔体电解时，阳极效应表现得更明显而已。

A　阳极效应现象的特征

在工业电解槽上发生阳极效应时，电压由 4.2 ~ 4.5V 急剧地上升到 30 ~ 40V，有时甚至上升到 100V，在这种情况下与电解槽并联的小灯明亮，发出了效应信号，俗称"灯亮"。

阳极效应的外部特征为：

（1）在阳极周围有明亮的火花，同时发出清脆的"劈啪"声。

（2）阳极周围的电解质像是被排挤要离开阳极表面，阳极上的气体已停止析出。

（3）电解质不再沸腾。

（4）与电解槽并联的低压灯泡发亮。

B 阳极效应发生的机理

对于阳极效应发生的机理目前有两种解释：（1）电解质的湿润性改变机理；（2）阳极过程改变机理。

a 电解质的湿润性改变机理

氧化铝是一种能使电解质对阳极湿润性改善的物质。当氧化铝在电解质中的含量足够时，电解质对阳极的湿润性很好，能轻易地将反应产生的阳极气体气泡从阳极底掌上排挤掉，使反应不断进行。

但是氧化铝在电解质中的含量降低到一定浓度时，电解质对阳极的湿润性变差，不能将反应产生的阳极气体气泡从阳极底掌上排挤掉，相反，阳极气体却能排挤电解质，最终阳极气体布满整个阳极底掌形成了一层气体薄膜，阻碍了电流通过，反应停止，效应发生。当加入氧化铝后，效应停止。图 6-8 显示了正常生产与阳极效应时电解质对炭素阳极的湿润性情况。

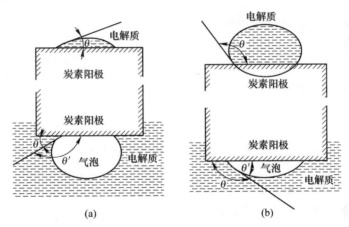

图 6-8 正常生产（a）与阳极效应（b）时电解质对炭素阳极的湿润性及排出阳极气体气泡的情况

b 阳极过程改变学说

随着电解的进行，电解质中氧化铝含量减少，阳极上的放电过程则由含氧离子的放电转变为含氧离子与含氟离子的共同放电，析出氟化碳（CF_4）气体，它们在电解质与阳极间构成导电不良的气层，阻碍了电流通过，从而使反应停止，效应发生。当加入氧化铝后，效应停止。

总之，阳极效应的发生与电解质中氧化铝含量的减少有着密切的关系。电解生产中充分利用了这一特点并将其作为技术操作的关键部分。

6.2.2.5 电解质中氧化铝的分解电压

分解电压是指长期进行电解并析出电解产物所需的外加到两极上的最小电压。

在铝电解过程中，采用炭素材料作为阳极，电解温度为 950℃，则理论计算氧化铝的理论分解电压为 1.08 ~ 1.19V，但实际中氧化铝的分解电压为 1.5 ~ 1.7V，实际值要比理论值高出 0.4 ~ 0.6V，这是由于在电解过程中阴、阳两极产生过电压。电化学中把实际的分解电压称为极化电压。极化电压的组成可用以下公式表示：

$$E_{极化} = E_{分解} + E_{过}$$

过电压与很多因素有关，但一般来说，温度越高、分子比越低、氧化铝含量越高，则过电压越低。

电解质中其他成分的分解电压比氧化铝的分解电压高，例如温度为 1027℃ 时，氟化铝分解电压为 3.97V，氟化钠分解电压为 4.37V，氟化镁分解电压为 4.61V，氟化钙为 5.16V。因此在电解生产正常时，如果电解质中氧化铝含量足够，其他离子放电析出的可能性就很小，只有氧化铝才会分解析出。

6.2.3　铝电解的电流效率和电能效率

6.2.3.1　电流效率

A　电流效率概念

a　铝的电化当量

铝的电化当量是指在电解槽通过 1A 电流经 1h 电解，理论上阴极所应析出铝的克数，以 c 表示，该值为常数，即 0.3356，单位为 g/(A·h)。

但是，工业上为统计电能消耗，常用到铝的电化当量的倒数，以 q 或 Q 表示，单位为 A·h/g 铝或 A·h/kg 铝。

上述概念可用以下公式表示：

$$c = 0.3356 g/(A·h)$$
$$q = 2.98 A·h/g 铝$$
$$Q = 2980 A·h/kg 铝$$

b　电流效率

电解铝的电流效率（η）是指在电解槽通过一定电量（一定电流与一定时间）时，阴极实际析出的金属铝量与理论应析出的金属铝量的百分比，是电解铝生产重要的技术经济指标之一，即

电流效率(η) = 实际产铝量/理论产铝量 × 100%

在实际生产中，常按出铝量计算"出铝电流效率"，即"铝液电流效率"，但此值不是真实的电流效率，二者之差为周期始末槽中铝量差。如果该值要达到 ±1% 的精确度，必须要有半年以上的时间，所以短时间内的出铝电流效率只能是一个参考值。

比较精确的计算电流效率方法是将经盘存的槽中周期始末的铝量差再加上周

期内的出铝量得出周期内实际产铝量，然后再与周期内理论产铝量相比。铝盘存的方法有两种，即简易盘存法和加铜盘存法。

（1）简易盘存法。简易盘存法根据槽型不同分为一点测定法和多点测定法。

中间下料预焙阳极电解槽采用一点测定法。测定位置通常取在出铝口，测量时必须严格保证测量点是真实的炉底，避免钎子落脚在冲蚀坑中。因为随着槽龄老化，阴极破损逐渐增多，阴极炭块大都出现了冲蚀坑。为了准确地测量铝水平和电解质水平，钎子落脚点从原来的锤头下方里面推进，要求钎子落脚点在第二块阴极炭块上，距离第一扎缝（炭帽）1~3cm处。测出铝液高度后，根据炉膛的长宽值求出槽中铝液的体积，然后与铝液密度相乘即可求出槽内铝量。

自焙阳极电解槽采用多点测量法。测定位置是在槽中的阳极四周壳面和阳极底下测出 20~30 个点的铝水平高度，绘出炉膛内型图，从而计算出铝液断面的平均长度尺寸和铝液平均高度，其中铝液平均高度应减去沉淀和结壳的高度（估计值），得出铝液的实际高度。然后根据以下公式计算：

$$槽内铝量(g) = 2.3ab(c - d) \times 10^3$$

式中　2.3——铝液密度，g/cm^3；

　　　a——铝液平均长度，cm；

　　　b——铝液平均宽度，cm；

　　　c——铝液平均高度，cm；

　　　d——沉淀和结壳的平均高度，一般取 3~5cm。

（2）加铜盘存法。加铜盘存法测量槽中铝量，是通过向电解槽铝液内加入指示剂以后，根据指示剂被铝液稀释的程度来决定。指示剂有惰性指示剂（Cu）和放射性指示剂（Co^{60}、Au^{198}等）。其中惰性指示剂 Cu 被经常使用，因为它满足了如下条件：1）在铝液中易于溶解和扩散均匀化；2）不进入阳极和电解质中；3）在正常操作过程中，由原料（氧化铝、阳极等）带来的 Cu 量基本上是稳定的。加铜盘存法的计算公式如下：

$$M_c = C(1 - a_c)/(a_c - a_0)$$

式中　M_c——加铜后取样分析时槽中铝量，kg；

　　　a_c——加铜后铝液中铜的浓度（质量分数），%；

　　　a_0——加铜前铝液中铜的浓度（质量分数），%；

　　　C——加入铝液中的铜的质量，kg。

生产中上述两种方法常常会同时使用，并加以对比来准确测定铝水平及电流效率，从而指导出铝量。

B　影响电流效率的因素

a　造成电流效率降低的原因

目前自焙铝电解槽的电流效率，大多在85%~90%之间，预焙电解槽可达到

92% 以上。这就是说，仍有 10% 的电流没有得到充分利用。

造成电流效率大幅度降低的原因，根据到目前为止的研究，可以归于以下三个方面：

（1）已电解出来的铝又溶解或机械混入到电解质中，并被循环着的电解质带到阳极空间或电解质表面被阳极气体中的 CO_2 或空气中的氧所氧化。这是电流效率降低的基本原因。

（2）其他离子的放电造成电流损失。这里主要是钠，钠离子放电后生成的金属钠在电解质中的溶解度很小，并且它本身的沸点又低（880℃），因此，大部分将以气体状态蒸发，小部分则随电解质一起转入阳极空间被 CO_2 或 O_2 所氧化：

$$6Na + 3CO_2 \longrightarrow 3Na_2O + 3CO$$

（3）电流空耗。有如下几种情形：

1）铝离子的不完全放电，即

$$Al^{3+} + 2e =\!=\!= Al^+$$

这一反应，在阴极电流密度较低时，占有显著地位。因为在电流密度较低时，阴极表面的电子密度较小，不足以满足大量铝离子正常放电析出的需求；而在电流密度较高时，此过程将大为削弱。

在阴极生成的低价离子（或其相应的化合物）被循环着的电解质转移到阳极空间后，又会再被氧化为高价离子：

$$Al^+ - 2e =\!=\!= Al^{3+}$$

上述这个过程会不断循环，这会造成电流的无谓损失。

2）电子导电。许多溶有其本身金属的熔盐，都具有电子导电性。

3）漏电。通常是在槽帮结壳熔化，并且电解质液面上有大量炭渣时发生。在这种情况下，电流有可能通过炭渣由侧部漏出。但在一般情况下，侧部漏电的可能性是很小的。

因此，在上述三个方面中，第一项是造成电流效率降低的主要原因。

b　影响电流效率的因素

影响电流效率的因素有以下几个方面。

（1）电解质温度。

根据对铝电解槽的测量表明，温度每升高 10℃，电流效率大约降低 1% ~ 2%。由图 6-9 可知，温度对电流效率的影响是显著的，这是因为温度升高，电解黏度降低，电解质循环强度和速度提高，从而使铝的溶解和损失速度加剧。因此，电解槽应力求避免热槽等现象，以提高电流效率。

但如果控制温度过低，电解质将会非常黏稠，黏度、密度都将增大，铝与电解质的分离不好，使铝的机械损失增加。另外，也使电解质电阻增加，导致槽电压升高，电解槽的热收入增加，反而会使槽温由冷转热，电流效率因此下降。

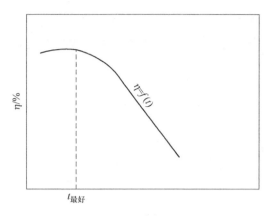

图 6-9　温度与电流效率的关系

　　电解铝生产时，通过添加某些氟化物降低电解质的初晶温度来降低电解温度是十分有效的，添加剂的加入能使电解质在不增加黏度的情况下，降低电解温度，提高电流效率。

　　从图 6-9 可看出，电流效率所对应的电解温度有一个最佳值，在这个温度下，电流效率是最大的，高于或低于这个温度，电流效率都将降低。但是不同成分电解质的初晶温度不同，则这个最佳温度值也不同，这要根据电解质的性质而定。

　　表 6-17 列出了电解温度对技术及经济指标的影响。从表 6-17 可见，温度除对电流效率有明显影响外，还对原材料的消耗有显著影响，温度下降能使物料消耗降低。但从表中也可看出，电耗会随着电解温度的下降略有升高，所以电解温度的选择要适宜。

表 6-17　电解温度对技术及经济指标的影响

温度 /℃	电流效率 /%	各 种 单 耗			
		电耗/kW·h·t^{-1}	阳极/kg·t^{-1}	氟化盐/kg·t^{-1}	生产率/h·t^{-1}
963	90.3	14100	501	51	6.0
957	92.6	14300	491	48	3.0

　　（2）极距。

　　极距是指阳极底掌到阴极铝液镜面之间的距离。随着极距的增大，电解质的搅拌强度减弱，因为相同的气体量所搅拌的两极间的液体量增加。搅拌减弱，电解质循环强度和速度降低，则使扩散层厚度增加，使铝损失减少，电流效率增加。

　　极距对电流效率的影响，如图 6-10 所示。其他条件不变时，增加极距能使电流效率提高。电流效率的表现为最初增加很快，但后来随着极距进一步的增加则增加逐渐缓慢，以致最后不再变化。

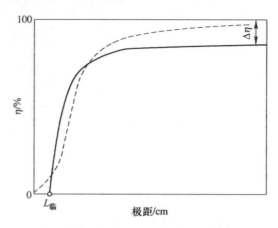

图 6-10 极距对电流效率的影响

这是因为当其他条件不变时，极距增加，一是增加了溶解铝由阴极转向阳极的路程，使溶解铝的转移速度减小；二是阳极气体从电解质中溢出所造成的电解质循环强度减弱，溶解铝的转移速度同样也会减小。因此，增加极距时，能提高电流效率。

但是，在生产中极距也不能随意增加，因为极距过分增大，会使电解质电压降增加，因而使槽电压增加，造成电能消耗增大。同时，在极距过大时还会造成电解槽热平衡遭到破坏，热收入过大，使电解质过热，反而会使铝的溶解增加，电流效率降低。

通过添加剂调整电解质成分，使电解质的电阻降低，则可以在不增加热收入的情况下，增大极距以增大电流效率。

因此，必须从电流效率和电能效率的综合结果来选择极距大小。

（3）电解质摩尔比。

当有过剩 AlF_3（即电解质摩尔比 CR 小于 3）时，电流效率提高。这是因为此时铝液-电解质的界面张力增大，有利于分散于电解质中的铝珠汇集以及铝液表面张力大，使铝的溶解度减小，且在酸性电解质中，Na^+ 的放电反应减弱。

但电解质分子比过小也有不利之处：1）电解质中氟化铝的增加，会降低氧化铝在电解质中的溶解度；2）电解质中氧化铝的增加，会加大电解质的蒸气压，氟化铝损失增加。

目前，电解铝生产均采用酸性电解质，但具体的电解质分子比大小则根据槽型的不同而不同。自焙槽是边部下料，下料量不精确，并且集气净化效果差。如果电解质分子比过小，就会减少氧化铝的溶解度，产生氧化铝沉淀，并且电解质挥发会对生产环境造成严重危害。预焙槽中部半连续自动下料，下料量精确，电解质中所控制的氧化铝含量低（3%），且每次加入的氧化铝数量少，所以电解质分子比小一些，对氧化铝的溶解度影响不大，这样加入的少量氧化铝可以充分溶解。另外大型密闭中间下料预焙槽，电解烟气可以集中收集和净化，减少了电解质挥发对生产环境的危害，所以加大了氟化铝的应用。目前的密闭型大型预焙槽，电解质分子比一般都控制在 2.6 以下，有些已达到 2.2 左右（氟化铝过量近10%）。所以自焙槽宜选取较高的分子比，即 2.5~2.8，预焙槽则选取较低的分子比，即 2.3~2.5。

（4）电解质中的氧化铝浓度。

在冰晶石 - 氧化铝熔体中，如果 Al_2O_3 含量在 5%（质量分数）时，电流效率为最低，Al_2O_3 含量大于或小于此值，电流效率均会升高，电流效率随氧化铝含量变化的关系如图 6-11 所示。这种现象对采用连续下料的预焙槽非常重要，连续下料时应设法避开电流效率最低值相对应的氧化铝浓度，而采用其两侧的某一相应值。

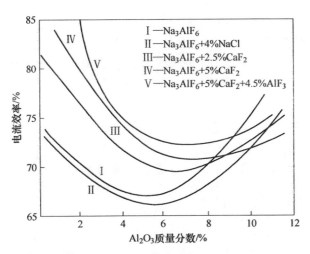

图 6-11　电流效率随氧化铝含量变化的关系

表 6-18 列出了自焙槽打壳周期为 3h 的电流效率变化情况。

表 6-18　铝电解槽在打壳前后电流效率的变化　　　　　　　　　　（%）

项　　目	打壳前 1h 内	打壳前 0.5h 内	打壳后 0.5h 内	打壳后 1h 内	打壳后 1.5h 内	打壳后 2h 内
CO_2	66.7	66.6	69.2	68.7	67.9	66.6
电流效率	86.8	86.8	88.1	87.8	87.4	86.8

从表 6-18 可看出电解槽的电流效率在加料之后迅速提高，并在 0.5h 内达到最高值，以后逐渐降低。所以，在自焙槽电解时，采用"勤加工少加料"的加工制度能维持较高的电流效率。

　　而对于预焙电解槽的半连续下料来说，由于加料间隔短，电解质中的氧化铝浓度变化幅度小，在生产过程中氧化铝浓度保持较为均匀，使电流效率稳定在较高的水平上（92%以上）。

　　（5）添加剂。

　　选择能降低初晶温度的添加剂，对电解槽电流效率的提高无疑是有益的。氟化钙、氟化镁和氟化锂等均能起到这种作用。其中氟化锂因价格高，限制了它的使用。氟化镁比氟化钙具有更大的优点。

　　电解槽在使用氟化镁时要根据加料方式的不同，来保持电解质中氟化镁的浓度。这是因为氟化镁能降低氧化铝在电解质中的溶解度。在自焙槽人工加料的情况下，对电解质中的氧化铝浓度要求高一些，所以在电解质中就不能添加过多的氟化镁，一般保持4%～5%。而在预焙槽中间半连续下料的情况下，电解质中的氧化铝浓度维持在较低的水平上，因而可以添加较多的氟化镁，一般保持6%～8%，以实现低温操作。

　　（6）杂质。

　　电解质中所含的 TiO_2、V_2O_5、P_2O_5 等氧化物杂质，在电解过程中，能被电解析出的金属铝还原为低价氧化物，随后这些低价氧化物被循环的电解质转移到电解质表面，重新氧化成高价氧化物，然后又重新被铝还原，不断循环，使铝的损失加剧，电流效率降低。

　　所以减少原料中的杂质、提高阳极质量对电流效率的提高有着重要意义。

　　（7）阴、阳两极的电流密度。

　　1）阴极电流密度。图6-12表示了阴极电流密度对电流效率的影响。图中有三个特点：①在阴极电流密度降到零以前，电流效率已经为零；②在其他条件相

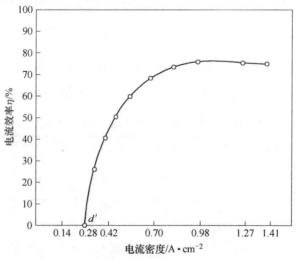

图 6-12　阴极电流密度对电流效率的影响

同时，电流效率随阴极电流密度的增大而提高，在较低的电流密度下提高较快，但在较高的电流密度下提高幅度减小；③当阴极电流密度增加到一定值时，电流效率开始降低。

第一个特点是由于在阴极电流密度低到一定值（$0.28A/cm^2$）时，铝离子不完全放电：$Al^{3+} + 2e = Al^+$，不能析出金属铝；或者析出的铝量极少，远远小于铝的溶解量，电解析出的铝立刻就被溶解，而不能形成金属铝液。第二个特点是随着阴极电流密度的增加，析出金属铝量的速度大于铝溶解损失的速度，电流效率就提高。当增加到一定程度时，继续提高阴极电流密度，会有少部分钠离子同时放电析出，从而使铝的析出增加量减小，电流效率的提高幅度就减小。第三个特点是因为阴极电流密度提高到一定值时，钠离子开始大量放电析出，从而使电流效率降低。

实践证明，维护好炉帮结壳，保持规整炉膛，缩小阴极铝液镜面，保持较高的阴极电流密度，使槽底电流分配趋于均匀，减小水平电流密度，能够减弱磁场的不良影响，得到较高的电流效率。

目前工业铝电解槽上，自焙侧插槽的阴极电流密度一般为 $0.6A/cm^2$ 左右。

2）阳极电流密度。阳极电流密度对电流效率的影响，有两种情况：①电流强度与阴极电流密度不变，改变阳极面积而改变阳极电流密度；②在阴极电流密度与阳极面积不变时，改变电流强度来改变阳极电流密度。

第一种情况，在电解槽设计时予以考虑，一旦建成投产，则不能变动阳极面积。

第二种情况，在阴极电流密度不变的条件下，增大电流强度，亦即增大了阳极电流密度，会使电流效率下降。这是因为当其他条件不变时，固定阴极电流密度，则阴极上放电析出的铝是一定的，而阳极电流密度增大时，在阳极底掌单位面积上析出的阳极气体 CO_2 量却增多，排出速度增大，使电解质的循环加强，同时 CO_2 深入到电解质内部，也增大了同溶解铝进行接触的机会。所以在第二种情况下增加阳极电流密度往往使铝损失增加，使电流效率降低。

在电解铝生产中，对阳极电流密度大小的选择是随着电流强度的增加而减小的。这是因为在保证电解槽有适当大的产量下，能够以较低的电能消耗生产。在电流强度小的电解槽上，为维持电解槽的热收入，采取高电流密度进行生产；而在电流强度大的电解槽上能量大，所以为平衡电解槽的热收入，采取低电流密度进行生产。

自焙电解槽一般为 $1A/cm^2$ 左右。预焙阳极电解槽的阳极电流密度为 $0.7A/cm^2$ 左右，国外先进的大型预焙槽则达到 $0.85A/cm^2$。

（8）槽龄。

槽内铝液在磁场作用下的流速随着槽龄的增加而提高，并且流动形式也在变化。根据研究可知，从新槽开动起至停槽的生产期内，槽内铝液的对流形式可分三种（见图 6-13），即平静型、8 字型、环流型。

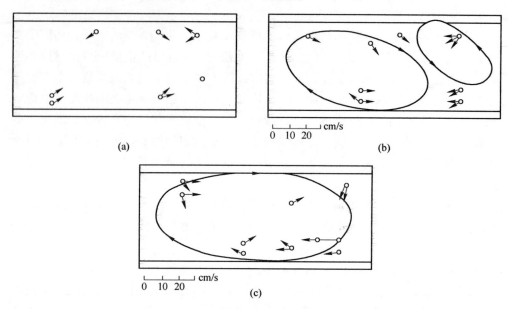

图 6-13　槽内铝液的对流形式

（a）平静型；（b）8 字型；（c）环流型

1）平静型（图 6-13（a））。在新槽启动后第 2～3 个月内，铝液流速很慢，没有固定的对流形式。

2）8 字型（图 6-13（b））。在启动后第 9～15 个月内，铝液流速加快，平均流速达 6cm/s，其对流形式呈扭曲的 8 字。

3）环流型（图 6-13（c））。启动后第 18 个月起直至停槽，铝液流速更快，对流形式逐渐变为环状，同时紊流增多。

从上述三个过程可知：槽龄越长，铝液流速越快，而铝的溶解损失也就越快，所以电流效率也就降低。

在生产中，电解槽在启动后的 2～3 个月内，电流效率达到最高值，因其铝液的对流形式为流速很慢的平静型。

c　提高电流效率的措施

通过对电流效率与各相关因素的分析可知，电解铝生产提高电流效率的原则是：

（1）尽可能保持液层平稳，要创造条件少捞炭渣、少扒沉淀，以免电解质和铝液波动的加大而使溶解铝损失加剧（二次反应）。

（2）尽可能降低电解温度，以降低铝溶解损失的速度。

（3）保持规整的炉膛内型，使电流尽可能均匀垂直地通过两个液层。

（4）自焙槽采用"勤加工少加料"的制度，保持电解质中氧化铝浓度稳定在 3% ~6% 的范围内，每次加料不要过多，防止槽内产生沉淀；预焙槽保持在 1.5% ~3% 的范围，调整好加料间隔。总之要尽可能保持电解槽的稳定运行。

（5）根据槽型保持适当的电解质分子比。

目前，大型预焙槽由于其槽型大，并且是在计算机控制下的均匀下料制度，所以其工艺控制遵循低分子比、低槽温、低氧化铝浓度、低效应系数、高极距即"四低一高"的原则进行参数选择，在这种参数条件下，电解铝生产能够取得较好的电流效率。

6.2.3.2 电能效率

A 电能效率概念

电能效率是指在电解槽生产一定量铝时，理论上应耗电能（$W_{理}$）与实际消耗电能（$W_{理}$）之比，以百分数表示。

$$H_{电能}(\%) = W_{理}/W_{理} \times 100\%$$

但工业上一般不采用这种方法来表示电能效率，而用"吨铝直流电能消耗"（简称"吨铝直流电耗"）表示电能效率，即每 1t 铝的实际消耗电能 ω 来表示，单位为 $kW \cdot h/t$。

$$\omega = \frac{IV_{平均}t \times 10^{-3}}{0.3356I\eta t \times 10^{6}} = 2980\frac{V_{平均}}{\eta}$$

式中　I——电解槽的电流强度，A；

　　$V_{平均}$——电解槽的实际电压即平均电压，V；

　　　t——电解时间，h；

　0.3356——铝的电化当量，$g/(A \cdot h)$；

　　　η——电解槽的电流效率。

例如，当 $\eta = 0.92$，$V_{平均} = 4.3V$ 时，直流电耗为：

$$\omega = 2980 \times 4.3/0.92 = 13928kW \cdot h/t$$

B 离电能效率的意义

根据热力学计算，电解槽每生产出 1t 铝，理论上大约需要 6500kW·h 电能，但实际生产消耗却远远高于此数。一般铝电解槽的电能效率只有 40% ~50%，其余 50% ~60% 的电能则损失掉。因此，节省电能、提高电能效率是电解铝企业降低生产成本的重要环节。

从吨铝直流电耗的公式可知，直流电耗与槽平均电压成正比，与电流效率成反比。因此构成吨铝直流电耗的两个基本因素就是槽平均电压和电流效率。所以降低槽平均电压，提高电流效率均能降低电耗。

例如：当电流效率为 92% 时，槽平均电压每降低 0.1V，则生产 1t 金属铝将节省电能：

$$\Delta\omega = 2980 \times 0.1/0.92 = 324 \text{kW} \cdot \text{h}$$

如果年产铝量为 10 万吨，电价每消耗 $1\text{kW} \cdot \text{h}$ 为 0.35 元，则企业全年将因此节约生产成本：

$$100000 \times 324 \times 0.35 = 11340000(\text{元}) = 1134(\text{万元})$$

又例如：当槽平均电压为 4.2V，电流效率由 92% 提高到 93% 时，则生产 1t 金属铝将节省电能：

$$\Delta\omega = 2980 \times 4.2/0.92 - 2980 \times 4.2/0.93 = 146 \text{kW} \cdot \text{h}$$

如果年产铝量为 10 万吨，电价每消耗 $1\text{kW} \cdot \text{h}$ 为 0.35 元，则企业全年将因此节约生产成本：

$$100000 \times 146 \times 0.35 = 5110000(\text{元}) = 511(\text{万元})$$

有关电流效率的内容在 6.2.3 节中已作介绍，本节仅介绍降低槽平均电压的途径及方法。

C　降低槽平均电压的途径

槽平均电压是由槽工作电压、效应分摊电压和系列线路电压的分摊值（俗称黑电压）组成，即

$$V_{平均} = V_{工作} + V_{效应} + V_{黑}$$

其中：

（1）槽工作电压（$V_{工作}$）有：

$$V_{工作} = E_{极化} + V_{阳极} + V_{电解质} + V_{阴极} + V_{母线}$$

式中　$E_{极化}$——分解与极化压降，V；

$V_{阳极}$——阳极压降，V；

$V_{电解质}$——电解质压降（极距之间），V；

$V_{阴极}$——阴极压，V；

$V_{母线}$——电解槽内母线压降（阴、阳两极母线），V。

（2）效应分摊电压（$V_{效应}$）有：

$$V_{效应} = \frac{k(V_{效应} - V_{工作})t}{1440}$$

式中　k——效应系数，次/（槽·日）；

$V_{效应}$——效应时电压值，V；

$V_{工作}$——槽工作电压，V；

t——效应持续时间，min；

1440——昼夜的分钟数，min。

（3）槽外系列母线电压降的分摊值（$V_{黑}$）为：

$$V_{黑} = \frac{总电压 - 槽工作电压总和 - 效应分摊电压总和}{生产槽台数}$$

表 6-19 给出了侧插槽和预焙槽的平均电压各部分电压平衡值。

表 6-19 侧插槽和预焙槽的平均电压各部分电压平衡值 （V）

项　　目	侧插槽	预焙槽（不连续）
母线压降和线路分摊压降	0.25	0.17
极化压降	1.7	1.7
电解质压降	1.55	1.42
阳极压降	0.45	0.25
阴极压降	0.35	0.37
效应分摊压降	0.1	0.11
槽平均电压	4.4	4.02

从槽平均电压的构成上可见，减少阳极效应次数，并缩短效应时间能够节省电能。为此，电解生产采取连续或半连续下料或"勤加工、少下料"的操作方法，可使电解质内经常保持一定浓度的氧化铝，这对于减少阳极效应次数是很有效的。但在正常生产情况下，效应系数作为工艺技术指标一般是不变的。

黑电压的降低则可以从改善导体的接触点和电解槽的绝缘性能，增加导电母线的截面积着手，但要增加对设备的投入资金，所以在电解槽已建成时潜力不大。

因此，在生产中降低槽平均电压的可能途径只能是从降低槽工作电压入手。下面分别予以讨论。

a 降低极化压降

极化压降是氧化铝分解电压与两极过电压之和，一般为 1.6V 左右。其中氧化铝分解电压为固定值（1.08 ~ 1.20V），阴极过电压较小只有 10mV，而阳极过电压为 400 ~ 600mV，所以降低极化压降主要是降低阳极过电压。

影响阳极过电压的因素很多。阳极电流密度的减少和电解质中氧化铝浓度的增加以及添加剂均能减少阳极过电压。所以在设计时要考虑减少阳极电流密度。而在生产中，主要是通过降低电解质分子比、添加氟化钙和氯化钙等措施来降低阳极过电压。

b 降低电解质压降

电解质电压降约占槽平均电压的 25% ~ 40%，是降低平均压降的主要目标。

电解质电压降与其电阻率、阳极浸入电解质的表面积、铝液镜面面积、极距等因素相关。其中最主要的是电阻率和极距。

（1）减小电解质的电阻率。

在工业电解槽里经常有炭渣。一部分炭渣漂浮在电解质表面上，一部分却悬浮在电解质内部。据测定，正常生产槽的电解质内部平均碳含量约为 0.04%，炭渣直径约为 $1 \sim 10 \mu m$，炭粒主要是从阳极上掉下来的，0.04% 的碳对于电解质导电率的影响较小。但炭粒越细，夹杂在电解质里的数量愈多，则电解质电导率受的影响就越大。当电解质里夹杂 1% 炭渣时，电导率将减小 11%。因此，在电解生产中分离炭渣的工作很重要，主要办法是采用分子比低的电解质，并添加氟化钙和氟化镁，使炭渣漂浮起来，而减少电解质电压降。

在预焙槽上，阳极易于氧化，掉落炭渣较多，因此宜用氧化铝覆盖在阳极上面，以保护阳极不被氧化。新阳极表面上的炭渣和炭粉，清理干净后再使用。而在自焙槽上，应防止淌糊。

除了炭渣以外，在工业电解质里还有一些悬浮的固体氧化铝和碳化铝，它们也会增大电解质的电阻率。因此，在加料之时宜严格控制加入电解质内的氧化铝数量，以免造成大量的不溶性氧化铝。

添加锂盐或氯化钠能够提高电解质的电导率，一般可添加 3% ~ 5% 的氟化锂（或用碳酸锂代替氟化锂）或氯化钠。

（2）适当缩短极距。

据工业电解槽测定，每 1cm 极距所对应的电解质电压降，旁插棒槽为 400 ~ 450mV，预焙槽为 300 ~ 350mV。缩短极距以降低平均电压潜力很大。但在生产中对降低极距要采取慎重的态度，因为极距缩短会降低电流效率。

c　改善导体接触点

在电解槽中，金属导体之间的接触点很多，每槽的接触点电压降约为 20 ~ 40mV，电能损失很大，因此需要改善。压接点应定期清刷，使接触面保持平整和干净；焊接点也应保持接触面平整和洁净。

d　降低阳极电压降

自焙槽阳极电压降是指电流从阳极棒头到阳极底掌通过时所产生的电压。

预焙槽阳极电压降是指电流从卡具到阳极底掌通过时所产生的电压。

阳极电压降由三部分组成：阳极棒本身电压降（或铝导杆电压降）、阳极棒与阳极锥体接触电压降（或钢爪与阳极炭块接触电压降）以及阳极锥体（或预焙阳极炭块）本身的电压降。

自焙槽降低阳极电压降，要从以下几个方面入手：

（1）保持工作阳极棒都通电，如果连接阳极棒的导板（小母线）被烧断，应及时更换或焊接。

（2）减少阳极棒与阳极锥体接触压降，要求阳极表面光洁、钉棒质量高、钉棒时间适宜，根据阳极锥体烧结情况及时转接。

（3）为减少阳极锥体本身压降，要求通电均匀，使锥体烧结质量高。锥体烧结焦化得好，比电阻就小，压降就小。另外尽量保护阳极不氧化不掉块，否则由于阳极导电截面积减小，电流密度增大，造成阳极锥体电压降升高。

（4）阳极棒至阳极底掌，这一段电流行程越短，电压降也就越小。因此转接母线不宜过早，棒距也不宜过大，钉棒要有一定的深度和角度。增加小母线的片数，增大阳极棒的长度和直径，对于节省电能来说是有利的。

预焙槽降低阳极电压降，除提高预焙阳极炭块质量外，主要是改善钢爪-炭块之间接触电压降，因其占阳极压降的20%以上，约为150~200mV。

降低钢爪-炭块之间接触电压降的方法有：

（1）改善磷生铁成分，改进浇铸方法，增加铸铁与炭块的接触面积。

（2）用氧化铝覆盖在钢爪-炭块的接触部位上，提高Fe-C接触点的温度，可以有效地减小Fe-C接触压降。

e　降低阴极电压降

阴极电压降是指从铝液至阴极棒头一段导体中的电压降。在工业电解槽上，该值通常为300~400mV。

阴极炭块组（新）本身的压降约为190~200mV，但阴极压降却比它大100~200mV。其原因主要是在炭块表面上沉积着炭化铝、电解质结块和氧化铝沉淀，在炭块内部有炭化铝和凝固的电解质，它们都会增大炭块的电阻。因此，控制下料量，防止大量氧化铝沉积下来，是减小阴极电压降的一项重要措施。

f　减少热损失

电解过程是在高温下进行的，电解槽的热损失（传导、对流与辐射）约占输入槽内总能量的50%左右。因此，减少电解槽的热损失，是节省电能的一个重要方面。另外，在减少电解质电压降的时候，应当照顾到电解槽的热平衡发生的变化，也就是说，电解质电压降减少以后，电解槽收入的能量降低，为了保持新的热平衡条件，相应地应当减少电解槽的热损失量，因此，减少电解槽的热损失量可以说是减少电解质电压降的一个先决条件。

电解槽热损失分布情况见表6-20。

表6-20　电解槽的热损失分布情况　　　　　　　　（%）

项　　目	侧插棒式自焙阳极电解槽	预焙阳极电解槽
经阳极损失	20	40
经氧化铝壳面和电解质液面损失	20	20
经槽壳上部、侧部和底部损失	60	40
合　计	100	100

从表中可见侧插棒式自焙阳极电解槽，经槽壳上部、侧部和底部的热损失量约占其总量的 60% 。而在预焙阳极电解槽上，经阳极和槽壳的热损失量各占其总量的 40% 。因此，在侧插槽上应减少其经槽壳的热损失量，例如增加槽面保温料、缩小电解槽的加工面、减少大加工的次数、增加槽底和槽壁的保温性能等，都能减少自焙电解槽的热损失，有助于降低槽电压。而在预焙槽上，应在槽面和阳极块上增厚氧化铝的覆盖层，这对于减少预焙槽的热损失作用很大，冬季尤其明显。

7 铝基复合材料概述

复合材料是应现代科学发展需求而涌现出的具有强大生命力的材料，在金属基复合材料中表现尤为明显。金属基复合材料有铝基、镍基、镁基、钛基、铁基复合材料等多种，其中铝基复合材料发展最快而成为主流。本章主要对国内外铝及复合材料的研究现状进行简要介绍，内容包括材料的设计与制备、界面、性能、应用等。

7.1 铝基复合材料的设计与制备

7.1.1 基体材料的选择

铝基复合材料的基体可以是纯铝也可以是铝合金，其中采用铝合金居多。工业上常采用的铝合金基体有 Al-Mg、Al-Si、Al-Cu、Al-Li 和 Al-Fe 等。如希望减轻构件质量并提高刚度，可以采用 Al-Li 合金做基体；用高温的零部件则采用 Al-Fe 合金做基体；经过处理后的 Al-Cu 合金强度高，且有非常好的塑性、韧性和抗蚀性，易焊接、易加工，可考虑作这些要求高的基体；增强体和基体之间的热膨胀失配在任何复合材料中都难以避免，为了有效降低复合材料的膨胀系数，使其与半导体材料或陶瓷基片保持低匹配常采用 Al-Si 为基体和采用不同粒径的颗粒制备高体积分数的复合材料。

基体的强度并不是它的强度越高复合材料的性能就越好。如纤维增强铝基复合材料中，用纯铝或含有少量合金元素的铝合金作为基体，就比用高强度铝合金做基体要好得多，用高强度铝合金做基体组成的碳纤维的性能反而低。因此，只有当基体金属与增强体合理搭配时，才能充分发挥基体材料和增强相的性能优势。

7.1.2 增强材料的选择

增强材料主要有纤维、晶须以及颗粒。为了提高基体金属的性能，增强材料的本身需要具备特殊的性能，如高强度、高弹性模量、低密度、高硬度、高耐磨性、良好的化学稳定性、增强体与基体金属有良好的润湿性等。

B、Al_2O_3、Si 和 C 纤维等是最早的纤维材料，这些材料的性能优异，但高昂的成本限制了它们的广泛发展及应用，但在航空及军事等方面有研究应用潜力。

　　颗粒增强铝基复合材料具有优良的高温力学性能、低的热膨胀系数和优良的耐磨性，被广泛用作高性能结构材料，而且成本相对较低，材料各相同性且易于二次加工，被广泛用作高性能结构材料，可提高结构安全性或优化结构设计。目前广泛选用的增强体材料是陶瓷颗粒，如 SiC、Al_2O_3、B_4C 及石墨等。但陶瓷增强相与金属基体的热扩散系数相差很大，与之相比，作为金属成分的非晶合金与金属基体更相容，可以形成较强的界面结合力，因此有望作为陶瓷潜在的替代品而成为颗粒增强铝基复合材料中的主要增强体。

7.1.3　制备方法的选择

　　目前纤维增强铝基复合材料的制备方法主要有扩散连接法、粉末冶金法、融熔浸润法和气体铸造法等。制备过程要保证纤维的分布均匀、无损伤，与基体结合牢固而无空隙，也要考虑到材料使用时残余应力和热疲劳对材料寿命的影响，一般需要对涂层处理以及制成预制件而后压制或浸渗。

　　颗粒增强铝基复合材料的制备相对简单些，可以采用常规冶金方法制备。方法主要有搅拌铸造、粉末冶金、无压浸渗和喷射共沉积等。

　　（1）粉末冶金法的具体工艺是先将金属粉末或预合金粉和增强体均匀混合，制得复合坯材料，经不同的固化技术制成锭块，再通过挤压、锻造等二次加工制成型材。这种制备方法优点：增强材料的加入量易于任意调整；增强体的体积分数与基体成分均可准确控制；所成型的材料或制件其金属基体组织均匀，制件尺寸精度好，易于实现少切削、无切削，且成型制品范围较广。但是，采用此法制备成型的材料或制件，其致密性较差，而且增强材料（主要是纤维和晶须）在形成过程中易受损伤，其性能一般不是太好。

　　（2）渗铸法又称液态浸渗法。它是借助作用于液态金属上的气体压力或离心力等，使液态金属渗入到铸型内具有一定形状和孔隙率的纤维预制体中并凝固成型，从而获得复合材料制件的工艺。渗透法主要特点：工艺简便灵活，不需要大的机械设备，生产成本低，不受生产规模和批量的限制，对连续纤维或非连续纤维增强金属基复合材料的制备均适用。此法主要缺点：产品性能一般较差，这类方法不适用于纤维体积分数高的复合材料制件的成型，且制件的形状与尺寸范围也受到较大的限制。

　　（3）搅拌铸造法，先将基体金属在炉中熔化，在半固态状态下进行搅拌，并且边搅拌边加入增强材料（短纤维、晶须或粒子等），使增强材料均匀分布于基体金属中，从而制备出复合材料浆料。然后，根据后继成型过程的需要，将基体处于液态或半固态状态的复合材料浆料进行铸造、液态模锻、轧制或挤压成型，从而获得金属基复合材料或制件。搅拌法主要适用于不便于采用渗铸法或液态模锻法制备和成型的粒子型复合材料及其制件的制备与成型。

7.2 铝基复合材料的性能及应用

7.2.1 铝基复合材料的基本性能

7.2.1.1 强度、模量与塑性

增强体的加入在提高铝基复合材料强度和模量的同时，降低了塑性。大量研究表明，SiC 增强的铝基复合材料较相应的铝-硅合金具有更高的强度，并随着 SiC 体积分数的增大，其强度和模量均有较大程度的提高，而塑性却降低，且 SiCP/Al 复合材料中加入更为细小的弥散质点 Al_4C_3 和 Al_2O_3 可以明显提高复合材料的强度。另外增强相的加入又赋予材料一些特殊性能，这样不同金属与合金基体及不同增强体的优化组合，就使金属基复合材料具有各种特殊性能和优异的综合性能。

7.2.1.2 耐磨性

高的耐磨性是铝基复合材料（SiC、Al_2O_3 增强）的特点之一。目前对耐磨性的研究主要集中在铝基复合材料-钢摩擦副，而且增强颗粒体积分数大都在 10% ~ 35%，而对铝基复合材料-刹车材料摩擦副的摩擦磨损性能研究却特别少。基于这种情况，王宝顺等人研究了大范围（15% ~ 55%）的 SiCp（45、63μm）/Al 复合材料与半金属刹车材料配副的摩擦磨损性能。其研究结果表明，颗粒体积分数对复合材料摩擦系数的影响显著，而颗粒尺寸对复合材料摩擦系数影响不大。

7.2.1.3 疲劳与断裂韧性

铝基复合材料的疲劳强度一般比基体金属高，而断裂韧性却下降。影响铝基复合材料疲劳性能和断裂的主要因素有：增强物与基体的界面结合状态、基体与增强物本身的特性和增强物在基体中的分布等。界面结合状态良好，可以有效地传递载荷，并阻止裂纹扩展，提高材料的断裂韧性。有报道用 SiC 纤维增强的 6061Al 和 7075Al，疲劳强度增加 50% ~ 70%；利用粉末冶金技术制备了 10% 的 SiC 增强 Al_2O_3，SiC 的平均颗粒尺寸为 5μm；研究了 SiC 颗粒对疲劳裂纹扩展的影响。结果表明，很少的颗粒出现在断裂表面，即使在高的 ΔK 区域里也几乎没有出现。这就说明裂纹的扩展主要是在基体的内部，而避开了 SiC 颗粒，这是因为颗粒的强度较高和牢固的颗粒与基体界面的结合。

7.2.1.4 热性能

增强体和基体之间的热膨胀失配在任何复合材料中都难以避免，为了有效降低复合材料的热膨胀系数，使其与半导体材料或陶瓷基片保持热匹配，常选用低

膨胀的 Al-Si 合金作为基体和采用不同粒径的颗粒制备高体积分数的复合材料。张强等人选用粒径为 20μm 和 60μm 的 α-Si 颗粒，基体用 LD11 铝硅共晶合金，采用挤压铸造的方法实现了 70% 的体积分数。结果表明，SiCP/Al 复合材料的导热率达到 151W/(m·℃)，高于基体的导热率（基体的导热率为 140W/(m·℃)），并且他们在等比表面积的基础上，引入等效颗粒直径（EMA）的概念，基于 EMA 方法可以较为准确地预测两种粒径颗粒混合增强铝基复合材料的导热率，这为以后进行铝基复合材料导热率的研究奠定了基础。

7. 2. 2　铝基复合材料的应用

铝基复合材料的应用很广泛，在航空航天及军事和交通运输方面尤为显著。比如：美国 DWA 公司已把 SiCp/6092Al 合金复合材料用于 F216 喷气式战斗机的机身尾翼，使飞机高速飞行更加稳定，机翼寿命提高一倍以上。1987～1988 年美国 ACMC 公司与亚利桑那大学光学研究中心合作，采用 SiC 颗粒增强铝基复合材料研制成超轻量化空间望远镜和坦克激光反射镜。我国也取得了一些成果，近年来，中国铝业股份有限公司山东分公司研发成功了"颗粒增强 SiCp 铝基复合材料"，有效地解决了低真空熔炼炉的设计与加工工艺、颗粒预处理工艺、复合材料的搅拌工艺及热处理工艺等技术难题，制备出了颗粒分布均匀的铝基复合材料样品，并已顺利开展了中试。

7. 3　铝基复合材料的研究现状

7. 3. 1　铝基复合材料研究的主要成果

7. 3. 1. 1　采用单相颗粒增强铝基复合材料

原位生成颗粒增强铝基复合材料具有强化相多、设计性广、晶粒细小、综合性能好、增强体与基体界面结合牢固且结合强度高、成本相对较低且能进行近终型铸造等优势，这赢得了许多研究者、科研机构和企业的高度重视，并已开发出一部分可以应用于高精尖端领域的材料和新工艺。例如复合材料有 TiB_2 和 Al_2O_3 颗粒增强铝基复合材料。

采用质量分数为 95% 的 Al 和 5% 的 CuO 粉末原位生成了 γ-氧化铝增强 Al-Cu 合金，复合材料的尺寸为 5～10μm。研究结果表明，其维氏硬度最高可达 114HV，最终的强度可以达到 330～425MPa，弯曲强度可达 425MPa，韧性可达 14.9J/cm^2。

7. 3. 1. 2　采用双相或多相颗粒增强铝基复合材料

目前双相或多相颗粒增强铝基材料已引起人们的重视。有报道采用搅拌铸造和原位反应合成相结合的方法，制备出了（TiB_2 + SiC）/ZL109 复合材料，弥补了单一 SiC 颗粒强化的不足，复合材料的硬度比基体提高 34.8%。另有报道采用原位反应合成（TiB_2 + Al_3Ti）/Al_6Si_4Cu 复合材料，材料的抗拉强度、硬度分别比 Al_6Si_4Cu 合金提高 20%、29.6%。为了提高铝基复合材料各方面的性能指标，多相颗粒增强铝基复合材料的研究必将成为以后工作的重点。

7.3.1.3 颗粒增强铝基复合材料减振性能

航空、航天科技的发展对结构材料提出了新的要求，要求材料不仅具有满足使用要求的力学性能，还要求材料具有减振、降噪等功能。利用混合盐作用反应的方法合成的 $Al/TiAl_3$ 复合材料，吸振能力比铝基的要高，并且与增强物 $Al/TiAl_3$ 的体积分数是成比例的。阻尼性能是材料在机械振动过程中在周期性加载和波传播条件下消耗应变能的一个量度。当材料的阻尼性能在结构应用中被有效利用时，它可以有效地降低噪声和减小振动。采用熔体直接发泡法制备的 SiCp/ZL104 泡沫复合材料，在 30 ~ 300℃ 与基体材料相比表现出更高的吸振能力，并且吸振能力会随着温度的增加而增加。

7.3.2 铝基复合材料研究的热点问题

7.3.2.1 纳米相增强铝基复合材料

纳米材料的尺寸非常细小（1 ~ 100nm），形状多为规则的近球状，因此，在铝基复合材料的制备中若能以纳米级颗粒作为增强相，应该能改善增强相与基体的结合界面，提高结合强度，进而提高铝基复合材料的力学性能和理化性能等。采用粉末冶金法制备的纳米 SiC（平均尺寸 25nm）颗粒增强纯 Al 基复合材料（Al-MMC），在 SiC 体积分数为 1%、3% 和 5% 的纳米 SiC/Al-MMC 的屈服强度和最大拉伸强度较基体纯 Al 分别提高了 6.9%、11.8%、26.8% 和 7.2%、21.2%、30.4%；体积分数为 1% 和 3% 的纳米 MMC 的拉伸性能分别好于 5% 和 10% 的微米颗粒增强 Al-MMC，而 5% 的纳米 MMC 的屈服强度和最大拉伸强度较 5% 和 10% 的微米颗粒增强 Al-MMC 分别增加 29.2%、16.1% 和 28.0%、9.9%。由此可见，纳米颗粒在含量较低（≤5%）时，对 Al-MMC 的增强作用明显，但由于随纳米颗粒含量的增加，颗粒的团聚趋势明显增大。这就涉及如何解决纳米相的团聚问题，在以后的研究过程中，这将成为研究的一大课题。

7.3.2.2 碳纳米管增强铝基复合材料

随着碳纳米管（CNTs）的出现和纳米晶材料研究的深入，为复合材料性能的进一步提高提供了一个新的途径。CNTs 具有极小的尺度及优异的力学性能，其封闭中空管状结构具有良好的稳定性，并且具有优异的力学性能。因此，碳纳米管作为一维纳米晶须增强材料在复合材料中具有重要的应用价值。

A　碳纳米管增强铝基复合材料的力学性能

为了满足航空航天等领域对材料更高比强度、高比模量和耐磨损的要求，将碳纳米管用于制备铝基复合材料，并取得优异力学性能，其已成为极具潜在应用价值的复合材料。采用电弧放电法制备的未纯化和纯化的CNTs，作为增强体与纯铝粉混合，用粉末冶金法成功制备了1%碳纳米管增强铝基复合材料。采用纯化的碳纳米管增强铝基复合材料的力学性能明显优于其他的增强体。

B　碳纳米管增强铝基复合材料的耐磨性

由于碳纳米管的自润滑作用，使得这种复合材料在摩擦磨损方面表现出优异的性能，这是值得研究者关注的一个方面。采用无压渗透法制备的碳纳米管/铝复合材料，由于碳纳米管的自润滑和增强作用，复合材料的摩擦系数和磨损率随体积分数的增大而减小。利用粉末冶金法制备碳纳米管/铝基复合材料，研究不同碳纳米管含量对复合材料稳态摩擦磨损行为的影响，结果表明，在载荷为3N时复合材料的摩擦系数小于载荷为1N时的摩擦系数。随着碳纳米管质量分数的增加，复合材料的磨损率先减小而后增大。在碳纳米管质量分数较低时，复合材料的磨损机制为磨粒磨损和粘着磨损，含2.0%碳纳米管复合材料的磨损机制以剥层磨损和表面疲劳磨损为主。

7.4　铝基复合材料的发展趋势

7.4.1　制备工艺方面

采用颗粒增强制备铝基复合材料成本相对较低，原材料资源丰富，制备工艺简单。选择适当的增强颗粒与基体组合可制备出性能优异的复合材料，具有很大的发展潜力和应用前景。可以预料，在现代工业的高速发展和技术水平的高要求下，颗粒增强铝基复合材料必将以其独特优势在工业领域占据重要位置。但同时也应看到，颗粒增强铝基复合材料在未来的时间里要取得更进一步发展，并列入规模化生产的行列还需要进行更多的探索和实践。因此，进一步加强理论研究，建立完整的理论模型，不断进行实践探索，将是今后的工作重点。

无压浸渗工艺在近些年来获得了很大的发展。但由于该过程是一个涉及界面反应、表面物理化学、负压和制备工艺条件等一系列因素交互作用的复杂过程，还应主要解决以下这些难题：

（1）彻底揭示无压浸渗的机制。这需要深入和系统研究：Mg、N_2对无压浸渗过程的重要影响；界面反应究竟在多大程度上才能促进基体与增强物之间的润湿；预制体内形成的负压对无压浸渗过程的贡献；毛细管力作用的定量描述。

（2）如何尽量简化现有的制备工艺，缩短制备周期。

（3）如何利用无压浸渗工艺开发更多的新材料。可以预见的是，随着科技的发展，无压浸渗工艺必将在金属基复合材料的制备中发挥不可替代的作用。

7.4.2　增强体方面

纤维增强铝基复合材料在基础理论、制备工艺、性能水平等方面都有了很大的进步，并且率先在宇航、航空和兵器中得到应用，在民用工业中的应用也日渐增多。但是它的应用广度和深度还不及人们所希望的那样，在短时间内还不可能完全代替传统的金属材料，还有许多问题尚待解决，如这种材料的制备工艺较复杂、纤维价格高、材料的性能水平尚欠稳定等问题，这些问题制约着它的应用和发展，需进一步提高该材料的性能。为降低其制造成本，加快其产业化进程，还需对以下几方面基础性问题进行深入研究：

（1）围绕经济有效、易操作的纤维增强体表面涂层处理技术。

（2）铝及铝合金基体的合金化对界面稳定性和结构的影响。

（3）纤维增强体与铝及铝合金基体的界面结合强度对材料性能的影响。

（4）实用化的纤维增强铝基复合材料制备工艺研究应用等。

目前，对碳纳米管增强铝基复合材料的研究已经取得一定的进展，但碳纳米管增强铝基复合材料的研究结果与预期仍有很大差距，并没有取得突破性进展。比如，力求适当控制 CNTs 的长度，进一步提高复合材料的力学性能，但 CNTs 难于分散且不易获得致密的复合体。随着碳纳米管分散技术的提高和新的合成方法的出现以及对碳纳米管涂层界面结构与基体结合机理的进一步认识，今后重点应放在：

（1）力求使碳纳米管在金属基体中均匀、弥散地分布，或使其呈束状，避免增强相在基体中团聚形成弱相。同时对复合材料的韧化机理进行更为深入的研究。

（2）选择适当的合成方法制备碳纳米管复合材料，力求大幅度降低生产成本。

（3）在制备碳纳米管增强金属基复合材料的过程中对碳纳米管进行适当的改性，力求碳纳米管与金属基体形成牢固的结合界面，提高增强相与基体的结合强度。

$Al_{18}B_4O_{33}$ 晶须因优异的性能和相对低的价格具有广阔的应用前景，但是同样也存在增强与基体间的润湿问题，目前解决这一问题大部分采用表面涂覆处理，这种方法比较成功地控制了界面间的反应，所以未来发展方向将是：

（1）界面反应的机理及控制。

（2）提高增强相硼酸铝晶须的增强效果。

（3）复合材料基体合金的选择。

　　我国许多大学都开展这一研究，并取得了一定进展，该材料展示了良好的应用前景。我国在硼酸铝晶须的合成、增强增韧复合材料的研究，包括产业化的现状和前景等诸方面都具备相当的实力。可以预期在不远的将来，硼酸铝晶须将会在增强金属基（铝基、镁基），陶瓷基、塑料、玻璃、纤维、涂料等方面得到非常广泛的应用。

　　铝基复合材料的研究取得了一系列成果，但仍有许多问题需要解决或继续研究，如界面结构和性能，高温使用性能以及简化工艺、降低成本、材料的后续加工和回收等。而随着计算机技术的引入，材料的设计及研究水平应该会有更大的提高。相信通过研究人员的不断努力，铝基复合材料一定会有更为广泛的用途。

8　铝基复合材料分类及制备方法

8.1　铝基复合材料的分类

铝基复合材料分类尚未形成统一标准。其分类方法包括如下几种：

（1）按照复合材料中增强相的类型分为晶须增强复合材料、颗粒增强复合材料、纳米增强复合材料等；

（2）按照复合基体元素将复合材料分为碳/碳化物增强复合材料、硼/硼化物增强复合材料、氧化物增强复合材料等；

（3）按照复合材料应用领域可以将铝基复合材料分为航空用铝基复合材料、汽车用铝基复合材料、装饰用铝基复合材料等。

8.2　铝基复合材料的制备方法

铝基复合材料作为航空航天领域及汽车减重领域最重要的复合材料，科研工作者关注的比较多，也做了大量的研究。其制备方法有很多，得到的材料性能也不尽相同。

8.2.1　电沉积方法

电沉积法可制备高密度、无孔洞、组织可控的纳米复合材料，同时电沉积是一种基本上在室温下进行的工艺，工艺过程投资少、成本低。金属基复合材料（MMCs）的增强体中以 SiC 的使用量最大，其次是 Al_2O_3。应用这两种增强体的目的多数是为了提高复合材料的硬度及耐磨性等物理性能。

8.2.2　传统制备工艺

8.2.2.1　粉末冶金法

最初都采用粉末冶金法（powder metallurgy）来制备金属基复合材料，这是因为粉末冶金法制备的材料性能优越，具有良好的界面结合，增强相的比例可以根据实际需要进行调节，成分比例准确，增强相分布均匀，并且可以实现最终成型或近最终成型，节约材料。其较成熟的方法为 alcoa 法和 ceracon 法。美国的 DWA 复合材料专业公司从 20 世纪 70 年代开始就研制用粉末冶金工艺生产 SiCp 增强铝基复合材料，现已达到商品化。粉末冶金工艺的不足之处为：设备复杂、工艺复杂、生产效率低，成本较高，并且由于工艺本身要求的工况条件及工艺原理的限制，不可能制备出形状复杂或尺寸较大的零件。另外粉末冶金工艺制品本身的孔隙率较大，不利于提高其综合性能。

8.2.2.2　铸造法

铸造法可以说是一种传统工艺，因为其制取工艺简单、设备简单、成本低，并可以制造出形状复杂与尺寸相对较大的零件，因而自从有了粉末冶金法，铸造法就受到重视。但是，这种工艺又是一种新工艺，因为在传统的搅拌铸造工艺的基础上，人们发展了挤压铸造、熔体浸渗、半固态搅拌、离心铸造、超声波法、喷射法、电磁场法等多种新工艺，大大丰富了铸造法的内涵，使得这种工艺的研究成为热点。但就人们目前运用较多的半固态搅熔铸造法（semi-solid compocasting）而言，其原理为把金属液温度控制在液相线和固相线之间且不断搅拌，然后把颗粒状增强物按一定比例加入到含有一定组分固相粒子的金属液中，并迅速升温至液相线以上直接进行浇注，就得到所需复合材料。使用这种工艺，增强相与基体的浸润性好，增强相粒子分布均匀，增强物不会结集和偏聚，能得到较为理想的结果。但是，因为金属液处于半固态，黏度较大，其浆液中的气体和夹杂不易排出。另外，在工业化过程中，要准确控制和保持金属液处于半固态温度也是很困难的。武汉科技大学王蕾等人用半固态方法制备了性能指标接近汽车活塞的 SiCp/Al 复合材料。

8.2.3　新的制备工艺

新的制备工艺主要指原位合成工艺（in-situ）。原位合成是在一定条件下，由加入到基体金属熔液中的粉末或其他材料与基体发生化学反应，在金属基体内原位合成一种或几种高硬度、高弹性模量的陶瓷增强相，从而达到强化金属基体的目的。原位合成的第二相颗粒尺寸细小、界面清洁、与基体相容性好，且弥散分布。此外，原位合成工艺降低了原材料成本，可以实现材料的特殊显微结构设计并获得特殊性能，使得这种制备工艺成为金属基复合材料研究的热点。这种工艺主要包括自蔓延合成法、放射反应法、接触反应法、XD 法、VIS 法、固-液反应法、液-液反应法、混合盐法等多种方法。目前这种工艺主要用来生产 TiC、TiN、AlN、TiB 等增强的复合材料。

8.2.3.1　原位反应合成法

原位反应合成法（in-situ reaction）作为一种突破性的新的复合技术而受到国内外学者的普遍重视。近年来已开发出许多纳米原位反应合成体系及其相关制备技术，有些已得到实际应用。首先，由于原位反应合成技术基本上能克服其他工艺通常出现的一系列问题，如克服基体与增强体浸润不良，界面反应产生脆性层，增强相分布不均匀，特别是纳米级增强相极难进行复合问题等；其次，在基体中反应生成的增强相热力学稳定，具有优良的力学性能，增强相与铝基界面无杂质污染，能显著改善材料中两相界面的结合状况，使材料具有优良的热力学稳定性；另外，原位反应省去了增强相的预合成，简化了工艺，降低了成本，因而在开发新型纳米相增强铝基复合材料方面具有巨大的潜力。

8.2.3.2　快速凝固工艺

快速凝固（rapid solidification，RS）对晶粒细化有着显著的效果。利用 RS 工艺可以获得与传统材料性能迥异的新型材料，这些新材料具有特殊的性能，在航空、航天、电子、电气等高新技术领域可获得广泛的应用，有望解决材料科学中的某些难题。近年来，国内外学者已开始尝试采用快速凝固技术直接制备各种高性能块体纳米相增强铝基复合材料。

据报道，利用快速凝固方法制备的一种新型的铝-过渡金属-稀土（Al-TM-RE）纳米复合材料：纳米级的面心立方 Al 晶体均匀地分布在非晶的基体中。这种材料具有极高的强度和良好的塑性，室温强度高达 1.6GPa，相当于相同成分完全非晶铝合金的 1.5 倍和传统时效强化铝合金的 3 倍；其高温强度更加优越（300℃时达 1GPa，是传统铝合金的 20 倍）。另有报道，将 RS 工艺与热挤压成型技术相结合，成功地制备了铝基原位复合材料，与常规熔铸工艺相比，其室温拉伸强度增加了 100MPa 左右，并表现出良好的高温力学性能。

8.2.3.3　大塑性变形法

大塑性变形法（severe plastic deformation，SPD）是近年来逐步发展起来的一种独特的纳米粒子铝及铝合金材料制备工艺。它是指铝及铝合金材料处于较低的温度（通常低于 $0.4T_m$）环境中，在较大的外部压力作用下发生严重塑性变形，从而将材料的晶粒尺寸细化到纳米量级。SPD 法细化晶粒的原因在于这种工艺能大大促进大角度晶界的形成。SPD 法有两种，即大扭转塑性应变法（SPTS）和等槽角压法（ECA）。

SPD 工艺与其他的纳米材料制备技术（快速凝固法及球磨法等）相比较而言最突出的优点在于粉末压实的同时晶粒显著细化，为直接从微米量级铝粉末得到块体纳米相增强铝基复合材料提供了可能性。利用 SPD 工艺可以制备出无残留空洞和杂质且粒度可控性好的块体纳米相增强铝基复合材料。

Alexandrov 等人利用 SPTS 压实微米级的铝和纳米级的陶瓷混合粉末制备出相对密度大于 98% 的 Al – 5% Al_2O_3 的高强度、高热稳定性的纳米相增强铝基复合材料，力学性能测试结果表明，在 Al – 5% Al_2O_3 复合材料样品中发现了超塑性现象（400℃、塑性应变率为10%的拉伸实验显示，样品失效前的延伸率几乎高达200%，塑性应变率灵敏度为0.35）。

8.2.3.4　高能球磨法

高能球磨法（high energy ball milling）是利用球磨机的高速转动或振动，使研磨介质对增强体进行强烈的撞击、研磨和搅拌，将其粉碎为纳米级微粒的方法。采用高能球磨法，适当控制球磨条件可以制备出纳米相增强铝基复合粉末，如再采用热挤压、热等静压等技术加压可制成各种块体纳米相增强铝基复合材料制品。该法具有成本低、产量高、工艺简单易行等特点。缺点是能耗大、增强体粒度不够细、粒径分布宽、杂质易混入等。

李顺林教授领导的课题组成功运用高能球磨法合成出一系列铝基纳米复合材料：CeO_2/Al、NiO/Al、$CeO_2/Al-Ni$ 等多种功能复合材料。分析结果表明，纳米颗粒在铝（或铝合金）基体中呈单分散状态，这种优异的复合效果迄今为止鲜见有文献报道。K. D. Woo 与 D. L. Zhang 合作采用高能球磨法成功得到纳米 SiC 颗粒增强 Al-7C/Si-0.4% Mg（质量分数）复合材料。由于高能球磨过程中提高了混合粉末的扩散速率，引起烧结过程中粉末的烧结率也加快了，烧结后的显微结构表明：其颗粒尺寸与用混合粉末直接烧结的颗粒相比明显变小，同时烧结体的硬度也大大提高了。C. Goujon 与 P. Goeuriot 在低温条件下采用球磨 + 热压的方法制取了纳米陶瓷颗粒分布均匀且力学性能优良的铝基复合材料，所得到的纳米颗粒尺寸均匀、显微结构稳定。

8.2.3.5　溅射法

溅射（sputtering）法是采用高能粒子撞击靶材的表面，与靶材表面的原子或分子交换能量或动量，使得靶材表面的原子或分子从靶材表面飞出后沉积到铝基片上形成纳米相增强铝基复合材料。由于溅射法中靶材无相变，化合物的成分不易发生变化，并且溅射沉积到铝基片上的粒子能量非常高，所形成的纳米复合薄膜附着力大。

等离子溅射法是一种改进的溅射法，它利用等离子区的高温将增强相熔融，再把熔融的增强相快速引向旋转的铝基体并在铝基体上沉积、冷却，最后得到纳米相增强铝基复合材料。由于复合材料形状的复杂性，等离子枪与铝基体都是由计算机控制的，这样制备出的纳米相增强铝基复合材料形状准确、溅射均匀、性能优良。

T. Lah 与 A. Agarual 等利用等离子溅射法在铝基上成功溅射了碳纳米管并对这种复合材料进行了研究。结果表明：碳纳米管紧密黏附在铝基体中；在高温溅射过程中，碳纳米管性能十分稳定，没有生成氧化物；铝基复合材料的硬度有了显著提高。

8.2.3.6 溶胶-凝胶法

溶胶-凝胶（Sol-Gel）法是 20 世纪 60 年代发展起来的一种制备玻璃、陶瓷等无机材料的新工艺，近年来许多人用此法制备纳米微粒来增强铝基复合材料。其基本原理是：将醇盐或无机盐经水解，然后使溶质聚合凝胶化，再经凝胶干燥、煅烧，最后得到纳米微粒。Sol-Gel 法的优点是：（1）化学均匀性好，由于溶胶-凝胶过程中，溶胶由溶液制得，故胶粒内及胶粒间化学成分完全一致；（2）纯度高，粉体（特别是多组分粉体）制备过程中无须机械混合；（3）颗粒细。缺点是原料价格高、有机溶剂的毒性以及在高温下作热处理时会使颗粒快速团聚等。据文献报道，采用溶胶-凝胶法是制备 Al-Si-Ni 纳米复合材料的典型方法。

8.2.3.7 电磁搅拌法

电磁搅拌法是利用旋转磁场产生三维运动的磁流体，使增强体粒子均匀分散在铝液中，然后浇注而得复合材料。将四对永久磁铁与垂直方向成一定角度镶嵌在旋转机构上，形成旋转磁场，使置于其中的铝液由于电磁感应而产生径向、轴向、切向三个方向的运动。金属液中某个粒子按照三维螺旋运动。加入粒子并待其分散均匀，采用连铸法或间歇铸造法得到复合材料。SiC 粒子/Al_2O_3 复合材料是电磁搅拌法制造的典型材料。

电磁搅拌法是制备颗粒/金属基复合材料的较新方法，国内尚未见这方面的报道。

8.2.3.8 电磁及机械搅拌复合技术

电磁搅拌主要是利用电磁感应的热效应熔化金属，利用力效应在合金熔体内产生强烈对流使成分和温度均匀，该技术可缩短熔炼时间，减少炉渣的形成，加快合金熔化和成分均匀，降低加热能耗，同时可提高回收率，实现铝液搅拌的自动化，大幅度降低生产成本。

铝块在中频感应炉内被熔炼，在磁场力的作用下，使铝液在熔炉内形成有规律的运动，从而达到对铝溶液的无接触搅拌。

机械搅拌技术的基本原理是将颗粒增强物直接加入到熔融的铝合金熔体中，通过一定机械方式的搅拌，使颗粒分散在铝合金熔体中，复合成颗粒增强铝基复合材料熔体。

8.2.3.9 自生反应法

自生复合材料主要是利用金属凝固过程中的相变规律在材料中形成具有一定

方向性排列的第二相（增强相）粒子，达到增强的目的。这种材料各向异性，其制备过程一般要用定向凝固，因而制造工艺比较复杂。

自生反应法是制备自生复合材料的另一种工艺。如利用置换反应（$3CuO + 2Al \rightarrow 3Cu + Al_2O_3$）生成 Al_2O_3 粒子，起到增强体的作用。该法与机械搅拌法基本相同，只是加入的不是 SiC、Al_2O_3、石墨粒子，而是 CuO 粒子；并且所需温度高（1273K）。研究发现，在此温度下，反应太快而难以控制，且生成的 Al_2O_3 粒子粗大。后来有人在 1073K 下获得了粒子细小且分布均匀的铝基复合材料，反应速度平稳。日本新源皓一等人还提出了"内晶型"复合材料的概念，制造出 TiC 粒子/铝基纳米级复合材料，TiC 粒子在基体合金的晶内形成，使材料的力学性能显著提高。

用置换反应法可以避免诸如污染、润湿和界面反应等问题，所得材料的界面为光滑的共格结构，性能优良。

8.2.3.10　超声波法

超声波法主要利用超声声流和超声空化作用，使粒子均匀分散，并与基体合金润湿，制得高性能复合材料。超声空化效应所产生的微区瞬时真空、瞬时高压（10^4 atm）、瞬时高温（10^4 K），可破坏界面处的氧化膜和清除粒子所吸附的气体，增大了表面能，减小了润湿角，使粒子与熔体润湿并复合，同时引起粒子的强烈扰动，加上超声声流作用在熔体中产生的环流使粒子分散均匀。

超声波法能使各种微细粒子（$5\mu m$ 以下）及亚微米级粒子数秒钟内在熔体中弥散分布，可以从本质上解决润湿问题。

8.2.3.11　机械合金化法

机械合金化法可以说是粉末冶金法中的一种特殊方法，它在条件控制、工艺等方面比粉末冶金法要求更高。它所用的粒子和基体粉末更细，其混合、复合化一般在惰性气氛里进行，利用磨球和罐壁及磨球间的相互撞击产生微区高压、高温，使增强体粒子与合金粉末之间进行原子扩散而相互复合，再经除气、热挤压、轧制等工艺即可。

用这种方法可制得极微细粒子增强的金属基复合材料，而且所得材料性能优良。有人用此法制得 SiC 粒子/IN9021 复合材料，在 $5s^{-1}$ 的高应变速率下，其延伸率可达 500%。与粉末冶金法相比，机械合金化法更复杂。

8.2.3.12　吹喷沉积法

液态金属在高气压下雾化，形成熔融合金喷射流，同时，将粒子喷入合金射流中，使两相混合并沉积在垫片上形成复合材料。该工艺简单、凝固迅速、无界面反应，所得材料耐磨性有较大的改善。但颗粒与基体属机械结合，抗拉强度有限，另外还有孔洞，不适用于近净成型。

8.2.3.13　自蔓延高温合成法

自蔓延高温合成法（SHS）的基本思路为：外界给粉末压坯局部提供能量，使该处发生剧烈化学反应（点燃）形成燃烧波，化学反应放出的热量使燃烧波不断向前蔓延，最终波及整个压坯，形成复合材料。

自蔓延高温合成法是苏联学者 Merzhanov 于 1976 年提出的，一经提出，就引起人们的关注，美国、苏联、日本、中国竞相在此领域展开研究。起初，该方法主要用于高温化合物材料的制备上，近几年来，有人开始用此方法制造金属基复合材料。例如，美国 Marton Martta 实验室制造出性能优异的 Ti 残粒子/Ai-Ti 复合材料，重庆大学也在尝试用此法制备铝基复合材料。自蔓延高温合成法有许多优点，主要为：反应过程中燃烧波前沿温度高，可蒸发掉挥发性的杂质；升温和冷却速度快，易形成非平衡结构；与自生合成法相似，所得材料为"原位"复合材料；易实现机械化、自动化。其最大缺点是所制材料组织疏松。对此，梅柄初等人提出了 SHS + 熔铸工艺，经 SHS 后，采用感应加热的方法使部分组织处于熔融状态，利用电磁力及金属液体的固化等作用，使材料致密化。

8.2.3.14　扩散黏结法

对于颗粒、晶须等增强体可以采用成熟的粉末冶金法，即把增强体与金属粉末混合后冷压或热压烧结，也可以用热等静压的工艺。对于连续增强体则较复杂，需先将纤维进行表面涂层，以改善它与金属的润湿性，并起到阻碍与金属反应的作用，再浸入液态金属制成复合丝，最后把复合丝排列并夹入金属薄片后热压烧结。对于难熔金属，则用等离子喷涂法把金属喷射在纤维已排好的框架上，制成复合片，再把这些片材层叠热压或热等静压成型。这类方法成本高，工艺及装备复杂，但制品质量好。

8.2.3.15　铸造法

用铸造法制备金属基复合材料，工艺比较简单，制品质量也较好，所以受到普遍的关注。铸造法中包括熔体搅拌铸造法、液相浸渗法和共喷射法等。

熔体搅拌法是一种简单常用的方法，分液态和半固态搅拌法两种，前者系将固态颗粒逐步混合于处在机械搅拌下的液态金属中。而半固态是利用含有一定固相的半固态熔体在高速切应力作用下的流变行为使之黏度降低，颗粒逐步加入后，熔体中的固相可以起到阻止颗粒上浮和下沉的作用，这种方法也称复合铸造法（compocasting）。这类方法的设备与工艺相对简单，同时可以制成铸锭，用常规二次加工方法制成工件或型材，但是制件中容易形成气孔、夹杂、增强体分布不均匀等现象而影响质量。

液相浸渍法中有挤压法（squeeze casting）和真空-压力浸渗法（vacum-pressure infiltration）。这两种方法均需要把增强体制成预制件（preform），压力浸渗法则将预制件放入模具预热后，即将金属熔体倾入，同时压下压头，使其在压力下浸渗，熔体凝固后即可脱模。这种方法工艺简单，但预制件中的气体不易在凝固前排出而造成气孔与疏松，同时预制件也易发变形和偏移。因此，在此基础上又发展了真空-压力浸渗法，即将预制件放入位于承压容器的模具内，先抽真空，排出预制件内的气体，再用气压把金属熔体由通道压入模具内，使之浸渗预制件，等其冷凝后取出。这种方法虽然需要专用设备，但是制件质量好，同时可使增强体达到很高的体积分数。

共喷射沉积法（co-spray）是一种新复合方法，它是用惰性气体将液体金属雾化成微小的液滴，并使之向一定方向喷射，在喷射途中与另一路由惰性气体送出的增强体微细颗粒会合，共同喷射沉积在有水冷衬底的平台上，凝固成复合材料。这是一个较复杂的过程，与金属的雾化情况、沉积凝固条件和增强体的送入角度等有关，过早的凝固则不能复合，过迟的凝固则使增强体发生上浮下沉而分布不匀。这种方法的优点是工艺快速，金属的大范围偏析和晶粒粗化可以得到抑制，避免复合材料发生界面反应，增强体分布均匀；缺点是出现原材料被气流带走和沉积在设备器壁上等现象而损失较大，还有复合材料气孔率高以及容易出现疏松情况。

8.2.3.16 叠层复合法

叠层式金属基复合材料系先将不同金属板用扩散结合方法复合，然后采用离子溅射或分子束外延方法交替地将不同金属或金属、陶瓷薄层叠合在一起构成金属基复合材料。这种复合材料性能很好，但工艺复杂难以实用化。目前金属基复合材料的应用尚不广泛，过去主要少量应用或试用于航空、航天及其他军用设备上，现在正努力向民用方向转移，特别是在汽车工业上有很大的发展前景。

8.2.3.17 XDTM 法

XDTM 法是 Marrin Marietta Corp 发明的专利技术，它首先将能反应生成增强相的元素粉末均匀混合，随后压实烧结，运用金属与金属或非金属间的放热反应，在基体中原位生成增强相。XDTM 法已成功地制备出了 Ti/Al、TiB_2/Al 复合材料，这些材料都具有很好的力学性能。

8.2.3.18 熔体浸渗法

熔体浸渗，顾名思义，是一种将某种熔体浸渗进一种物件的制备方法，此时被浸渗的物件自然需要有较多孔洞以方便熔体的浸渗。在浸渗的过程中，可以将之分为无压渗透和压力渗透两种。很明显，有些物件需要适当的压力才能将熔体浸渗进被渗透物件，而有些物件不需要。压力渗透时，一般需要惰性保护气氛进行保护，有报道说这种方法能够制备体积分数高达50%的复合材料。无压渗透法是最近才发展起的一种先进制备方法，这种方法可制备出增强体分数更高的复合材料，可以说，它是目前制备大体积分数增强体复合材料的常用方法。但是，它也有不足，与粉末冶金法类似，就是由于是在熔体状态下，温度高，易发生化学反应生成脆性相而影响材料性能。

8.2.3.19　坩埚移动式喷射共沉积

通过对比以上几种制备方法，发现其在制备大尺寸材料时都遇到了或多或少的麻烦，为了解决这一问题，人们发明了坩埚移动式喷射共沉积法。这种方法在制备大尺寸制件时得心应手，此法是由我国材料学家陈振华教授等人发明的，他们对传统喷射沉积作了相当细致深入的研究才得以发明该方法，目前他们已申请了多项发明专利。这种改进后的共沉积法冷却速度相当高，可达 $10^3 \sim 10^4 K/s$，沉积坯尺寸较之传统大，并且该法能够对尺寸进行精确控制，因为它是经过多层的扫描沉积而成的，喷嘴可以自动调节，而且调节方便、精确。

除了以上方法外，还有很多制备铝基复合材料的方法，比如原位合成法、粉末真空包套热挤压法等。

原位合成法是一种最近发展起来的制备复合材料的新方法。其基本原理是利用不同元素或化学物之间在一定条件下发生化学反应，而在金属基体内生成一种或几种陶瓷相颗粒，以达到改善单一金属合金性能的目的。通过这种方法制备的复合材料，增强体是在金属基体内形核、自发长大，因此，增强体表面无污染，基体和增强体的相溶性良好，界面结合强度较高。同时，不像其他复合材料，省去了繁琐的增强体预处理工序，简化了制备工艺。

原位反应制备金属基复合材料是在一定条件下，依靠合金成分设计，在合金体系内发生化学反应生成一种或几种高硬度、高弹性模量的陶瓷或金属间化合物增强体，而达到增强基体目的的工艺方法。

原位合成法有以下几种简单方法。

（1）气-液反应复合工艺。

（2）固-液反应复合工艺。固-液反应法是目前研究较广的一种复合工艺。一般是将反应物粉末与金属熔体混合，使加入粉末与金属熔体成分反应或自行分解，生成难熔的高硬度质点，均匀分散在基体中，形成复合材料。该复合工艺的特点是成本较低，反应材料种类较多，复合后的材料组织细密。

（3）固-固反应复合工艺。固-固反应复合工艺是通过固相间原子扩散来完成，通常温度较低，增强相的长大倾向较小，有利于获得超细增强相，但是该工艺效率较低。属于此方法的复合工艺有自蔓延高温合成法（SHS）、XDTM 法、接触反应法、混合盐反应法和机械合金化（MA）法等。

粉末真空包套热挤压法：该法采用快速凝固技术与粉末冶金技术相结合制备高硅含量铝基复合材料。由于 Al 活性很高，在快速凝固制粉时不可避免地会形成一层氧化膜，导致在致密化过程中合金元素的相互扩散受到阻碍，难以形成冶金黏结。因此，采用了粉末真空包套热挤压这一特殊的致密化工艺。

经粉末真空包套热挤压制备的高硅含量铝基复合材料，初晶硅相当细小，在 $2 \sim 3 \mu m$，且分布均匀弥散、致密度高。这主要因为快速凝固技术使合金熔体具有更高的冷却速度和更大的过冷度，合金熔体在凝固过程中可萌生出更多的晶核，且生长时间很短，从而使合金的微观组织得到显著细化。热挤压时强大的二向压应力产生高度的界面切应力作用，使粉末的表面氧化膜破碎、粉末发生移动，填充间隙，促进粉末颗粒之间通过咬合和黏结而形成良好的冶金结合，得到致密程度相当高的高硅含量铝基复合材料。随着挤压温度的提高，硅相有所长大，但是使 Al-Si 合金粉末固溶强化下降，粉末越容易挤压，促进 Al 相的流动和 Si 相的重排，从而减少材料内部大量存在的气孔、缺陷等造成的空隙；在热挤压过程中，硅相在强大的二向压应力作用下发生破碎，从而在一定的条件下抵消了硅相的长大，因此在经过热挤压后，高硅铝合金中的硅尺寸并没有因加热保温而显著增大。

9 铝基复合材料轻量化

铝基复合材料的轻量化主要围绕两个方面进行：一是泡沫铝；二是通过添加其他元素（如镁、锂及碳等），降低铝基复合材料的密度。

9.1 泡沫铝

泡沫铝是一种在金属铝基体中分布有无数气泡的多孔质材料。目前，日本与德国在研究、生产和应用泡沫铝与其他金属泡沫方面居世界领先地位。我国对泡沫铝材的研究始于20世纪80年代后期，已取得了一系列的研究成果，但尚未取得突破性的成就，所以仍然处于起步阶段，未形成生产力。

9.1.1 泡沫铝的制备方法

制备泡沫铝的方法有多种，根据制备过程中铝的状态可以分为三大类：液相法、固相法和电沉积法。

9.1.1.1 液相法

通过液态铝产生泡沫结构，可在铝液中直接发泡，也可用高分子泡沫或紧密堆积的造孔剂铸造来得到多孔材料。这种制备泡沫铝的方法称为液相法，主要有以下几种。

A 熔体发泡法

在铝液中直接产生气泡可得到泡沫铝。通常，气泡由于浮力而快速上升到铝液表面，但可以加入一些细小的陶瓷颗粒增加铝液黏度阻止气泡的上升。当前，熔体发泡主要有两种方法：直接从外部向铝液中注入气体；在铝液中加入发泡剂。

（1）直接注气法。各种泡沫铝合金都可用此法生产，包括铸造铝合金A359，锻造合金1061、3003、6061等。为了增加铝液黏度，需要加入碳化硅、氧化铝等颗粒。此方法的难点在于如何使颗粒被铝液润湿并均匀分布在液体中，颗粒的体积分数通常为10%~20%，颗粒尺寸为5~20μm。然后把气体（空气、氮气、氩气）通入铝液中，同时对液体进行搅拌使气泡细小并均匀分布，这一步工艺的好坏将直接影响产品质量。含有气泡的铝液将向液面上浮，由于颗粒的存在，液体中的气泡相对稳定。用转动皮带将表面半固态的泡沫拉出就得到泡沫铝板。这种方法优点是可以连续生产，可获得低密度、大体积的产品。缺点是要对泡沫板材进行剪切，造成泡沫开孔，同时由于颗粒的加入，使胞壁变脆，对力学性能产生不利影响。

（2）加发泡剂法。用发泡剂代替气体注入亦可得到泡沫铝。首先在 680℃ 的铝液中加入金属钙，对于实际生产，一般加入量为 1.5% ~ 3.0% （wt），搅拌几分钟增加液体黏度，钙的加入对铝液黏度有影响。钙也可用碳化硅等颗粒代替。黏度合适后，加入 TiH_2。在恒压下，TiH_2 分解出 H_2，液体膨胀泡沫化，冷却后即可得泡沫铝。TiH_2 可被 ZrH_2 等发泡剂代替。这种方法的优点是可制得非常均匀的泡沫，并且气孔平均尺寸和铝液黏度以及泡沫铝密度和黏度之间存在关系，使孔径可控。

B　固-气共晶凝固法

固-气共晶凝固法是近年来开发的一种新方法，依据是在 H_2 中的一些金属可形成共晶系统。在高压 H_2 下能获得含氢的均匀铝液，如果降低温度通过定向凝固将发生共晶转变，H_2 在凝固区域内含量增加，并且形成气泡。因为体系压力决定共晶组成，所以外部压力和氢含量必须协调好。最终孔的形状主要取决于氢含量、铝液外部压力、凝固的方向和速率、金属液的化学成分，通常沿凝固方向形成管状孔，孔直径为 $10\mu m$ ~ $10mm$，长度为 $100\mu m$ ~ $300mm$。

C　铸造法

（1）熔模铸造。熔模铸造工艺：先准备开孔的高分子泡沫，用耐热材料填充高分子泡沫。耐热材料可用莫来石、酚醛树脂、碳酸钙混合物或石膏等，然后通过加热除去高分子泡沫并将铝液铸入模型中来复原高分子泡沫的结构，这一步可以采用加压和加热模型的方法使细小孔洞得到充分填充，最后用水溶等方法除去耐热材料，即得到与原高分子泡沫相同结构的泡沫铝。此法的难点在于如何使铝液充分填充到模型中，以及如何在不破坏泡沫铝结构的同时除去耐热模型。优点是可制备多种泡沫金属，并且可以得到开孔结构，生产重复性好，有相对稳定的密度。

（2）渗流铸造。在无机或有机颗粒周围铸入铝液可制得多孔铝。无机材料可用蛭石、泥球、可溶性盐等，有机材料可用高分子颗粒。采用这种方法时，造孔剂堆积密度要高，以保证颗粒之间互相接触，以便将来除去；为了防止铝液在铸入时过早凝固，要将造孔剂预热。由于铝液具有大的表面张力，铝液很难成功铸入颗粒间隙中，所以可以先将造孔剂块体抽真空，然后加压渗透。待铝液凝固后，可用水溶法或热解法除去造孔剂。此法的优点是通过控制造孔剂颗粒大小来控制孔径大小，缺点是最大孔隙率不超过 80%。

9.1.1.2　固相法

用铝粉末代替液态铝同样可制得多孔材料。因为大部分固相法通过烧结使铝颗粒互相联结，铝始终保持在固态，所以此法生产的泡沫铝多数具有通孔结构。固相法主要有以下几种。

A 散粉烧结法

散粉烧结法包括三个过程：粉末准备，粉末压缩，粉末烧结。此方法多用于制备泡沫铜。由于铝粉表面具有的致密氧化膜将阻止颗粒烧结在一起，因此用散粉烧结法制备泡沫铝相对困难。这时可以通过变形手段破坏氧化膜，使颗粒更易黏结在一起；或加入镁、铜等元素在595~625℃烧结时形成低共熔合金。用散粉烧结制备的泡沫金属优点是工艺简单、成本低；缺点是孔隙率不高、材料强度低。如果用纤维代替粉末烧结同样可制得多孔材料。

B 粉浆烧结

粉浆烧结是把金属粉浆、发泡剂、活性添加剂混合后注入模子中逐渐升温，在添加剂、发泡剂影响下，浆开始变黏，并随产生的气体开始膨胀。如果工艺参数控制得当，经烧结后就可得到一定强度的泡沫金属。对于铝粉，可以用正磷酸加氢氧化铝充当发泡剂。该法存在的主要问题是制得的泡沫材料强度不高并有裂纹。如果把粉浆直接灌入高分子泡沫中，通过升温把高分子材料热解，烧结后同样可制得开孔泡沫材料。

C 添加造孔剂法

Bram等人用高分子球、镁颗粒、尿素作为造孔剂制备了多孔钛。由于铝表面致密的氧化层使颗粒之间在烧结时结合困难，所以用此法制备泡沫铝并不多。由于镁的加入可以有效消除氧化层的影响，赵玉园等人用类似方法制得泡沫铝，称为烧结溶解法。基本过程为：（1）将铝粉、氯化钠颗粒、少量镁粉混合；（2）将混合粉压制成块；（3）对压制的预制块进行烧结；（4）烧结件在水中溶去氯化钠。

D 粉末冶金法

由于此法的原料是金属粉末，所以将其列入固相法。但此法实际的发泡阶段是在液相，因此也可将其列入液相法。本书将其列入固相法介绍。粉末冶金法自发明以来，备受人们关注，许多泡沫铝性能的研究均用此法制备试样，例如热处理性能、压缩性能等。首先把铝粉、发泡剂混合后压制成致密的预制块，预制块中不能存在残留气孔或缺陷，否则将对产品质量造成很大影响。然后将预制块放入炉中加热，加热至铝熔点温度附近，发泡剂开始分解，释放的气体将使铝预制块膨胀，形成多孔结构。发泡时间依据发泡温度和预制块大小而定，一般从几秒到几分钟。这种方法适于制备各种泡沫金属，如纯铝和各种铸造、锻造铝合金，以及锡、青铜、铅等其他金属。发泡剂一般用TiH_2等金属氢化物，加入量通常小于1%。粉末冶金法的优点是工艺简单，并且可制备形状复杂的金属泡沫。缺点是TiH_2等发泡剂价格昂贵。

9.1.1.3　电沉积法

电沉积法是以泡沫塑料为基底，经导电化处理后，电沉积铝制成。可通过浸涂导电胶、磁控溅射锡膜或化学镀膜等方法使泡沫塑料导电。由于铝的电极电位比氢还负，所以不可以采用铝盐水溶液电镀，可采用烷基铝镀液。用电沉积法生产的泡沫铝具有孔径小、孔隙均匀、孔隙率高等特点，其隔热性能和阻尼特性优于铸造法生产的泡沫铝。

9.1.2　泡沫铝的性能

泡沫铝的性能主要取决于分布在三维骨架间的孔隙特征，即气孔的形态和分布，包括孔的类型（通孔或闭孔）、孔的形状、孔的分布、孔的结构（孔径、孔隙率、密度等）。

9.1.2.1　物理性能

泡沫铝最明显的特点就是质量轻、密度低，随孔的变化而变化。密度仅为同体积铝的 0.1 ~ 0.6 倍，但其牢固度却比泡沫塑料高达 4 倍以上。泡沫铝材料的导电性要比实心铝材料小得多，相反电阻率就大得多，是电的不良导体。泡沫铝的导热性能比实心铝小得多，约为实心铝的 0.1 ~ 0.2 倍。另外，泡沫铝还具有刚性大、不易燃、不易氧化、不易产生老化、耐候性好、回收再生性好等特点。

对于承受弯曲负载的装置，所用材料应具有较高的比强度，通过对泡沫铝和几种常见结构材料（铝、钢）的比强度值（泡沫铝：铝：钢 = 5：2.5：1）比较，可知泡沫铝具有高比强度的特点。实验研究表明，适当的热处理可以提高其比强度。因此，泡沫铝可用于承受较大的弯曲负载装置中。

9.1.2.2　力学性能

同其他多孔材料一样，泡沫铝的弹性模量、剪切模量、弹性极限等均随孔隙率的增大而呈指数函数下降。

A　抗拉强度

泡沫铝的抗拉强度很低，几乎无延伸率，表现为半脆性。实验发现孔径大小对其拉伸性能有一定的影响。相对密度相同时，孔径小的拉伸强度比孔径大的高。

B　抗压强度

泡沫铝的抗拉强度虽然很低，但它的抗压强度却较高。泡沫铝压缩应力-应变曲线（见图 9-1）可以分 3 个区域：线弹性区、屈服平台区、致密化区。孔径不同的泡沫铝的压缩应力-应变曲线形状基本相似，不同主要表现在塑性平台的高度上。实验发现，孔径大小与塑性平台的高度并不是某种简单的线性关系，而是在某一孔径下塑性平台最高。由泡沫铝的抗压强度与其密度及压缩率之间的关系图可知，密度增加，抗压强度增加。

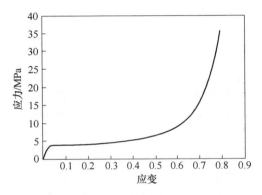

图 9-1　泡沫铝压缩应力-应变曲线

C　吸能特性

多孔结构材料可用作能量吸收材料。单位质量小、能量吸收能力大的材料就具有较大的作用。泡沫铝单位质量小、强度较高，因此泡沫铝具有很高的能量吸收能力。泡沫铝在压缩过程中，有高而宽的应力平台，可以在基本恒定的应力下通过应变来吸收能量。吸能能力由应力应变曲线下方的面积来求，因此屈服平台高而宽时，吸能能力越大。孔径大小对屈服平台的高度有一定的影响，所以可以找到一个合适的孔径，使屈服平台较高来提高其吸能能力。另外，其吸能能力随孔隙率呈非单调变化，在某一孔隙率下具有最大的吸能能力。

D　阻尼性能

材料的阻尼性能是指材料由于内部的原因，将机械振动能不可逆地转化为热能的本领。利用材料的这种本领，可减小所不希望的噪声和振动。根据 Zener 的经典理论，提高金属材料阻尼性能的重要途径之一，就是设法使缺陷之间的交互作用达到最大，以获得最大的线性阻尼，或将力学放大机制引入材料，以获得较高的非线性阻尼。多孔材料显然符合高阻尼材料的组织特征，而且实验已经证明孔洞的存在，可在某些非金属或金属材料的阻尼响应中发挥重要作用。

泡沫铝作为一种宏观多孔材料，由金属骨架和孔隙组成，组织极不均匀，应变强烈滞后于应力，压缩应力-应变曲线中包含一个很长的平稳段，因而它是一种具有高能量吸收特征的轻质高阻尼材料，在消声减振等领域有着可观的应用前景。实验研究发现：（1）孔径一定时，泡沫铝的内耗随孔隙率的增大而增大；（2）孔隙率一定时，泡沫铝的内耗随孔径的减小而增大；（3）泡沫铝的内耗与应变振幅密切相关，随振幅的增大而增大；（4）泡沫铝的内耗在低频范围内与频率的变化无显著关系。

在低阻尼的铝中加入大量孔洞以后，可以显著提高其阻尼本领，这是孔洞本身弹性模量近乎为零的软质性以及孔洞与基体之间形成的大量界面引起的。另外泡沫铝内部还存在其他大量微观和宏观的缺陷，铝的阻尼机制是其缺陷的综合效应，缺陷阻尼是其主要的阻尼机制。

　　E　吸声性能

泡沫铝材料尤其是通孔泡沫铝，当声音透过泡沫铝时，由于声波也是一种振动，可以在材料内部发生散射、干涉和漫反射，将声音吸收在其气孔中，使内部骨架振动，声能部分转化为热能并且通过热传递消耗掉，起到了吸声的作用。因此，泡沫铝具有良好的声音吸收能力。吸声性能用吸声系数来衡量。声波遇到壁面或其他障碍物时，一部分声能被反射，一部分声能被壁面或障碍物吸收转化为热能而消耗，还有少部分声能透射到另一侧，而某种材料或结构的吸声能力大小用吸声系数衡量。吸声系数越大则吸声性能越好，泡沫铝的吸声性能主要取决于孔隙特征，通孔吸声性能较好。孔越细小，吸声性能越好。

9.1.3　泡沫铝的应用

9.1.3.1　建筑材料

由于泡沫铝的单位体积重量轻，防音防振、耐火不燃、保温等性能，所以能用它来建造不承重的内墙壁、间壁墙、门、天花板、外面的装饰材料等。此外，也能够利用到任何要求气密、通气性能好的建筑中。要用来做表面装饰时，也能做到泡沫塑料、大理石和其他装饰材料的效果、在电子计算机室、理化试验室等的配线配管经常变动的情况下，适于建造所谓的移动地板。目前用的是蜂窝结构材料、压铸材料等，但可以用泡沫铝代替。大型建筑物的外装，在高层上是极力避免使用重量大的材料的，泡沫铝正好适合这种需要。其不仅重量轻，而且可使外表设计自由。对强度有特殊要求时，可以利用加入钢筋制作的泡沫铝。

9.1.3.2　装饰材料

泡沫铝可以采用任意设计来作为建筑物内外和其他的装饰材料，也能够做成具有如石质、大理石、木材、玻璃等材料的式样。由于用它造成的雕刻物、塑像和其他物件造型既大又轻，搬运起来是极容易的。

9.1.3.3　防音材料

泡沫铝可以作为壁面来调整广播、音乐、讲堂、剧场等的音响效果。在产业部门适合作为发电室、发动机试验室、飞机场的防音、发音机械的平台等材料。日常生活中被用来作为唱机、立体摄影机的结构零件，室内冷却器的防音、旅馆等的防音部件等。

9.1.3.4 抗振材料

对于用做汽车缓冲器及其他附带零件，以把冲撞减缓下来达到安全目的，泡沫铝是最好的材料。与此相反，泡沫铝也能用来作为沿路的设备发生冲撞时的缓和振动材料。泡沫铝也是搬运、安装沉重且贵重物件的理想防振材料。阿波罗11号的LM在月球表面着陆时起落架下用的就是这种材料，目的是适应着陆时月面的凹凸，并以泡沫铝的破坏来缓和振动。此外，其也适用作为贵重物品的垫板材料。

9.1.3.5 模型材料

由于泡沫苯乙烯模型及其他高温下使用的大型模型在操作上可以减轻重量，所以能用这种材料。试制汽车和其他大型的模型时，历来用的是蜂窝结构及其他材料，但是它有成本高的缺点，而泡沫铝则价格低又容易整形，并且在模型变化时，对于重复试制是非常适合的。

9.1.3.6 在汽车制造业上的应用

泡沫铝优良的性能，决定了它具有广泛的用途和广阔的应用前景。尤其是在汽车制造业上的应用，泡沫铝被认为是一种大有前途的未来汽车与其他交通运输工具的良好材料。为了保护地球环境和自然资源，欧洲、北美、日本等发达国家已制订出法律法规来提高汽车的燃油效率。减轻自重是提高燃油效率的最佳方法，减轻汽车自重的方法有：（1）改进结构；（2）轻量化材料。前者已大致到了尽头，只有后者才有潜力可挖，这就为泡沫铝材料的开发应用提供了很好的机会。欧洲经济共同体实行的光明欧洲计划就是研究泡沫铝在汽车上的应用。自重减小1kg，燃油效率可提高0.01km/L。目前国外已有全铝汽车出现，与铝相比泡沫铝材料具有更轻量化的特点，可以更好地提高燃油效率。

国外研究表明，采用泡沫铝材构件，汽车构架的刚度得到加强。在汽车制造中约有20%的车身结构可采用泡沫铝制造，一辆中型轿车用泡沫铝制造零件可减重27.2kg左右，同时使结构系统简化，零部件数量至少可减少1/3，降低了汽车成本。泡沫铝材料是一种良好的能量吸收体，单位体积吸收的能量可达6～9MJ，强大的能量吸收能力说明了它作为汽车保险杠缓冲材料的优越性。在汽车冲击区使用泡沫铝制成的合适元件，可控制最大能耗的变形。例如，在中空钢材或铝材外壳中充入泡沫铝，可使这些部件在负载期间具备良好的变形行为。泡沫铝材料用于汽车乘客座位前后的可变形材料可以改善安全性。泡沫铝耐热、阻燃，同时，在受热状态下不会释放有毒气体，所以在交通运输工具中采用泡沫铝材料来代替泡沫塑料或发泡树脂材料，可以提高使用寿命，减少维修，同时也消除了传统材料在车辆事故中所产生的有害气体，大大降低了交通事故中的损失和人员伤亡，同时也起到了环保作用。

目前，对泡沫铝的研究虽然比较深入、系统，而且在某些领域已得到了广泛的应用，但是还没有完全达到工业化使用的需求，尤其是在应用方面的汽车工业中几乎都未达到完善的成熟阶段。国外对该领域的研究已相当深入、系统，与国外相比，我国对泡沫铝材料的研究起步较晚，研究尚处于实验范围内，所以我国今后还应进一步加强泡沫铝材料的研究。

9.2　铝合金——汽车轻量化首选材料

9.2.1　汽车轻量化背景

9.2.1.1　轻量化的必然性

在传统能源逐渐趋于枯竭的今天，特别是石油资源的逐渐匮乏，导致了新一代汽车革命：（1）开发新能源动力汽车，比如电力汽车；（2）将传统汽车轻量化。汽车质量每减轻 1%，可节省燃料消耗 0.6% ~ 1.0%；同时，车辆每减重 100kg，CO_2 排放量约减少 5g/km，在轿车中每使用 1kg 铝，可在其使用寿命期内减少 20kg 尾气排放；汽车尾气排放与油耗成正比相关。

除了能源与环保方面的因素外，现有汽车越来越高级，附加装置也越来越多，同样使得汽车轻量化成了必然。

9.2.1.2　汽车轻量化的主要对象

由表 9-1 可知：发动机、底盘、车身及内外装占轿车总质量的比例较大，减重潜力也较大。轿车车身是轿车中重量较大的部件，约占汽车总重量的 30%，所以车身的铝化举足轻重。图 9-2 为采用铝合金的车身减重效果图。

表 9-1　轿车各部分的质量比例

名　　称	发动机	底盘（除传动系统）	车身	传动系	内装外装	其他
质量比例/%	10 ~ 15	19 ~ 24	20 ~ 28	5 ~ 10	20 ~ 25	8 ~ 13

9.2.1.3　汽车轻量化的手段

汽车轻量化的手段包括两种：（1）优化汽车车身框架结构；（2）用高强度轻质材料代替传统的钢铁材料。

汽车用高强度轻质材料主要有：高强度钢板、铝合金、镁合金、钛合金、高分子材料、新型复合材料等。

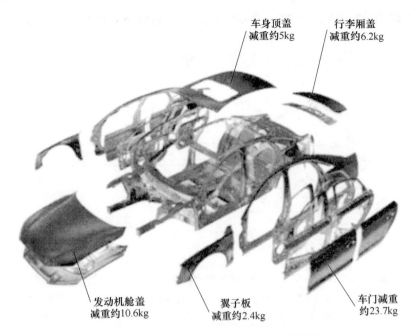

车身顶盖
减重约5kg

行李厢盖
减重约6.2kg

发动机舱盖
减重约10.6kg

翼子板
减重约2.4kg

车门减重
约23.7kg

图 9-2 应用铝合金车身板的减重效果图

9.2.2 铝合金基础知识

9.2.2.1 铝合金的特点

铝的密度小（2.7g/cm³），约为钢（7.8g/cm³）的 1/3。用铝合金代钢铁可减重 50% 左右。由于铝的表面易氧化形成致密而稳定的氧化膜（钝化），所以耐蚀性好。铝有较好的铸造性，铝由于融化温度低、流动性好，易于制造各种复杂形状的零件。铝中加入一种或几种元素后即构成铝合金，铝合金相对于纯铝可以提高强度和硬度，除固溶强化外，有些铝合金还可以热处理强化，使有些铝合金的抗拉强度可超过 600MPa，导热率和导电率是钢的 3 倍。

9.2.2.2 铝合金分类

根据合金元素在铝合金中的固溶度（见图 9-3）和加工工艺特性，可将铝合金分为变形铝合金和铸造铝合金两大类。

变形铝合金又叫形变铝合金，能承受压力加工。可加工成各种形态、规格的铝合金材。主要用于制造航空器材、建筑用门窗等。变形铝合金又分为不可热处理强化型铝合金和可热处理强化型铝合金。不可热处理强化型不能通过热处理来提高机械性能，只能通过冷加工变形来实现强化，它主要包括高纯铝、工业高纯铝、工业纯铝以及防锈铝等。可热处理强化型铝合金可以通过淬火和时效等热处理手段来提高机械性能，它可分为硬铝、锻铝、超硬铝和特殊铝合金等。

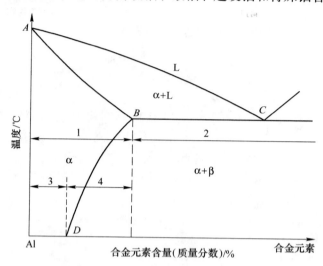

图 9-3　铝二元系相图

1—变形铝合金；2—铸造铝合金；3—不可热处理强化的铝合金；
4—可热处理强化的铝合金

铸造铝合金按化学成分可分为铝硅合金、铝铜合金、铝镁合金、铝锌合金和铝稀土合金，其中铝硅合金又有过共晶硅铝合金、共晶硅铝合金和单共晶硅铝合金，铸造铝合金在铸态下使用。

A　变形铝合金

一系：1000 系列铝合金代表 1050、1060、1100 系列。在所有系列中 1000 系列属于含铝量最多的一个系列。纯度可以达到 99.00% 以上。由于其不含有其他技术元素，所以生产过程比较单一，价格相对比较便宜，是目前常规工业中最常用的一个系列。市场上流通的大部分为 1050 以及 1060 系列。1000 系列铝板根据最后两位阿拉伯数字来确定这个系列的最低含铝量，比如 1050 系列最后两位阿拉伯数字为 50，根据国际牌号命名原则，含铝量必须达到 99.5% 以上方为合格产品。我国的铝合金技术标准（GB/T 3880—2006）中也明确规定 1050 含铝量达到 99.5%。同样的道理 1060 系列铝板的含铝量必须达到 99.6% 以上。

二系：2000 系列铝合金代表 2024、2Al6（LY16）、2A02（LY6）。2000 系列铝板的特点是硬度较高，其中以铜元素含量最高，大概在 3% ~ 5%。2000 系列铝棒属于航空铝材，在常规工业中不常应用。

三系：3000 系列铝合金代表 3003、3A21 为主。我国 3000 系列铝板生产工艺较为优秀。3000 系列铝棒是由锰元素为主要成分。含量在 1.0% ~ 1.5% 之间，是一款防锈功能较好的系列。

四系：4000 系列铝棒代表为 4A01。4000 系列的铝板属于含硅量较高的系列。通常硅含量在 4.5% ~ 6.0% 之间，属于建筑用材料、机械零件锻造用材、焊接材料。特点为低熔点、耐蚀性好，且耐热、耐磨。

五系：5000 系列铝合金代表 5052、5005、5083、5A05 系列。5000 系列铝棒属于较常用的合金铝板系列，主要合金元素为镁，含镁量在 3% ~ 5% 之间，又可以称为铝镁合金。主要特点为密度低，抗拉强度高，延伸率高，疲劳强度好，但不可做热处理强化。在相同面积下铝镁合金的重量低于其他系列。在常规工业中应用也较为广泛。在我国，5000 系列铝板属于较为成熟的铝板系列之一。

六系：6000 系列铝合金代表 6061。主要含有镁和硅两种元素，故集中了4000 系列和 5000 系列的优点。6061 是一种冷处理铝锻造产品，适用于对抗腐蚀性、氧化性要求高的应用。优点为可使用性好，容易涂层，加工性好。

七系：7000 系列铝合金代表 7075，主要含有锌元素。也属于航空系列，是铝镁锌铜合金，是可热处理合金，属于超硬铝合金，有良好的耐磨性。也有良好的焊接性，但耐腐蚀性较差。

八系：8000 系列铝合金较为常用的为 8011，属于其他系列，大部分应用为铝箔，生产铝棒方面不太常用。

九系：9000 系列铝合金是备用合金。

B　铸造铝合金

铸造铝合金（ZL）按成分中铝以外的主要元素硅、铜、镁、锌分为四类，代号编码分别为 100、200、300、400。

纯铝与铝合金牌号见表 9-2。

表 9-2　纯铝与铝合金牌号

组　　别	牌号系列
纯铝（铝含量不小于 99.00%）	1 × × ×
以铜为主要合金元素的铝合金	2 × × ×
以锰为主要合金元素的铝合金	3 × × ×
以硅为主要合金元素的铝合金	4 × × ×
以镁为主要合金元素的铝合金	5 × × ×
以镁和硅为主要合金元素并以 MgSi 相为强化相的铝合金	6 × × ×
以锌为主要合金元素的铝合金	7 × × ×
以其他合金元素为主要合金元素的铝合金	8 × × ×
备用合金组	9 × × ×

铝及铝合金的分类还有如图 9-4 和图 9-5 所示的方式。

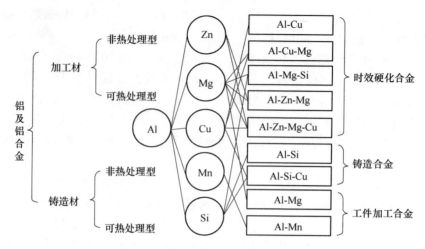

图 9-4 铝合金分类（按所含元素）

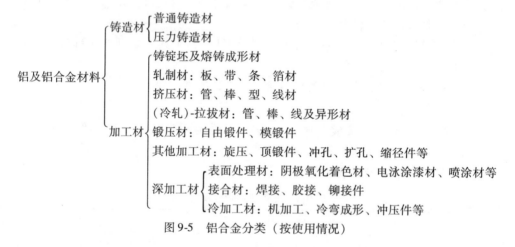

图 9-5 铝合金分类（按使用情况）

9.2.2.3 铝合金基础代号

铝合金基础状态代号的基本原则如下：

（1）基础状态代号用一个英文大写字母表示；

（2）细分状态代号采用基础状态代号后跟一位或多位阿拉伯数字表示。

表 9-3 给出了基础代号、名称及说明与应用。以 H 的细分状态为例，说明铝合金基础代号所表示的意义。

在字母 H 后面添加两位阿拉伯数字（H××），或三位阿拉伯数字（H×××）表示细分状态。

H 后面的第一个数字表示该状态的基本处理顺序，如：H1，表示未经附加热处理，只经加工硬化即得所需强度的状态；H2 表示加工硬化及不完全退火的状态，适合于加工程度超过成品规定的要求后，经不完全退火，使强度降低到规定指标的产品。H1 和 H2 具有相同的最小极限抗拉强度值，但延伸率 H2 比 H1 稍高。

表9-3　铝合金基础代号、名称、说明与应用

代号	名　称	说明与应用
F	自由加工状态	适用于在成型过程中，对加工硬化和热处理条件无特殊要求的产品，对该状态产品的力学性能不作规定
O	退火状态	适用于经完全退火获得最低强度的加工产品
H	加工硬化状态	适用于通过加工硬化提高强度的产品，产品在加工硬化后可经过（也可不经过）使强度有所降低的附加热处理。H 代号后面必须跟有两位或 3 位阿拉伯数字
W	固溶热处理状态	一种不稳定状态，仅适用于经固溶热处理后，室温下自然时效的合金，该状态代号仅表示产品处于自然时效阶段
T	热处理状态（不同于 F、O、H）	适用于热处理后，经过（或不经过）加工硬化达到稳定状态的产品。T 代号后面必须跟有一位或多位阿拉伯数字

H 后面第二个数字表示产品的加工硬化程度；第三个数字用来表示硬状态，一般硬状态用数字 8 表示。对于 O（退火）和 H×8 之间的状态，应该在 H×代号后面分别添加从 1 到 7 的数字来表示，在 H×后面添上数字 9，就表示比 H×8 加工硬化程度更大的硬化状态。

9.2.2.4　铝及铝合金热处理分类

铝及铝合金的热处理工艺包括退火、淬火、时效、回归等工艺（见图9-6）。

退火：产品加热到一定温度并保温到一定时间后以一定的冷却速度冷却到室温。通过原子扩散、迁移，使之组织更加均匀、稳定，内应力消除，可大大提高材料的塑性，但强度会降低。

固溶淬火处理：将可热处理强化的铝合金材料加热到较高的温度并保持一定的时间，使材料中的第二相或其他可溶成分充分溶解到铝基体中，形成过饱和固溶体，然后以快冷的方法将这种过饱和固溶体保持到室温，它是一种不稳定的状态，因处于高能位状态，溶质原子随时有析出的可能。但此时材料塑性较高，可进行冷加工或矫直工序。

时效：经固溶淬火后的材料，在室温或较高温度下保持一段时间，不稳定的过饱和固溶体会进行分解，第二相粒子会从过饱和固溶体中析出（或沉淀），分布在 α(Al) 铝晶粒周边，从而产生强化作用，称其为析出（沉淀）强化。

回归：时效型合金在时效强化后，于平衡相或过渡相的固溶度曲线以下某一温度加热，时效硬化现象会立即消除，硬度基本上恢复到固溶处理状态，这种现象称为回归。合金回归后，再次进行时效时，仍可重新产生硬化，但时效速度减慢，其余变化不大。

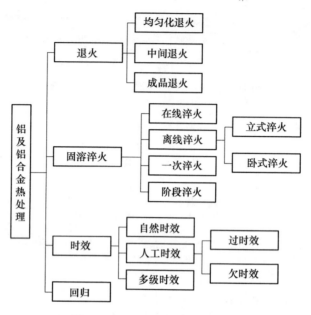

图 9-6　铝及其合金热处理工艺

铝合金热处理技术就是选用某一热处理规范，控制加热速度升到某一相应温度下保温一定时间，以一定得速度冷却，改变其合金的组织，其主要目的是提高合金的力学性能，增强耐腐蚀性能，改善加工性能，获得尺寸的稳定性。

众所周知，对于含碳量较高的钢，经淬火后立即获得很高的硬度，而塑性则很低。然而对铝合金并不然，铝合金钢淬火后，强度与硬度并不立即升高，至于塑性非但没有下降，反而有所上升。但这种淬火后的合金，放置一段时间（如 4~6 昼夜）后，强度和硬度会显著提高，而塑性则明显降低。淬火后铝合金的强度、硬度随时间增长而显著提高的现象，称为时效。时效可以在常温下发生，称自然时效；也可以在高于室温的某一温度范围（如 100~200℃）内发生，称人工时效。

铝合金的时效硬化是一个相当复杂的过程，它不仅决定于合金的组成、时效工艺，还取决于合金在生产过程中造成的缺陷，特别是空位、位错的数量和分布等。目前普遍认为时效硬化是溶质原子偏聚形成硬化区的结果。

铝合金在淬火加热时，合金中形成了空位，在淬火时，由于冷却快，这些空位来不及移出，便被"固定"在晶体内。这些在过饱和固溶体内的空位大多与溶质原子结合在一起。由于过饱和固溶体处于不稳定状态，必然向平衡状态转变，空位的存在，加速了溶质原子的扩散速度，因而加速了溶质原子的偏聚。

硬化区的大小和数量取决于淬火温度与淬火冷却速度。淬火温度越高，空位浓度越大，硬化区的数量也就越多，硬化区的尺寸减小。淬火冷却速度越大，固溶体内所固定的空位越多，有利于增加硬化区的数量，减小硬化区的尺寸。

沉淀硬化合金系的一个基本特征是随温度变化的平衡固溶度，即随温度增加固溶度增加，大多数可热处理强化的铝合金都符合这一条件。

9.3　汽车用铝合金现状

9.3.1　在汽车上的应用范围

铸造铝合金与变形铝合金都在汽车中获得了应用，但是以前者为主。当前铝合金的铸件主要用于制造发动机零部件、壳体类零件和底盘上的其他零件。如轿车发动机缸体、缸盖、离合器壳、保险杠、车轮、发动机托架等几十种零件。变形铝合金适合压力加工，通过冷变形和热处理可使其强度进一步提高。可制成板材、管材、棒材以及各种形状的型材。铝合金在汽车上的应用如图9-7 所示。

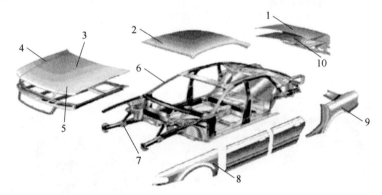

图 9-7　铝合金在汽车上的应用

1—5083 系列超塑性变形铝；2，4—6000 系列；3—5754 系列连铸；5—5000 系列；

6—6000 系列挤压型材 6003、6061、6N01；7—高强度铝真空压铸件；

8，9—5083 系列超塑性变形铝；10—5182 系列超塑性变形铝

变形铝合金主要用于汽车车身。包括：发动机罩、车顶棚车门、翼子板、行李箱盖、地板、车身骨架及覆盖件。

过去用于轿车车身的铝合金主要有 Al-Cu-Mg（2000 系）、Al-Mg（5000 系）、Al-Mg-Si（6000 系）三大系列。

除标准铝合金外，一些铝合金公司与汽车制造者还研发了一批具有某些特殊性能的非标准铝合金。1×××系 ~8×××系在汽车制造中都或多或少的获得了应用。

图 9-8 ~ 图 9-24 给出了国外一些企业研发的铝合金在汽车领域应用的实例。

图 9-8　美国生产的全铝自卸车

图 9-9　铝材料制造的油罐车（美国）

图 9-10　全铝公共汽车铝件的减重效果标示图

（美铝与宇通合作研发的新一代节能环保大巴的铝合金挤压框架结构。与钢结构相比，框架、轮毂、
车身钣金件内饰件分别减重 800kg、170kg、550kg、400kg，合计减重近 2t。减重近 46%）

1—车身框架；2—内饰型材；3—车身覆盖件；4—轮毂

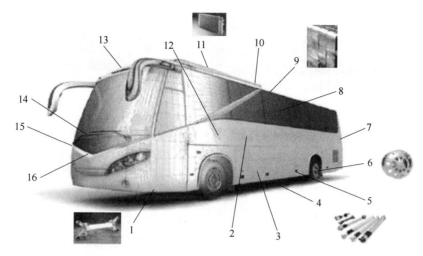

图 9-11　美铝公司和宇通公司合作研发的全铝公共汽车用铝部位图

1—铝制底盘结构件；2—铝制外置盖件；3—铝制行李箱门；4—传动轴套；5—全铝油箱；6—锻造铝轮毂；

7—铝制后厢盖板；8—内装铝制型材；9—铝制车顶蒙皮；10—透光天窗框架；11—热交换系统；

12—致光铝制盖板；13—骨架、框架；14—铝制饰条；15—铝制条形地板；16—标志

图 9-12　沃尔沃 S70 的车门外板

图 9-13　宝马 M3 的发动机盖板

图 9-14　全铝轿车车身空间
框架示意图

图 9-15　使用 Novelis Fusion AF350
生产的汽车车门内板

图 9-16　奥迪的空间框架铝合金车身结构技术

图 9-17　宝马系列轻量化发动机

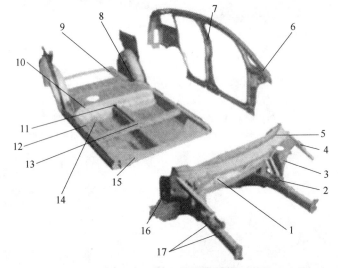

图 9-18　铝合金车身结构

1—前车身；2—踏板横梁；3—减振支柱的支承座；4—挡泥板座架；5—前隔板；6—侧部结构；7—B 柱；
8—铸件连接件；9—后纵梁；10—后座椅横梁；11—隧道梁；12—侧梁；13—前座椅横梁；
14—后车身和中底板结构；15—前隔板横梁；16—前挡泥板；17—纵梁

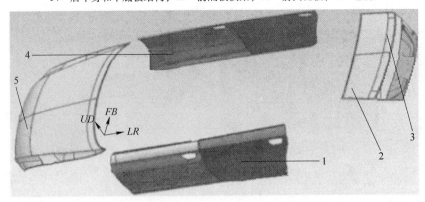

图 9-19　中汽轿车车身外覆盖件铝板冲压件

1—后门外板；2—行李箱盖外板 1；3—行李箱盖外板 2；4—前门外板；5—发动机罩外板

图 9-20 沃尔沃越野车纵梁

图 9-21 宝马汽车后车架

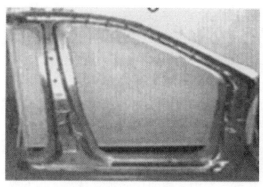

图 9-22 奥迪公司的侧面车架

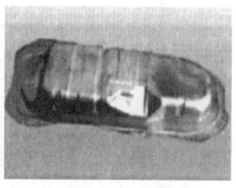

图 9-23 奥迪公司的油底壳

图 9-24 国外品牌汽车铝合金防撞梁、吸能盒

9.3.2　应用现状

9.3.2.1　国外的应用现状

1994~2006 年美、日、欧洲单车用铝量如图 9-25 所示。

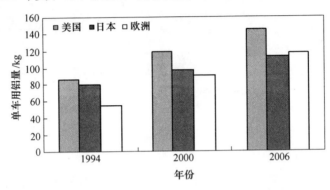

图 9-25　1994~2006 年美、日、欧洲单车用铝量

美国：1994 年每辆车用铝量为 87kg，2000 年每辆车用铝量达到 116kg，2006 年每辆车用铝量达到了 145kg。2000 年到 2006 年的 6 年中的年平均增长率为 3.7%。

同期（2006 年），欧洲、日本轻型汽车中每辆车的用铝量分别为 259.28 磅（117.6kg）和 251.33 磅（114.0kg），可见，2000 年到 2006 年的几年当中，欧洲是汽车用铝发展最为迅速的地区，达到了平均年增长率 5%。

在近年来出现的全铝车身以及铝密集型汽车中，铝的比例越来越高。以福特 P2000 为例：其在白车身和外板上均使用铝合金，用铝量达到了 332kg。奥迪 A8 则达到了创纪录的 546kg。

车身板用铝合金：用铝合金材料来制造汽车车身板，要求既具有一定的强度性能，又具有良好的冲压成型性能，还要具有良好的焊接性能、抗腐蚀性能，可以在涂漆后的烘烤期间发生完全的沉淀硬化作用。

车身框架用铝合金：近年来提出的全铝车身结构中，车体结构上大多数采取无骨架式结构和空间框架式结构，以铝挤压型材为主体的空间框架结构大有发展前途。挤压型材主要是采用空心材。

不同铝合金在汽车应用领域不同，比如：

（1）2×××系铝合金：2000 系铝合金属于 Al-Cu-Mg 系，具有优良的锻造性，高的强度，良好的焊接性能，可热处理强化等特点。但其抗蚀性比其他铝合金差。2000 系合金中，2036 合金已广泛用于生产车身板。目前 2036 和 2022 合金已部分用于汽车车身板材，如法国贝西内公司 2000 系的 AU2G-T4，美国雷伊路菲公司的 2036-T4 等。

（2）5×××系铝合金：5000 系合金中 Al-Mg 合金具有良好的抗腐蚀性和焊接性能，但退火状态的 Al-Mg 合金在加工变形时可能产生德斯线和延迟屈服，因此主要用于车身内板等形状复杂的部位。目前，HANV 金属公司开发的 HANV5182-0 材料、美国 ALCOA 公司开发的 X5085-0 及 5182-0 等材料已用于汽车车身内板。

（3）6×××系铝合金：6000 系铝合金强度高、塑性好，具有优良的耐蚀性，综合性能好。美国 20 世纪 70 年代就研制了 6009 和 6010 汽车车身板铝合金，塑性好，成型后经喷漆烘烤可实现人工时效强化获得更高的强度，用于汽车的内外层壁板，目前已在轿车上广泛使用。奥迪 A8 的车身板采用了本系铝合金。

另外为增强汽车的缓冲能力和增强抗疲劳强度，德国 VAW、日本 KOK、中国西南铝加工集团均以此系合金为基础，研制和开发了高性能的汽车用铝板和铝型材。这种复杂断面形状的铝合金型材，不仅具有质量轻、强度高和抗冲击性好等特点，而且具有很好的挤压成型性能，容易制作，所以在汽车上将得到广泛应用。

目前，国外铝制车体大型材用铝合金主要采用 6000 系列合金，如 6009、6010、6111、6181A 等，美国汽车制造多选用具有较高强度的 6111，欧洲更多采用具有较好成型性能的 6016。日本为了达到缓冲目的，增加抗冲击强度，十分注重使用 6000 系的高强度合金"口"、"日"、"工"、"田"字形状的薄壁和中空型材，研制开发高性能的汽车用铝板和增强缓冲性能的铝挤压型材。

美国通用公司的 IMPACT 牌轿车车身是铝材制造的。整个车身零件仅 168 种（原型为 225 种，最少的也有 200 种以上），冲压件占 40%，车身有 2000 个焊点，120 个铆接点，质量仅 134kg。IMPACT 的基本结构是一个被挤压的铝制模型，其大部分由高强度胶粘剂和常规焊接来黏合。

德国：奥迪车系。奥迪 A8 第一代／新奥迪 A8 第二代铝合金 ASF 车身如图 9-26 所示。

图 9-26　奥迪 A8 第一代／新奥迪 A8 第二代铝合金 ASF 车身

早在 1994 年奥迪汽车公司开发了第一代奥迪 A8 全铝空间框架结构（ASF），ASF 车身超过了现代轿车钢板车身的强度和安全水平，但汽车自身的重量减轻了大约 40%。随后于 1999 年在这里诞生的奥迪 A2，成为首批采用该技术的量产车。该车车身采用全铝空间框架，前柱采用高压铸铝新技术制成。它的车身重 895kg，比这种款式同样大小的车的通常重量轻 150kg。燃油消耗也低于那些相似性能的车。

2011 年奥迪 A8 整个车车身重 300.7kg，相当于普通 B 级车身质量的 80%。车身铝合金板钣金件 47.6%；车身挤压型材结构件 18.5%；车身铸造铝合金连接件 27%；其他 6.9%；铝合金板钣金件 155 件；挤压铝型材件 30 件；铸铝件 25 件。

在全新一代 A8 上，ASF 车身也经过了改良，部分铝合金的厚度比老款的更薄，车身重量也因此降低了 6.5kg。此外，新奥迪 A8 的车身在更轻的同时，整体刚性也比老款提升了 25% 左右。

ASF 车身在构造上遵循了仿生学原理（见图 9-27），从自然界中吸取灵感。车身骨架由铝制的挤压型型材和压铸零件构成。

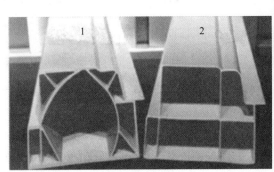
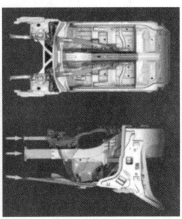

图 9-27　ASF 框架及仿生学结构
1—仿生结构型材；2—普通结构型材

由铝挤压成型的多种盒形断面的梁构成空间框架称为 ASF。这种梁有直的也有弯曲的，梁的壁厚比相同尺寸的钢要增加一倍。ASF 全铝车身的各部件通过冲压铆接、自攻螺钉和黏结等方式连接，组装自动化水平已达 80%。

日本：日本的 NSX 超级跑车（见图 9-28）。

NSX 于 1991 款车型正式发售，首批量产车型配置全铝底盘和车身，在保持和钢制车身同等强度下，自重却减轻了 200kg。

图 9-28　NSX 超级跑车

9.3.2.2　国内的应用现状

我国已经成为世界汽车工业大国，2017 年我国汽车产销量分别为 2901.5 万辆和 2887.9 万辆。因此汽车车身用铝的研究和开发必将带来巨大的经济效益和社会效益。国内单车的铝合金用量在 6% 左右，与国外还有一定的差距，基本以铸造铝合金为主。由于成本、零部件资源等因素的限制，变形铝合金（锻造铝合金和铝合金板材）的应用受到一定的制约。

国内汽车用铝材发展也不平衡，铝轮毂发展过热，汽车车身板材基本处于空白。我国汽车车身用铝还处于研制、引进、吸收、消化的阶段。

因此我国的汽车工业必须瞄准国际先进水平，对汽车用铝合金的性能和生产工艺进行更深入的研究开发。随着合金加工技术和新型合金的不断开发，变形铝合金应用一定会越来越多，技术也更加成熟。

车身重量仅有 450kg，最高车速可达 85km/h；一次充电 4h 可行驶 150km，而耗电却只有 6kW·h（见图 9-29）。这辆由苏州市奥杰汽车技术有限公司自主研发的全新电动汽车亮相 2010 年第六届北京国际电动汽车展览会。由于是国内首款采用铝制骨架车身的电动汽车，该车一经发布立即受到业内关注。

图 9-29　苏州奥杰电动汽车

2018 年年初, 国内首台采用"全铝车身 + 全铝底盘"的城市客车项目顺利通过了中国第一汽车股份有限公司 (以下简称"一汽") 的路试试验。该项目由忠旺集团与一汽合作开发, 不仅弥补了铝合金在底盘应用方面的空白, 也让忠旺成为国内首个能够独立设计、制造"全铝车身 + 全铝底盘"的铝加工企业, 这是其在新能源市场领域的又一大革新。

该款客车由忠旺与一汽共同完成结构设计及整车强度分析, 以及材料试验、工艺评定、加工制造、样车试制等工作。整个车身采用焊接加铆接结构, 其中焊接以高铁焊装标准严格控制, 确保车体精度高于钢车。

9.4 铝合金汽车板工艺

9.4.1 铝合金汽车板的性能要求

作为汽车用铝合金板材, 应该具有良好的力学性能与成型性, 一定的抗时效稳定性, 良好的烘烤硬化性, 高的抗凹痕性, 良好的翻边延性, 较好的表面光鲜性, 良好的表面处理及涂装性能等。

常用铝合金汽车车身板的种类以 2 系、5 系和 6 系合金为主。

2×××系合金是可热处理强化合金, 具有良好的成型性和较高的强度, 但抗蚀性差, 烘烤硬化能力低, 主要用于汽车内板。

5×××系合金是非热处理强化合金, 铝板冲压成型后表面容易起皱, 且延展性和弯曲能力也有所欠缺, 多用于内板。

6×××系合金是可热处理强化合金, 具有良好的成型性、烘烤硬化性, 是目前汽车板材的主要研究方向。

表 9-4 所示为汽车车体用铝合金国际牌号和化学成分。

表 9-5 所示为铝合金和冷轧钢板力学性能及冲压成型性能。

表 9-4 汽车车体用铝合金国际牌号和化学成分 (质量分数)　　　　(%)

合金	Si	Fe	Cu	Mn	Mg	Cr	Zn	Ti	Al
2036	0.50	0.50	2.2 ~ 3.0	0.1 ~ 0.4	0.3 ~ 0.6	0.10	0.25	0.15	Rem.
2037	0.50	0.50	1.4 ~ 2.2	0.1 ~ 0.4	0.3 ~ 0.8	0.10	0.25	0.15	Rem.
2038	0.50 ~ 1.3	0.60	0.8 ~ 1.8	0.1 ~ 0.4	0.4 ~ 1.0	0.20	0.50	0.15	Rem.
5023	0.25	0.40	0.2 ~ 0.5	0.20	5.0 ~ 6.2	0.10	0.10	0.10	Rem.
5182	0.20	0.35	0.15	0.2 ~ 0.5	4.0 ~ 5.0	0.10	0.25	0.10	Rem.
5754	0.40	0.40	0.10	0.50	2.6 ~ 3.6	0.30	0.20	0.15	Rem.
6009	0.6 ~ 1.0	0.50	0.15 ~ 0.6	0.2 ~ 0.8	0.4 ~ 0.8	0.10	0.25	0.10	Rem.
6010	0.8 ~ 1.2	0.50	0.15 ~ 0.6	0.2 ~ 0.8	0.6 ~ 1.0	0.10	0.25	0.10	Rem.
6111	0.6 ~ 1.1	0.40	0.15 ~ 0.9	0.1 ~ 0.45	0.5 ~ 1.0	0.10	0.15	0.10	Rem.
6016	1.0 ~ 1.5	0.50	0.20	0.20	0.25 ~ 0.6	0.10	0.20	0.15	Rem.
6022	0.8 ~ 1.5	0.05 ~ 0.2	0.01 ~ 0.11	0.02 ~ 0.1	0.45 ~ 0.7	0.10	0.25	0.15	Rem.

表9-5　铝合金和冷轧钢板力学性能及冲压成型性能

铝合金	总伸长率δ/%	均匀伸长率δ/%	n值	R值	杯突深度值/mm	180°弯曲半径R
2022-T4	26	20	0.25	0.63	9.6	$1t$
2117-T4	25	20	0.25	0.59	8.6	$1t$
2036-T4	24	20	0.23	0.75	9.1	$1t$
2037-T4	25	20	0.24	0.7	9.4	$1t$
2038-T4	25	—	0.26	0.75		$1/2t$
5182-O	26	19	0.33	0.8	9.9	$2t$
5182-SSF	24	19	0.31	0.67	9.7	$2t$
X5082-O	30	20	0.3	0.66	—	$1t$
6009-T4	25	20	0.23	0.7	9.7	$1/2t$
6010-TS	24	19	0.22	0.7	9.1	$1t$
6111-T4	27.5	22	—	—	8.4	$1/2t$
6016-T4	28.1	24.6	0.26	0.7	—	—
深冲钢	42.2	20.2	0.23	1.39	11.9	0

注：t为板材厚度。

如前所述，铝合金汽车车身板材主要有6×××系和5×××系合金，典型牌号有6016、6111、6022、6181、5052、5182、5754等铝合金；轿车用铝板厚度规格一般为0.7~2.0mm左右。

（1）6×××系Al-Mg-Si(-Cu)合金。

Al-Mg-Si-(Cu)系合金由于具有较高的强度及较好的成型性能而广泛应用于汽车面板等领域。对这类合金的要求，是在烤漆前具有较好的塑性及在烤漆过程中具有较高的沉淀硬化能力，即具有较高的烤漆硬化响应。

Al-Mg-Si-(Cu)合金是可热处理强化的铝合金，具有成型性好、耐蚀性强、强度高和较好的耐高温等性能。铝合金汽车车身板材料，除上述几个优点外，主要考虑该类板材在冲压成型后经油漆烘烤强度会提高，具有烤漆硬化能力。此外，Al-Mg-Si合金T4态板材的屈服强度和抗拉强度与钢板相近，n值（拉伸应变硬化指数）超过钢板。

（2）5×××系铝合金。

5×××系铝合金（Al-Mg系合金）是不可热处理强化的铝合金，具有中等强度、耐蚀性好、较好的加工性能及良好的焊接性能等特点。

在Al-Mg系合金中，Mg固溶于铝基体中，形成固溶强化效应使该合金在强度、成型性能和抗腐蚀性等具有普通碳钢板的优点，可用于汽车内板等形状复杂的部位。

但 Al-Mg 系合金板材在室温放置后，在拉伸时容易出现 Luders 伸长，冲压成型后表面起皱，影响外观质量；延展性和弯曲能力也会由于 Fe 含量的增加而恶化，经历烤漆容易出现软化现象。

Al-Mg 系合金用作汽车车身板的缺点：延迟屈服和勒德斯线。当晶粒尺寸大于 100μm 时，板材易出现"橘皮效应"。

欧洲常用含 CU 量较低的 AA6016 合金，北美常用含 CU 量高的 AA6111 合金，目前这两种合金都存在着成型性较差的问题，不适合作成型性要求较高的内面板材料。6022 合金含有较低的合金元素具有比 AA6016、AA6111 合金更好的成型性及耐腐蚀性，被认为既可以做车身外面板材料又可做内面板材料，已用于 Plymouth prowler 等的车身板。

综合相关数据，总结出应用于汽车车身板的成品板材的性能要求如下：

（1）T4（p）状态下：

屈服强度：90 ~ 140MPa；

抗拉强度：220 ~ 285MPa；

延伸率（总）：≥20%；

n 值：≥0.27（拉伸应变硬化指数）；

r 值：≥0.65（0°）（塑性应变比）；≥0.40（45°）；≥0.55（90°）；

（2）预变形 2% + 烘烤后屈服强度：160 ~ 260MPa。

9.4.2　铝合金车身板的生产过程

汽车铝板是高端铝合金品种中的一种，由于其对使用性能（成型、链接等）及表面质量有严格的要求，也给原材料的加工过程提出了更精细的控制管理要求。

汽车板的生产流程如图 9-30 所示。铝液经连续铸造成不同规格的铝坯，经表面处理、加热后进行热轧、卷取、冷轧成型，得到所需厚度，随后进行连续退火热处理，得到所需微观精细组织和性能。

汽车铝板材料生产有诸多关键技术和难点，也将会对后续使用性能（冲压、涂装等）产生重要的影响。

纵观汽车铝板的生产工艺流程，从微观组织角度可简单归结为两个方面：洁净性（化学冶金过程）和均匀性（物理冶金过程）。反映到实际大型生产过程中，就是对熔炼（铸造）和轧制（热处理）的控制过程。优良的铝液洁净度和组织（织构）均匀性，对后续汽车生产厂的冲压成型和连接性能都有积极的作用。组织（织构）的均匀性，既包括基体组织晶粒度的大小，也涵盖有利于成型性的微观织构的比例。材料使用性能的宏观外在表现，是基于其微观内在本质。对微观组织及织构的合理控制，可得到所需宏观性能。

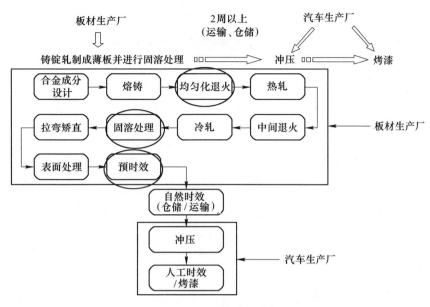

图 9-30 汽车用铝合金板生产流程

在现在汽车铝板生产过程中，典型问题是铝厂与汽车厂生产时间存在不匹配。铝板从铝厂出厂到汽车厂冲压之间，会间隔一段时间，这段时间会发生汽车铝板的自然时效，影响后续成型。为了解决这一问题，国内外材料工程师对该过程的理论机理进行了深入系统的探讨和研究，提出了预时效/预应变处理工艺。通过原材料厂固溶处理后预时效的工艺过程，可以减缓板材在运输和存储过程中的自然时效问题，从而在冲压过程中具备更好的成型性。

汽车厂用 ABS 制造 AVT 车身工艺流程如图 9-31 所示。

9.4.3 汽车铝合金成分的选取

合金设计目标：T4/T4P 状态下较高的成型性能；烤漆后有高的强度；可控制的预处理工艺；固溶与预时效之间的时间可以尽量长；预时效的效果要尽量长。

现以应用于汽车车身板的 6××× 系合金为例，阐明合金元素的作用。

6111 类合金：含 Cu 较高，烤漆硬化后的强度高，但深冲性能不佳。该类合金主要在北美地区生产及使用。

6016 类合金：含 Cu 量很低，深冲性能好，但烤漆硬化后的强度比 6111 类合金低。该类合金在欧洲、日本得到广泛的应用。

6022 类合金，基本不含 Cu，对铁元素的含量控制较严格，深冲性能好，但烤漆硬化能力较低、成本相对较高。

Si：增加 Si 含量，合金的硬化速度加快并且峰值变大；提高合金的铸造和焊接流动性及耐磨性。

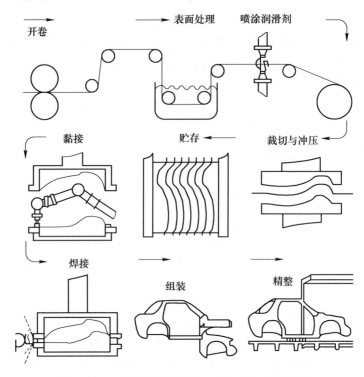

图 9-31　汽车厂用 ABS 制造 AVT 车身工艺流程

Mg：增加 Mg 含量，由预时效（T4P）产生的软化效应会随之增大，有利于合金成型；Mg 还能提高合金的抗蚀性和可焊性。

Si 和 Mg 形成强化相 Mg_2Si，其平衡重量比为 Mg：Si = 1.73。每增加 0.1% Mg_2Si 强度峰值增加 5MPa，延伸率少量增加。每增加 0.1% 初生硅，强度峰值增加 10～15MPa，延伸率下降 0.25%。Mg 含量过高会降低 Mg_2Si 在固溶体中的溶解度，过剩 Si 不影响 Mg_2Si 的溶解度。

Cu：加入 Cu 元素，促进 β 相形核，β 相密度增加，改善烘烤性能，同时 $CuAl_2$ 和 $CuMgAl_2$ 也参与时效硬化作用，合金强度更高。Cu 含量的增加会降低合金的抗蚀性。为了控制抗腐蚀性能，需要控制合金中 Cu 元素含量。欧洲：Cu < 0.2%。日本：Cu < 0.1%。为了获得更高的强度，北美采用 0.7% Cu 的 AA6111 合金。

Mn：加速板条状的 β-AlFeSi 相向鱼骨状的 α-AlFeSi 相转化，同时促进 Mg_2Si 粒子均匀分布，提高合金的强度、韧性和耐蚀性。

Fe：和合金其他元素形成金属间化合物，提高含量会增加含铁相数量，合金力学性能、弯曲能力下降，不利于加工。另外，铝合金的回收利用可能是废料中

Fe 超标导致其不可应用。汽车车身板材料中，含铁量要严格控制。

微量 Cr、Ti：提高再结晶温度，抑制再结晶，控制再结晶晶粒的大小，并能增加人工时效后的耐蚀性。

稀土：能细化晶粒，减少合金中的气体和杂质，加速时效过程，提高塑性和强度，并改善表面性能。

9.4.4　均匀化退火制度

退火制度不同，微观组织就会发生不同的变化。而材料的宏观性能，恰恰是材料微观组织的外在表现。因此，均匀化处理的目的是为了较少/消除共晶现象以及使 β 类化合物向 α 类化合物转变等，进而提高材料的性能。

9.4.5　固溶处理

固溶处理的目的：再结晶；获得细小、均匀的等轴晶；使化合物尽可能地溶入基体，获得过饱和度；产生大量的晶格缺陷，为时效提供场所等。固溶处理的基本参数：加热温度、保温时间、随后的淬火速率等。

图 9-32 为 6××× 系铝合金 ABS 固溶处理示意图。

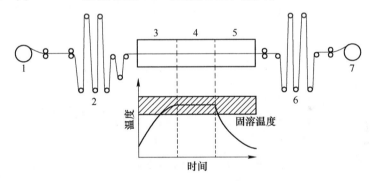

图 9-32　6××× 系铝合金 ABS 固溶处理示意图
1—开卷；2，6—活套塔；3—加热区；4—保温区；5—淬火区；7—卷取

9.4.6　板材的预时效

6 系铝合金时效处理相析出过程如图 9-33 所示。

Al-Mg-Si(-Cu) 合金的自然时效的本质：在自然时效状态下，形成大量的 Si-Vacancy 原子簇，不能成为 β 的形核核心；Si-Vacancy 原子簇的形成，消耗了大量的空位，延迟了时效过程；提高强度，降低了成型性能；烤漆后强度上升幅度很小，甚至降低。

若预时效过程中形成的相与位错之间的关系是绕过型的，那么能促进位错的增殖，也会促进加工硬化；可调整溶质原子的状态，既不容易发生聚集（clustering），

又能保证较高的 n 值。

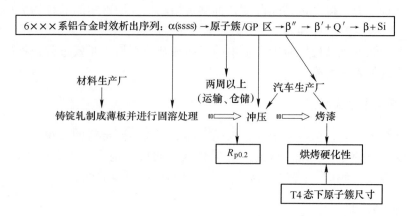

图 9-33　6 系铝合金时效处理相析出过程

提高 6×××系铝合金汽车外钣金件烘烤性能的两种热处理示意图如图 9-34 所示。

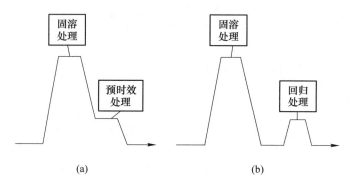

图 9-34　6 系铝合金热处理示意图

（a）预时效处理；（b）回归处理

9.4.7　板材的表面处理

板材表面处理的目的：（1）有利于吸附润滑剂，很好地冲压成型；（2）增强板材与油漆的结合，形成牢固的漆层；（3）易于后续加工。

表面处理主要为对冷轧态进行处理，其过程一般为：MF（mill finish，光面）/EDT（electron discharge texture，电火花钝化）/EBT（electron beam texture，电子束钝化）+ 清洗（碱洗 + 酸洗）+ 转化处理 + 润滑。

其中，碱洗仅限于槽洗；酸洗为硫酸 + 磷酸 + 氢氟酸，浓度小于 5%。酸洗温度为 50 ~ 70℃。

化学转化涂层：以铬化膜为主，虽然铬化膜性能好，但有毒；除铬化膜外，还有锆/钛类转化膜：以 Alodine 类、Garbond 类、Envirox 类为主。

阳极氧化涂层：薄的阻挡层和化学法相当，导电，可以焊接；厚些的阻挡层＋多空层。

润滑：板材要冲压成三维部件，因此，板材均经过预润滑。部件冲压是汽车生产的第一阶段，在安装、焊接、车身喷漆之前。润滑剂一般采用工业油，主要在北美使用，这和轧制光面表面联合使用。而干润滑膜-蜡类型润滑剂，主要在欧洲使用，这和粗毛化的各向同性表面纹理（如 EDT）联合使用。相比油类润滑剂，干润滑膜的优势在于增加深冲性能；对于难加工部件，使用较多的润滑剂；运输及存储过程中更稳定；装卸更容易；连接及喷漆工艺的相容性与润滑油的一致。其缺点是需要根据不同模具设计采用不同的润滑剂；在模具内堆积，定期清理；焊接较困难。

日本、美国及欧洲乘人车用铝合金板及其表面处理见表9-6。

表9-6 日本、美国及欧洲乘人车用铝合金板及其表面处理

类别	名　称	日　本	美　国	欧　洲
外板	铝合金	6016、6022、相当的 5×××系铝合金	6011、6022	6016
	表面粗糙度	平滑的 MF 状态	MF	EDT、EBT
	表面清洗法	脱脂、酸洗、镀锌	无	酸洗＋Zr/Ti 化学转化处理
	润滑油	矿物油	矿物油	矿物油或润滑脂
内板	铝合金	6016、6022、相当的 5×××系铝合金	2008、6111、6022、5182	5151、5182、6016、6181A
	表面粗糙度	平滑的 MF 状态	MF	MF、EDT
	表面清洗法	脱脂、酸洗、镀锌	无	酸洗＋Zr/Ti 化学转化处理
	润滑油	矿物油	矿物油	矿物油或润滑脂

10　铝轻量化发展方向

10.1　制约铝合金在汽车上应用的因素

汽车工业中，零部件的轻量化与高强度对于汽车节能降耗、提高安全系数具有显著作用，铝合金因为具有良好的成型性能和较好的强度、耐腐蚀性且成本低等优点，被越来越多地应用到汽车底盘、发动机及车身中。因此，提高汽车的用铝量，实现轻量化，已经成为当今汽车制造业技术进步的一个重要环节。

目前铝合金尚未大规模应用到汽车上，主要受以下因素的制约：

（1）价格高。价格是钢的 3～6 倍。

（2）加工困难。尺寸精度不容易掌握，回弹难以控制，在形状设计时要尽可能采用回弹少的形状。

（3）成型性还需继续改善。铝合金板材的局部拉延性不好，容易产生裂纹。

（4）焊接困难：电阻小、热传导系数大、导电率大、熔点低。需要使用专门的焊接设备。

10.2　汽车材料的竞争激烈

铝合金汽车材料也受到来自钢铁与其他新材料的竞争，如镁合金、钛合金、碳纤维材料、塑料件材料、高分子材料、复合材料等。图 10-1 ～ 图 10-6 给出了几种复合材料在车身应用的实例。

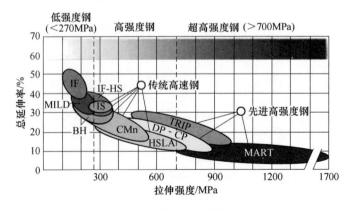

图 10-1　白车身用钢性能

图 10-2　中科院宁波材料所碳纤维汽车

图 10-3　BMW 公司碳纤维车身

图 10-4　复合材料车身顶盖壳

图 10-5　克莱斯勒的 CCV 复合材料车身

图 10-6　Porsche 的碳纤维发动机罩

10.3　车用铝合金轻量化发展趋势

10.3.1　铝锂合金

铝锂合金材料是近年来航空航天材料中发展最为迅速的一种先进轻量化结构材料，具有密度低、弹性模量高、比强度和比刚度高、疲劳性能好、耐腐蚀及焊接性能好等诸多优异的综合性能。用其代替常规的高强度铝合金可使结构质量减轻 10% ~ 20%，刚度提高 15% ~ 20%。因此，在航空航天领域显示出了广阔的应用前景。

虽然铝锂合金在航空航天领域显示出了广阔的应用前景。但是由于其成本比普通铝合金高、室温塑性差、屈强比高、各向异性明显、冷加工容易开裂等，导致其成型难度大，目前只能成型较简单的零件，难以制造复杂的零部件，从而限制了其在结构部件方面的应用。

近年来，国外铝锂合金的研制和成型技术日渐成熟，不仅在军用飞机和航天器上大量应用；而且民用飞机铝锂合金的用量也呈增加态势，如"奋进号"航天飞机的外贮箱、空客 A330/340/380 等系列飞机。在我国，由于铝锂合金熔铸工艺，板料轧制挤压技术不成熟，新型铝锂合金的开发研制相对落后，目前只在某些型号的航天器中有少量应用。

10.3.1.1　先进铝锂合金发展现状

按照铝锂合金研制的历史进程和成分特点，可以将其划分成 3 个阶段。

第一阶段为初步发展阶段，该阶段的时间跨度大约为 20 世纪 50 年代至 60 年代初。其主要代表为 1957 年美国 Alcoa 公司研究成功的 2020 合金，并将其应用于海军 RA-5C 军用预警飞机的机翼蒙皮和尾翼水平安定面上，获得了 6% 的减重效果。苏联在 20 世纪 60 年代成功研制了 ВАд23 合金。但这两款合金延展性低、缺口敏感性高、加工生产困难等，无法满足航空生产及性能要求，未取得进一步的应用。

20 世纪 60 年代中期，迫于能源危机的压力，铝锂合金被重新重视，并进入了快速发展阶段，即第二阶段。在这一时期，铝锂合金得到了迅猛发展和全面研究，其中具有代表性的合金有：苏联研制的 1420 合金，美国 Alcoa 公司的 2090 合金，英国 Alcan 公司的 8090 和 8091 合金等。这些合金具有密度低、弹性模量高等优点，可用其替代航空航天器部分 2××× 和 7××× 铝合金。如苏联在米格-29、苏-35 等战斗机及一些远程导弹弹头壳体上采用了 1420 合金构件。第二代铝锂合金虽取得了令人瞩目的研究和应用成果，但是由于存在严重的各向异性，且塑韧性低、热暴露严重、韧性损失，大部分合金不可焊等，使其难以与 7××× 铝合金竞争。

20 世纪 80 年代末期，以美国的 Weldalite049 系列合金为典型代表的第三代高强可焊铝锂合金相继被研发出来，并已成功应用于航空航天等领域中。目前，新型第三代铝锂合金向着超强、超韧、超低密度等方向发展，其中高强可焊合金和低各向异性合金的研究最多。此外，还研制出了具有各向同性、以颗粒或晶须 SiC 陶瓷为增强体的铝锂金属基复合材料，其弹性模量达 130GPa，成为在航空航天领域中其他复合材料强有力的竞争者。

10.3.1.2 铝锂合金在航空航天中的应用及其发展趋势

据统计，每减轻1kg结构重量可以获得10倍以上经济效益，所以密度较低的铝锂合金受到航天工业的广泛重视。铝锂合金已在许多航天构件上取代了常规高强铝合金。其中，美国的应用发展非常快，在航天工业上的应用尤为突出。洛克希德·马丁公司利用8090铝锂合金制造了"大力神"运载火箭的有效载荷舱，减重182kg。

1994年，为解决"奋进号"航天飞机外贮箱的超重问题，洛克希德·马丁公司联合雷诺兹金属公司研发出新型2195材料以取代之前的2219合金。该合金的密度比2219合金的轻5%，而其强度则比后者高30%。采用2195制造的整体焊接结构贮箱，减轻重量3405kg，其中液氢箱减重1907kg，液氧箱减重736kg，直接经济效益近7500万美元，因此被称为超轻燃料贮箱（superlight weight tank）。俄罗斯在铝锂合金的研究、生产和应用方面也一直处于领先地位，为提高载荷能力，航天飞机的外燃料贮箱便采用铝锂合金制成，"能源号"运载火箭的低温贮箱是采用1460铝锂合金制成。

在航空领域，许多先进的战斗机和民用飞机都选用了铝锂合金。1988年，洛克希德·马丁战斗飞机系统公司、航空器系统公司与雷诺兹金属公司共同制定了开发2197合金应用的计划——用其厚板制造战斗机舱壁甲板。1996年，美国空军F-16型飞机开始用此合金厚板制造后舱甲板及其他零部件。除美国外，其他国家，如俄国、英国、法国等都在积极推进铝锂合金在航空航天器上的应用：威斯特兰（Westland）EH101型直升机25%的结构件是用8090合金制造的，其总质量下降约15%；法国的第三代拉费尔（Rafele）战斗机计划用铝锂合金制造其结构框架；俄罗斯在雅克-36、苏-27、苏-30、米格-29、米格-33等战斗机都有大量零部件是用铝锂合金制造的。

在民用飞机方面，空中客车工业公司的A330、A340和A380客机上都使用了铝锂合金，其中，A330和A340每架飞机约有3t的铝锂合金用于机身结构、桁条等部件，目前最新型的A350客机在原有基础上，首次在机身蒙皮上使用全新的2198铝锂合金。美国的波音747、777客机、麦道系列飞机等均使用了铝锂合金，其使用部位包括燃料箱、隔框、机翼蒙皮、前缘、后缘等。庞巴迪C系列飞机机身也将全部采用全新的铝锂合金。

10.3.1.3 铝锂合金的先进制造技术及其发展趋势

A 超塑成型及扩散连接技术

超塑成型及超塑成型/扩散连接技术（SPF及SPF/DB）是利用材料的超塑

性，对形状复杂、难以加工的薄壁零件，采用吹塑、胀形等方法进行成型的过程，是一种几乎无余量、低成本、高效的特种成型方法。铝锂合金与其他超塑材料一样，可以通过合金化或者机械热处理获得均匀、细小、等轴晶而产生超塑性能。铝锂合金的 SPF 研究始于 1980 年，在 1982 年的范堡罗国际航空展览会上英国超塑性成型金属公司首次演示了铝锂合金的超塑性现象及其超塑 F 零件。美国 Weldalite049 合金具有优异的超塑性，在 507℃ 固溶处理，不加反压，4×10^{-3} 应变速率下，延伸率可达 829%。这一应变速率明显高于其他铝合金的应变速率，这对解决超塑工艺速度低的问题有重要意义。俄罗斯已经对 1420 采用 SPF 工艺加工了许多飞机的零部件，有的尺寸达 1200mm × 600mm。国内航天材料及工艺研究所、北京航空制造工程研究所等科研单位针对铝锂合金的 SPF 及 SPF/DB 组合工艺进行了大量的开拓性工作，取得了很多成果。目前，铝锂合金的超塑成型正由次承力构件向主承力构件发展，并且由单一的超塑成型向超塑成型/扩散连接的组合工艺发展，使铝锂合金加工成本更低，结构更具整体性、轻质量。

B　旋压技术（spin forming）

旋压技术是一项综合了锻造、挤压、拉伸、弯曲等工艺特点的少无切削加工的先进工艺。剪切旋压是近年来在传统旋压技术基础上发展起来的新型旋压技术，它不改变毛坯的外径而改变其厚度来实现制造圆锥等各种轴对称薄壁件的旋压方式（锥形变薄旋压）（见图 10-7）。这种成型方法的特点是旋轮受力较小，半锥角和壁厚互相影响，材料流动流畅，表面粗糙度好和成型精度高，并且能较容易地成型、拉伸、旋压难于成型的材料。航天器上许多 Al-Li 合金构件都是空心回转体薄壳结构，特别适合用旋压法加工，其中最典型的零件是运载火箭低温贮箱的圆顶盖。

图 10-7　剪切旋压技术

美国"大力神"运载火箭圆顶盖采用 3 块直径为 0.65m，厚为 10.7mm 的 Weldalite049 板材旋压制造。其中 1 块中部是使用变极性等离子弧焊（VPPA）焊接，经过343℃/4h去除应力，旋压时，所有毛坯用火焰加热保持317℃；成型后进行505℃/0.5h固溶处理，水淬；再经177℃/18h人工时效，测得其室温拉伸强度达600MPa左右，-196℃时增加到700MPa，且有很好的断裂韧性。"奋进号"航天飞机的外贮箱圆顶盖也采用了相同的旋压技术，并在外贮箱的筒段采用了先进的剪切旋压技术。

C　辊锻成型技术（roll forging）

Al-Li合金特别是Weldalite系列合金和1420合金具有良好的锻造性能，用它们制造的模锻件不会出现开裂，这已被150多种锻件所证实。因而将其应用于航空航天工业具有广阔的前景。辊锻是近年来发展起来的新型近净成型技术，将材料在一对反向旋转模具的作用下产生塑性变形得到所需锻件或锻坯的塑性成型工艺。辊锻成型的发展有两个重要领域：（1）在长轴类锻件生产上实现体积分配与预成型，减少最终成型负荷，组成精辊精锻复合生产线，用较少投资大批量生产复杂锻件；（2）精密辊锻技术，包括冷精辊技术。在板片类零件的精密成型上有良好的发展前景，如在叶片成型与变截面钢板弹簧上均有优势。近年来辊锻成型的两个方向被成功应用于铝锂合金的环形锻件和带筋条的钣金件。如"奋进号"航天飞船外贮箱的"Y"形框和对接环。铝锂合金辊锻成型"Y"形连接框如图10-8所示。

图10-8　铝锂合金辊锻成型"Y"形连接框

D　焊接技术（welding）

焊接是制造铝锂合金航空航天产品如贮箱、弹头外壳等的主要工艺之一。苏联研究1420合金的焊接时间长达10多年，从焊接工艺方法、焊接组织、焊接性能及焊后热处理都进行了深入的理论研究和探讨。20世纪80年代还开展了1460高强合金可焊性的研究。采用钨极氢弧焊（GTAW）和真空电子束焊（EB）工艺的1460合金，已成功用于制造"能源号"运载火箭贮箱。

铝锂合金激光焊接技术如图10-9所示。

图 10-9　铝锂合金激光焊接技术

美、欧等国的铝锂合金焊接始于 20 世纪 80 年代初，与俄国不同的是，美国特别注重焊接裂纹的研究。美国采用的焊接方法主要有 GTAW、EB、VPPA（变极性等离子弧焊）等，并用 VPPA 法焊接了 Weldalite049 合金制造的航天飞机外贮箱，Alcoa 公司采用 EB 焊对 12.7mm 厚的 2090 合金板材施焊，焊透率达 100%。近几年 2 种新型焊接技术搅拌摩擦焊和激光焊接技术也开始应用于铝锂合金制造研究。美国洛克希德·马丁公司用搅拌摩擦焊对 2.3 ～ 8.5m 厚的 2195Al-Li 合金及 2219 合金板材进行焊接，发现接头强度可提高 15% ～26%，焊缝断裂韧性增高 30%，塑性提高 1 倍，焊缝组织极细小。空客公司经过 20 多年的努力利用激光焊接技术制造了大型客机用双光束"T"结构件，并成功应用于 A330、A340、A380 等客机机身壁板上。

E　新型热处理工艺技术

铝锂合金的主要优点是密度低、比模量高、耐腐蚀强等，综合性能较常规高强度铝合金优异。但在以压应力为主的变振幅疲劳试验中，铝锂合金的这一优点不复存在，主要原因在于其峰值强度材料短-横向的塑性与断裂韧性低，各向异性严重，人工时效前需施加一定的冷加工量才能达到峰值性能，疲劳裂纹呈精细的显微水平时，扩展速度显著加快。为改善铝锂合金的疲劳、断裂韧性等性能，美国航天宇航局就新型的 2195 铝锂合金做了大量的研究工作，开发了双级、三级、五级热处理工艺，使得 2195 合金的室温断裂韧性和疲劳性能提高了近 30%，而强度与传统时效相当。新型热处理工艺技术如图 10-10 所示。

目前我国研发新型铝合金的同时，在生产工艺上也做了大量研究。通过新的热处理工艺（T74、T73）大幅度提高了 7×××合金断裂韧性和抗应力腐蚀开裂性能，并进一步研究开发 7×××合金的热处理工艺，如 7075-T76 用于 L-1011 机翼挤压壁板，7075-T736 用于起落架构件、窗框和液压系统部件。但是目前针对铝锂合金的研究工作，尚在起步阶段，基础研究相对较弱，离应用还有距离。

铝锂合金的热处理应该在铝合金热处理的基础上，结合国外的新工艺新方法，开展系统的基础研究，以求早日实现铝锂合金热处理工艺的工业化应用。

图 10-10　新型热处理工艺技术

（1）作为航空航天重要的结构材料，铝锂合金受到西方国家的广泛重视，如今第三代铝锂合金已在大型商用客机制造中获得应用并成为未来机型发展的重要趋势。但目前，新型铝锂合金主要依靠国外供应商，不仅成本高，而且得不到钣金、热处理等相关关键技术的支持，因此独立开发和研制新型高强、高损伤容限铝锂合金是我国铝锂合金未来发展的重要方向。此外，铝锂合金和复合材料是未来民用飞机的重要选择，如何提高其减重效益、强度和损伤容限是开发新型合金面临的重大挑战。

（2）铝锂合金在铸造、轧制等技术逐渐成熟的基础上，先进加工制造技术不断拓宽，超塑成型、旋压、辊锻焊接等新工艺不断创新，并已取得重大的应用成果。然而，由于其自身性能限制，室温成型能力仍较困难。铝锂合金在大型客机中的应用主要以冷成型为主，因此，解决和实现复杂结构件的室温钣金成型和热处理工艺是未来我国大型客机用铝锂合金使用的关键技术和发展方向，同时在传统工艺基础上不断开发新型技术，提高成型精度、效率和质量。

10.3.2　铝碳复合材料

鉴于铝锂合金价格昂贵，很难在普通家庭轿车上进行普及使用，因此急需开发一种价廉的轻量化铝基复合材料，铝碳复合材料引起了研究者的关注。

铝碳复合材料制备工艺一般与颗粒增强铝基复合材料的制备方法相同，前面章节中已有相关介绍，这里不再赘述。

笔者研究铝碳复合材料时，制备出两种复合材料：（1）微纳米碳颗粒增强铝基复合材料；（2）多孔铝碳复合材料。

微纳米铝碳复合材料就是将微纳米化的竹炭与铝液混合搅拌，然后浇注。制备出来的铝碳复合材料随着碳质量分数的增加，液体的黏度明显增加。当碳质量分数达到 10% 时，液体的黏度较质量分数为 1% 的铝碳增加近 1000 倍，近似于玻璃态，这对于后续的轧制和成型均有不利影响。从轻量化的角度来看，随碳质量分数的增加，复合材料的密度逐渐降低。但是超过 8% 以后，材料的密度降低的不明显。在碳质量分数为 8% 时，复合材料的密度约为 $2.2 \sim 2.4 \text{g/cm}^3$，明显低于基体铝合金的密度。

多孔铝碳复合材料的制备工艺：将微纳米化的竹炭与粒度 1mm 以下不规则铝屑混合均匀后压铸成型，然后置于 $700 \sim 800℃$ 真空热处理炉中烧结 4h。采用自然冷却的方式冷却。用此工艺制备的多孔铝碳复合材料类似于泡沫铝的结构，抗拉能力较差。但是其密度是基体密度的 1/2 ~ 2/3，减重效果明显。

关于这两种材料的力学性能，笔者还在研究中，有兴趣的读者可以关注本书作者在其他刊物发表的相关论文。

11 铝基复合材料回收和再利用

随着我国社会经济的高速发展和人民生活水平的不断提高，人们对生活质量的追求也持续提升。现代工业技术的日新月异和科学技术的飞速发展又为社会生活增添无数产品和工具，而所有这些均需要物质条件的支撑。从而在人们对物质需求的不断增加和地球有限的资源日益减少这两者之间产生了越来越明显的矛盾。在人们持续的开采下，有些矿产和资源已面临枯竭。

由此可知，我国目前对于铝的需求量相当大，其中大部分来自电解铝行业。但根据统计，我国现有铝土矿可开采年限已不足 30 年，势必导致电解铝行业的原料（氧化铝）依赖国外进口（目前我国氧化铝进口数量已超过消耗量的一半，见表 11-1）。同时，电解铝行业的生产不仅过程复杂，还要消耗大量能源和产生大量三废物质（其中有少量的剧毒物质，如 HF）。这样一种态势表明我国急需调整铝产业结构，大力扩大再生铝行业的规模。再生铝行业是一个将废旧铝资源进行回收再利用的新兴产业，在我国已发展了二十多年。与电解铝产业相比，再生铝产业在节约能耗和环境保护方面有着巨大的潜力和优势。再生铝和电解铝能耗和废物排放比较见表 11-2。

表 11-1 我国铝产量和消耗量概况

项　　目	年　份		
	2008 年	2009 年	2010 年
铝生产量/万吨	1318	1298	1436
铝消耗量/万吨	1241	1383	预计 1650

表 11-2 再生铝和电解铝能耗和废物排放比较

项目名称	电能/kW·h	重油/kg	废物/t	废水/m³	废气/m³
电解铝（每吨）	20000	65	20	10	25
再生铝（每吨）	50	70	0.1	无	5

从表 11-2 可知，再生铝的实际生产能耗不超过电解铝能耗的 5%，摆脱了电解铝行业"价随电涨"的依赖，其环境治理等方面的附加成本更是远低于电解铝，所以发展再生铝产业作为铝资源的补充更有利于铝业市场的健康稳定和长期发展，更符合我国走可持续发展路线的战略规划。但目前我国再生铝产业的规模

与世界发达国家相比仍然有较大差距，这就亟需国家政策的大力扶持和加大产业投入。

再生铝产业从铝资源回收开始。社会生活中的很多产品和工具都含有相当多的铝，如汽车和摩托车均是含铝大件（其部分零部件为铝制品）。有资料统计：2010 年我国汽车的保有量已达 7500 万辆，接近美国的四分之一，预计年均增速达 500 万辆。同时，我国的摩托车保有量达 1.2 亿辆。铝资源消耗和回收利用比较见表 11-3。

表 11-3　铝资源消耗和回收利用比较

国家	2010 年铝消耗量/万吨	2010 年铝回收量/万吨	回收利用率/%
中国	预计 1650	约为 380	20～30
美国	2100	1200	50～60
德国		2009 年为 56.08	60～70
日本			90

而汽车和摩托车是有使用年限的，到限的汽车和摩托车中的铝资源即可回收（汽车、摩托车铝含量情况见表 11-4）。还有其他含铝产品均有使用期限：如家电 10～15 年，电器电缆 10 年左右，日用器具 5～10 年。这些产品的含铝总量可达几百万吨。有专家估测：到 2020 年，我国社会中铝的保有量已超过 5000 万吨。如何有效地回收利用这些铝资源是利废企业所面临的一个重大课题。目前国内的回收方式还比较简单。大多数的拆解厂可谓：一二个大棚，三四把割枪，十几个人，六七十吨/月，十有八九无环保设施。整体还处在产能小、污染大、综合利用率低的状况。这种状况根本满足不了汽车、摩托车几年后大批量报废的实际需求。反观国外发达国家对汽车报废后拆解方法已有了成熟的经验和设备，其过程为：报废车进场→压块→切片→破碎→磁选→分选（重量法）→分类利用或销售。

表 11-4　汽车、摩托车铝含量情况

项目名称	含铝量	2010 年保有量/辆	总含铝量/万吨	2015 年保有量/辆	总含铝量/万吨
汽车	180 千克/辆	7500 万	1350	1 亿	1800
摩托车	15 千克/辆	1.2 亿	180	1.5 亿	225

由于在整个分选流程中考虑到了环保的要求，因此对环境的影响很小。所有物质，包括橡胶、塑料、机油和油漆均得到有效回收和利用，综合利用率可达 95% 以上，经济效益和社会效益均十分可观。建议有关部门及早考虑引进国外先进的技术和设备，改变我国回收拆解行业的现状，划分区域扶持几家重点企业以适应几年后回收利用报废车辆之需。

再生铝可大量用于铝硅系铸造铝合金，其中大多数用在压铸产品上，使用量一般在50%，个别牌号如用途较广的ADC12利用废铝量可达60%~80%。产品可用于汽车、摩托车配件，日用品，电动工具和电机外壳等。有报道称我国2009年压铸铝合金件的总量达300t，据此推算回收利用废铝资源可达200万吨。随着汽车、摩托车和其他一些以铝合金件代替钢铁件的产品数量日益增加（国内已有企业生产铝合金重型汽车变速箱体替代钢铁铸件），回收利用废铝的用途会越来越广，其作用也会日益显现。我国清远华阳铝业有限公司是以回收利用废铝生产铝硅系铸造铝合金锭和压铸件、浇铸件产品为主的企业。目前的原料大部分从国外采购，部分由国内市场补充。该公司生产工艺和分选设备均按国外采购原料的情况进行设计和布置，因此采用进口原料进行生产比较适宜和便利。为了达到节能减排，减污增效的目的，该公司的厂房作了铝液直供压铸车间的布局。这样直接节约了二次重熔的能耗，降低了铝材的烧损，每吨可节约成本1200元以上，同时减少了二氧化碳及有害气体的产生。目前我国再生铝用于熔炼铝硅系铸造铝合金的技术已相当成熟，国内许多企业各有所长，各科研院所、高校也不断推出新的精炼剂配方和变质剂、细化剂材料。在精炼、过滤设备方面也有许多创新，与发达国家先进技术间的差距不断缩小，国产部件出口量也不断提高。这些成就反过来造成对原材料的需求进一步加大。所以一方面要争取扩大原材料的国外进口数量，另一方面要充分利用国内资源。

目前进口的原材料大部分来自欧美国家，比如美国就有相当大的废铝出口量。但进口废铝业存在着价格变动的风险。从美国将废铝运回国内需近2个月的时间，在这段时间里如果市场价格下滑将是巨大的损失。如何规避风险也是进口废铝企业所面临的难题。我国大多数这类企业的办法是延长产业链，利用深加工过程的产品增值来抵消原材料价格波动带来的损失。产业链越长，抗风险的能力就越大。

从某种意义上说，进口国外可利用废旧物资是一件利国利民的好事。直接用可利用废旧物资生产出合格适用的产品既可以减少国内矿产的消耗，又能节能减排。于国是取得了战略物资；于民是改善了社会物资供求关系和促使物价降低，让人们有东西可买，也买得起东西。设想到了2025年，我国社会中铝存量将达到5千万吨或更多，其他物资如钢材、铜材等也有相当大的存量。如果按每个家庭存有钢材1t，铝材50kg计算，全国有2.5亿个家庭，总计有钢铁存量达2.5亿吨，铝750万吨，其他金属亦有相当规模存量。所以国家在2010年提出了城市矿山的概念，要充分发掘利用城市现有废旧物资，让可以回收再利用的资源得到充分利用。其中广东华清再生资源有限公司被国家列为首批7个国家城市矿产示范基地之一，肩负着回收利用废旧资源的重任。该公司现已建有再生铜材、铝材生产厂，废旧家电拆解厂，废塑料回收厂，进口物资分选场，固体废物处理中心，废水净化厂等废旧资源再生利用的生产工厂和设施，发挥了集中处理、绿色环保和综合利用方面的优势，达到了利国利民的目的。企业的效益也逐年递增，上缴税利过亿元。

综上所述，再生铝回收利用产业是朝阳产业，是大有可为的。2000 年以来，国家先后启动了多项由科技部支持的国家重大基础研究项目（973 项目）和高技术新材料发展规划项目（863 项目），以支持"提高铝材质量的研究"、"高性能铝材和铝资源高效利用的研究"，取得了大量的科技成果。这些成果应该受到再生铝材料行业的关注。例如铝熔体净化技术、铸熔技术、质量控制和性能评价方法等。2016 年国家制定了中华人民共和国国民经济和社会发展第十三个五年规划纲要，各个省市根据"十三五"规划，均制定了适合本省经济情况的再生资源回收体系"十三五"规划，明确了加大再生资源回收利用的步伐。其中以铝为代表的再生资源是此规划的重点。国内各铝资源回收公司均组建再生铝回收应用技术研发中心，旨在开发新的废铝回工艺、技术和设备，并开展对能使再生铝在压铸、浇铸生产中提高产品质量的新工艺、新技术、新添加剂、新熔炼炉组等方面的研发。相信通过科研工作者的不懈的努力以及向国内外同行不断学习，在下一个五年计划制定前，我国在再生铝回收利用方面一定会取得成就，为社会做出应有的贡献。

第 3 篇

铟及高纯铟粉

12 铟的物理和化学性质

12.1 铟的发现历程

　　1863 年，德国的赖希和李希特，用光谱法研究闪锌矿，发现有新元素，即铟。元素铟是在元素铊被发现后，德国弗赖贝格（Freiberg）矿业学院物理学教授赖希由于对铊的一些性质感兴趣，希望得到足够的金属进行实验研究。他在 1863 年开始在夫赖堡希曼尔斯夫斯特（Himmelsfüst）出产的锌矿中寻找这种金属。这种矿石所含主要成分是含砷的黄铁矿、闪锌矿、辉铅矿、硅土、锰、铜和少量的锡、镉等。赖希认为其中还可能含有铊。虽然实验花费了很多时间，他却没有获得期望的元素。但是他得到了一种不知成分的草黄色沉淀物，他认为是一种新元素的硫化物。只有利用光谱进行分析来证明这一假设。可是赖希是色盲，只得请求他的助手 H. T. 李希特进行光谱分析实验。李希特在第一次实验就成功了，他在分光镜中发现一条靛蓝色的明线，位置和铯的两条蓝色明亮线不相吻合，就从希腊文中“靛蓝”（indikon）一词命名它为 indium（铟）（In）。两位科学家共同署名发现铟的报告。分离出金属铟的还是他们两人共同完成的。他们首先分离出铟的氯化物和氢氧化物，利用吹管在木炭上还原成金属铟，于 1867 年在法国科学院展出。

12.2 铟的物理性质

　　铟，熔点为 156.61℃，沸点为 2060℃，相对密度为 7.31g/cm^3，熔化热为 3.263kJ/mol，蒸发热为 231.5kJ/mol，比热容为 233J/(kg·K)，电导率为 11.6 × 10^6/(Ω·m)，导热系数为 81.6W/(m·K)。

　　铟是银白色并略带淡蓝色光泽的金属，莫氏硬度 1.2，质地非常软，用指甲可以轻易地在其表面留下划痕，可塑性强，延展性好，可压成片。

　　纯铟棒弯曲时能发出一种吱吱的叫声。液态铟能浸润玻璃，并且会黏附在接触过的表面上留下黑色的痕迹。液态铟流动性极好，可用于铸造高品质铸件。铟比锌或镉的挥发性小，但在氢气或真空中加热能够升华。铟有微弱的放射性，在使用中尽可能避免直接接触。天然铟有两种主要同位素，一种为 In-113，是稳定核素；另一种为 In-115，是 β-衰变。

12.3　铟的化学性质

铟在元素周期表位于第 5 周期第ⅢA 族，元素符号为 In，英文名称为 Indium，原子序数为 49，相对原子质量（$^{12}C = 12.0000$）族 114.818，质子质量为 8.1977 × 10^{-26}，质子相对质量为 49.343，原子体积（cm^3/mol）为 15.7。

电子层：K-L-M-N-O（见图 12-1）。

晶体结构：晶胞为四方晶胞（见图 12-2）。

图 12-1　铟电子层结构

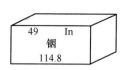

图 12-2　铟四方晶胞

晶胞参数：$a = 325.23\,pm$，$b = 325.23\,pm$，$c = 494.61\,pm$，$\alpha = 90°$，$\beta = 90°$，$\gamma = 90°$。

铟原子结构见表 12-1。

表 12-1　铟原子结构

原子半径	2Å
原子体积	15.7cm^3/mol
电子构型	$1s^2\,2s^2p^6\,3s^2p^6d^{10}\,4s^2p^6d^{10}\,5s^2p^1$
离子半径	0.8Å
共价半径	1.44Å
氧化态	3
电子模型	In

氧化态：主要为 In +3，还有 In +1、In +2。

常温下金属铟不易被空气氧化，从常温到熔点（156.61℃）之间，在 100℃ 左右时铟开始氧化，表面形成极薄的氧化膜，温度更高时，能与氧、卤素、硫、硒、碲、磷反应，铟能与汞形成汞齐。在加强热条件下（温度高于 800℃），铟发生燃烧生成氧化铟，火焰为蓝红色。

大块金属铟不与沸水和碱反应，但粉末状的铟可与水作用，生成氢氧化铟。铟与冷的稀酸作用缓慢，易溶于浓热的无机酸和乙酸、草酸。铟能与许多金属形成合金（尤其是铁，粘有铁的铟会显著的被氧化）。

铟有 +1、+2、+3 三种价态，主要氧化态为 +1 和 +3，三价的铟在水溶液中是稳定的，而一价化合物受热通常发生歧化反应。主要化合物有 In_2O_3、$In(OH)_3$、$InCl_3$，与卤素化合时，能分别形成一卤化物和三卤化物。

铟在它的化合物中能形成共价键。某些铟盐的溶液有低的导电性，一般电解加工铟通常用氰化物、硫酸盐、氨基磺酸盐和氟硼酸盐进行操作。

铟化合物：铟能形成 +1、+2 和 +3 价的化合物，其中主要为 +3 价的铟化合物，如 In_2O_3、$InCl_3$、InN。铟的碳化物在室温下不能稳定存在，但三元碳化物有过报道，如 Mn_3InC、$(Ln)_3InC$ 等。浓的高氯酸铟、硫酸铟和硝酸铟溶液具有高黏度。

铟的有机化合物有三甲基铟（Me_3In）、三苯基铟（Ph_3In）等，三甲基铟和三乙基铟（Et_3In）都易在空气中自燃。短时间内，0℃时的 Me_2InClO_4 在水中是稳定的。

茂基铟（C_5H_5In）是铟在唯一的 +1 氧化态有机衍生物，是一种对湿气稳定，对氧敏感的淡黄色晶体。

配位聚合物：

（1）In(Ⅲ) 与刚性的二羧酸（1,3-间苯二甲酸和1,4-萘二酸），在不同的溶剂中得到了四个化合物 $[In_2(OH)_2(1,3\text{-}BDC)_2(2,2'\text{-}bipy)_2]$、$HIn(1,3\text{-}BDC)_2 \cdot 2DMF$、$In(OH)(1,4\text{-}NDC) \cdot 2H_2O$ 和 $HIn(1,4\text{-}NDC)_2 \cdot 2H_2O \cdot 1.5DMF$。

（2）In(Ⅲ) 与柔性的二羧酸(1,4-苯二乙酸、反式-1,4-环己二酸和4,4′-二苯醚二甲酸)，在不同的溶剂热条件下，得到了三个化合物 $(Me_2NH_2)[In(cis\text{-}1,4\text{-}pda)_2]$、$In(OH)(trans\text{-}1,4\text{-}chdc)$ 和 $In(OH)(oba) \cdot DMF \cdot 2H_2O$。

（3）In(Ⅲ) 与旋光性的 D-樟脑酸，在溶剂热的条件下合成了一个 3D 具有单一手性结构的铟配位聚合物。

（4）In(Ⅲ) 与含氮杂环羧酸（2-吡啶羧酸和2,3-吡嗪二羧酸），在溶剂热条件下合成了两个化合物 $In_2(OH)_2(2\text{-}PDC)_4$ 和 $HIn(2,3\text{-}PDC)_2$。

13　铟的矿物及铟冶炼

13.1　铟矿物

铟矿物多伴生在有色金属硫化矿物中，特别是硫化锌矿，其次是方铅矿、氧化铅矿、锡矿、硫化铜矿和硫化锑矿等。虽然在一些有色金属精矿中铟得到初步富集，但由于铟品位低，一般不可直接作为提铟原料。而上述有色金属精矿经过冶炼或高炉炼铁后得到的粗锌、粗铅、炉渣、浸出渣、溶液、烟尘、合金、阳极泥等是提铟的主要原料。

铟在地壳中的含量为 $1 \times 10^{-5}\%$，且较为分散，至今为止没有发现过富矿。虽然确定有 5 种独立矿种，如自然铟、硫铟铁矿（$FeIn_2S_4$）、硫铟铜矿（$CuInS_2$）、硫铜锌铟矿 $[(Cu, Zn, Fe)_3(In, Sn)S_4]$ 和羟铟矿 $[In(OH)_3]$ 等 5 种含铟矿物，但这些矿物在自然界也很少见，铟主要呈类质同象存在于铁闪锌矿（铟的含量为 0.0001% ~ 0.1%）、赤铁矿、方铅矿以及其他多金属硫化物矿石中。此外锡矿石、黑钨矿、普通角闪石中也含有铟。因此，铟被归类为稀有金属。全球预估铟储量仅 5 万吨，其中可开采的占 50%。由于未发现独立铟矿，工业通过提纯废锌、废锡的方法生产金属铟，回收率约为 50% ~ 60%，这样，真正能得到的铟只有 1.5 万 ~ 1.6 万吨。

铟资源比较丰富的国家有中国、秘鲁、美国、加拿大和俄罗斯，上述国家铟储量占全球铟储量的 80.6%（见表 13-1）。

表 13-1　一些国家的铟储量

国家	探明储量		储量基础	
	数量/t	百分比/%	数量/t	百分比/%
中国	8000	72.7	10000	62.5
秘鲁	360	3.30	580	3.6
美国	280	2.50	450	2.8
加拿大	150	1.40	560	3.5
俄罗斯	80	0.70	250	1.6
其他国家	2130	19.40	4160	26
全球	11000	100	16000	100

中国的铟资源储量居世界首位，我国铟主要伴生于铅锌矿床和铜矿金属矿床

中，保有储量为 13014t，分布 15 个省区，主要集中在云南（占全国铟总储量的 40%）、广西（31.4%）、内蒙古（8.2%）、青海（7.8%）、广东（7%）。我国铟储量分布如图 13-1 所示。

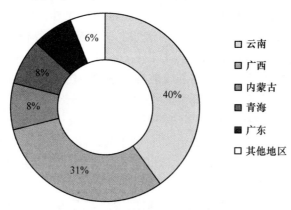

图 13-1　我国铟储量分布

　　铟多数与其性质类似的锌、铅、铜和锡等共生，现已发现有铟在硫化矿中的含量最高。闪锌矿是主要工业来源，铜矿、方铅矿、黄锡矿与锡石也含有较高的铟，但由于产量极少，非常分散，不能作为直接生产铟的原料，一般是从锌、铅、锡等重金属冶炼的副产物中回收生产。由于稀散金属离子在化学性质上有许多相似之处，造成分离、富集、回收上的困难，近年来，随着铟需求量不断增加，对于铟的富集、回收进行了很多的研究。

　　世界上铟产量的 90% 来自铅锌冶炼厂的副产物。铟的冶炼回收方法主要是从铜、铅、锌的冶炼浮渣、熔渣及阳极泥中通过富集加以回收。根据回收原料的来源及含铟量的差别，应用不同的提取工艺，达到最佳配置和最大收益。常用的工艺技术有氧化造渣、金属置换、电解富集、酸浸萃取、萃取电解、离子交换、电解精炼等。当前较为广泛应用的是溶剂萃取法，它是一种高效分离提取工艺。离子交换法用于铟的回收，还未见工业化的报道。在从较难挥发的锡和铜内分离铟的过程中，铟多数集中在烟道灰和浮渣内。在挥发性的锌和镉中分离时，铟则富集于炉渣及滤渣内。

13.2　铟的冶炼

　　生产铟的方法虽然有多种，但是据有关资料报道，目前最常见而且行之有效适合于工业生产发展需要的方法有下列几种。

　　（1）从炼锌副产品中回收铟。

　　日本同和矿业公司以炼锌中产生的净液残渣作为原料，先分离和浸出，脱铜、脱铝，除去原料中与镓铟性质相似的重金属，然后在富集镓铟的溶液中加入盐酸，混合搅拌，调整酸度之后，再用醚萃取铟，使它和镓及其他金属分离。最后用水反萃出铟，再经置换、熔融和电解。

在每次电解中需调整电流密度和电解液的酸度，以除去微量的镉、锡和铝等，生产出 4N（纯度在 99.99%）以上的金属铟。此外，铟的选择性分离法是把铅、锌冶炼过程中产生的含有微量的铟烟尘、阳极泥等各种残渣以及电解排出液作为原料，采用含萃取剂膦酸二（2-乙基己基）酯的有机溶剂，于 pH 值小于1.0 的条件下，对含铟及其他金属的硫酸溶液萃取，然后用盐酸在 30~70℃进行反萃，从而选择性分离铟。其萃取铟的效率可高达 98% 以上。

（2）硬锌真空蒸馏提锌和富集锗铟银。

硬锌是粗锌火法精馏过程中产出的一种中间产物，由粗锌中的高沸点物质组成，其主要是以锌、铅、铁、砷为主体并含有锗、铟、银等元素的多元合金。硬锌的产出率约占粗锌处理量的 4%。由昆明理工大学中国工程院院士戴永年等人主持研究的"硬锌真空蒸馏提锌和富集锗铟银"项目获得了 2003 年度国家技术发明奖二等奖。该技术用"真空蒸馏法提锌和富集锗铟银"的新流程及新工艺，并成功地研制了与该工艺流程配套的生产设备，突破了常规的在现有生产技术上进行技术改造的传统做法，取得了成功。有关专家评价道，该发明工艺属国内首创，且安全可靠，操作方便，无"三废"污染，属"绿色冶金"新技术，符合国家所倡导的资源综合利用的可持续发展战略，具有新颖性、创造性和实用性。

（3）从矿渣中回收金属铟。

从锑、锌矿渣中回收金属铟一般采用酸化浸出-萃取法。在其他矿渣中如铁矾渣、铜渣等也含有稀散金属铟。冰铜冶炼转炉吹炼得到的铜渣中铟含量达0.6%~0.95%，具有较大的回收价值。从铁矾渣中富集、回收铟可采用还原挥发处理和萃取提铟新工艺，将铁矾渣在高温下用炭还原，并加入某助剂使铟从渣中挥发出来，形成富铟物料，再进行浸出-萃取-电积，可得到纯度为 99.99% 的高纯铟，铟回收率大于 80%，同时解决了铁矾渣的污染问题。

（4）从烟灰中回收金属铟。

冶炼烟灰中主要含有锌、铅、铜和铁等金属，同时含有少量铟。铟在冶炼烟灰中主要以 In_2O_3、In_2S_3 和 $In_2(SO_4)_3$ 等物相存在。从冶炼烟灰中回收铟主要采用酸浸-溶剂萃取法。株洲冶炼集团采用硫酸直接浸出-萃取法从铅浮渣反射炉烟尘中提取铟，在 200g/L 硫酸溶液中浸出，铟的浸出率为 90%，用 P204 作萃取剂，适当条件下溶液中铟的萃取率可达 85%，用 HCl 作反萃剂，反萃率在 95%以上。在酸浸过程中加入 NaCl 有利于进一步提高铟的浸出率。对铅烟灰进行酸化焙烧-水浸，铟浸出率提高到 88% 以上。在萃取过程中采用 P204 水平箱萃取法，铟的萃取率从 90% 提高到 95%。

（5）从废水中回收金属铟。

1）萃取法。在铟的富集与回收中，萃取是重要的方法，萃取剂包括二（2-乙基己基）膦酸（HDEHP、P204），P5708、P507D、P350、PV·HQpF、Cyanex923、TR-PO、TBP 和石油亚砜等。

2）离子交换法。萃淋树脂具有萃取剂流量少，柱负载量高，传质性能好等优点，广泛应用于分离工程。

3）液膜法。液膜分离法是一种高效、快速、节能的高新分离技术。以 P291 为流动载体，L113A 为表面活性剂，液体石蜡为膜增强剂，煤油为膜溶剂，硫酸和硫酸肼水溶液为内相试剂，用该乳状液膜体系对铟进行分离富集。

（6）从合金中回收金属铟。

以铅、锡等为主体的多元合金及金属化合物，含有铟、锗等有价金属，可采用碱熔、酸浸的方法回收铟、锗等有价金属。如电炉底铅是以铅、锡等为主体的多元合金及金属化合物，往电炉底铅中加入 NaOH，进行碱熔和碱煮，将细浸出渣酸浸，两段酸浸的铟总浸出率达99%，铟直收率达84.3%。

我国铟的提取工艺在 20 世纪 90 年代初获得突破，在有色金属工业快速发展的大背景下，铟的提取工艺普及非常快，特别是铟价高涨之后，铟的综合回收受到企业的普遍重视，国内科研单位和生产企业针对各种含铟物料的提铟工艺又取得长足进展，因此我国铟产量增长迅速。主要生产厂家工艺特点在于针对不同的含铟原料采取不同的初步富集方法和溶解技术，再根据介质情况选择适合的萃取剂。如华锡集团和柳州铟泰科技有限责任公司提铟原料为含铟量大约 0.2% 的炼锌铁矾渣；葫芦岛锌厂、韶关华力公司、韶关冶炼厂则是从含铟 2%～3% 的硬锌块中提铟；株洲冶炼厂用置换渣（铟 2%～3%）作为提铟原料；柳州锌品公司从生产立德粉的浸出渣（含铟 0.2%）中提炼。

铟的提取工艺以萃取-电解法为主，这也是现今世界上铟生产的主流工艺技术。其原则工艺流程是：含铟原料→富集→化学溶解→净化→萃取→反萃取→锌（铝）置换→海绵铟→电解精炼→精铟。图 13-2 给出了溶剂萃取法提铟的工艺流程。

目前，从铅、锌冶炼副产品中回收铟的工艺已经成熟，日本和韩国以再生铟为主。而再生铟产量比例已接近铟总产量的一半。日本对铟的消耗量已占全球需求的 60%，尽管对铟的回收率达到了 70%，但仍有 27% 被放弃，而直接用于电路的更是不足 3%。按照目前的使用状况，即使进一步提高回收率，即使铟的消耗量中有一半使用替代材料，到 2020 年前后，纯粹的铟资源也将枯竭，最迟也就是在 2025 年。因此，首要摆在面前的问题是如何直接从含铟的铅矿、锌矿等矿石中，在提取主体金属铅、锌等金属的同时富集铟，使矿石的冶炼过程达到实际意义的综合目的，而非仅仅从冶炼的副产品中回收铟，这样可以大幅度的降低

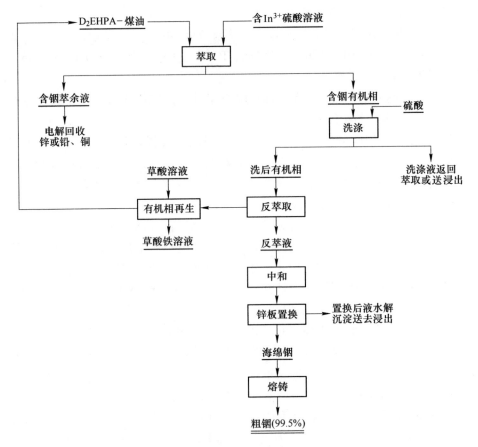

图 13-2　溶剂萃取法提铟流程

生产成本，提高经济效益。

以下是国外对于从 LCD 废料中回收铟的简易循环图（见图 13-3）。将 LCD 操作面板首先碎成小片状，溶解在酸溶液中，铟的氢氧化物被回收出来。它是一个简单的操作过程，其中使用的化学物质简单，不需要大型能源支出（如需要实现高温或高压力）。

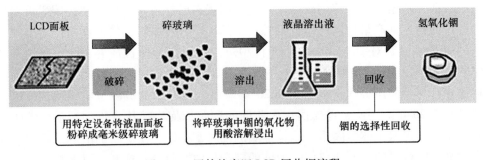

图 13-3　国外从废旧 LCD 回收铟流程

在 ISP 炼铅锌工艺中，精矿中的铟较大部分富集于粗锌精馏工序产出的粗铅中，回收富铟粗铅的铟，一直采用碱煮提铟工艺，存在生产能力小、生产成本高、金属回收率低等缺点。

为了简化铟的提取流程，降低生产成本，提高金属回收率，针对原有的提铟生产工艺，通过条件试验、循环实验及综合试验，研究者开发了"富铟粗铅电解-铅电解液萃铟"提取工艺，确定了新工艺的最佳工艺参数。工艺流程为：粗铅熔化铸成极板，装入电解槽通电进行电解，阳极中的铟溶解进入电解液，当铟富集到一定浓度后，抽出电解液进行萃取、反萃，富铟反萃液经 pH 值调节、置换、压团熔铸后得到粗铟。

以富含铟、锗、镓的锌浸出渣为原料，经浸出、用丹宁沉淀锗和溶剂萃取提取铟、锗、镓的过程。主要包括预处理、提取铟和提取镓等作业。该法于 1975 年在我国研究成功，此法中提取铟这部分的工艺已经用于工业生产，工艺流程如图 13-4 所示。

预处理湿法炼锌厂产出的锌浸出渣中，大部分锌和铁形成铁酸锌（$nZnO \cdot mFe_2O_3$），而 95% 左右的铟、锗、镓以类质同象存在于铁酸锌中。

用锌电解废液浸出含铟、锗、镓的锌浸出渣时，铟、锗、镓转入浸出液。过滤所得的滤液加锌粉置换，铟、锗、镓被置换成金属，获得富含铟、锗、镓置换渣。置换渣用硫酸逆流浸出，控制浸出液最终酸度含游离酸 0.6mol/L 左右，便可使置换渣中 96% ~100% 的铟、锗、镓转入溶液，反应为：

$$2InAsO_4 + 4H^+ = 2In^{2+} + 2H_2AsO_4$$
$$In_2O_3 + 6H^+ = 2In^{3+} + 3H_2O$$
$$FeO \cdot GeO_2 + 2H_2SO_4 = GeO(SO_4) + FeSO_4 + 2H_2O$$
$$ZnO \cdot GeO_2 + H_2SO_4 = H_2GeO_3 + ZnSO_4$$
$$2Ga(OH)_3 + 6H^+ = 2Ga^{3+} + 6H_2O$$
$$Ga_2O_3 + 6H^+ = 2Ga^{3+} + 3H_2O$$

提取铟用 D2EHPA（以 H2A2 表示）萃取液中的铟：

$$In^{3+}(a) + 3[H2A2](o) = [InA_3 \cdot 3HA](o) + 3H^+(a)$$

用盐酸反萃取铟负载有机相，得含铟 67 ~84g/L 的反萃液。反萃液加锌粉置换得海绵铟。海绵铟经压团和碱熔铸后送电解，得纯度 99.99% 的铟。铟的回收率超过 90%。

除了以上介绍提铟的方法外，还有几种新技术，包括液膜分离回收铟、螯合树脂分离回收铟、浸渍树脂分离技术回收铟和微胶囊技术回收铟。

在合适的条件下，运用这些技术可对铟进行有效地分离回收。这些新技术为分离回收铟提供了新的选择。

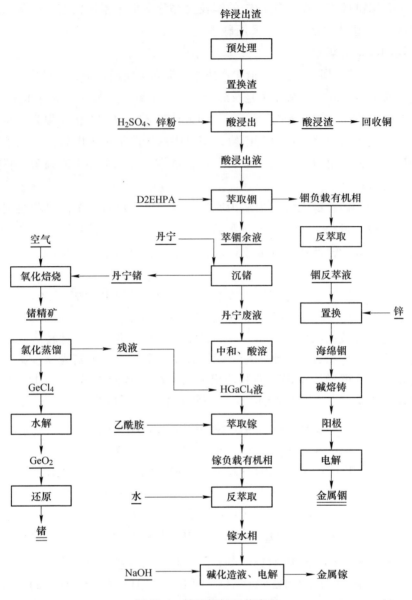

图 13-4　锌渣提铟工艺流程

14 铟的主要用途

金属铟具有延展性好，可塑性强，熔点低，沸点高，低电阻，抗腐蚀等优良特性，且具有较好的光渗透性和导电性，被广泛应用于宇航、无线电和电子工业、医疗、国防、高新技术、能源等领域。生产 ITO 靶材（用于生产液晶显示器和平板屏幕）是铟锭的主要消费领域，占全球铟消费量的 70%；其次为电子半导体领域，占全球消费量的 12%；焊料和合金领域占 12%；研究行业占 6%。

铟称得上"合金的维生素"，铟合金可用作钎焊料，铟是无铅焊料新的重要添加元素，世界无铅焊料的发展趋势有利于铟钎焊料的应用。利用铟合金熔点低的特点还可制成特殊合金，用于消防系统的断路保护装置及自动控制系统的热控装置；添加少量铟制造的轴承合金是一般轴承合金使用寿命的 4~5 倍；铟合金还可用于牙科医疗、钢铁和有色金属的防腐装饰件、塑料金属化等方面。

由于铟具有较强的抗腐蚀性及对光的反射能力，可制成军舰或客轮上的反射镜。铟对中子辐射敏感，可用作原子能工业的监控剂量材料，目前用在原子能工业的铟，大约与电子工业上的用量相近。

铟可在蓄电池中作添加剂，在无汞碱性电池中作为缓蚀剂，可使电池成为绿色环保产品。铟在防止雾化层方面的用量不断增加，铟涂层最初是在汽车制造业中采用，有可能普及到工业及高档民用建筑业中去。日本索尼公司发明了以铟代替钍的新阴极，这样每根电子枪的成本就降到了掺钍电子枪的十分之一左右。因此，在电视机大功率输出、长寿命方面，铟的应用发展前景引人注目。

在光电子领域，铟及其化合物半导体具有广泛的用途。在铟基Ⅲ-Ⅴ族化合物半导体如锑化铟（InSb）、磷化铟（InP）、砷化铟（InAs）等中，研究和应用最早的是锑化铟（InSb），而最受重视并具有潜在应用前景的是磷化铟（InP），它在微波通讯向毫米波通讯方面，作为光纤通讯的激光光源和异质结太阳能电池材料方面，都有突破性进展，展现了铟应用的可喜前景。锑化铟和砷化铟在红外探测和光磁器件方面也有重要用途。在太阳能电池中，含铟化合物薄膜材料正异军突起，以其高转换率、低成本、便于携带等优势受到瞩目。铜铟硒（CIS）等Ⅰ-Ⅱ-Ⅵ三元化合物薄膜半导体材料，由于有价格低廉、性能良好和工艺简单的优点，将成为今后大力发展太阳电池工业的一个重要方向，促使铟在该领域的应用不断增大。以信息技术为中心的新产业已经兴起，铟锡氧化物（ITO）是各类平板显示器不可缺少的关键材料，目前全世界的铟有 75% 左右消耗在这方面，未来仍然大有作为。不仅如此,随着铟的提取、加工技术不断进步,生产成本的降低,铟的应用还在继续拓展。

ITO 靶材。由于铟锭具有较好的光渗透性和导电性,由高纯氧化铟和氧化锡的玻璃态复合物(ITO)在等离子电视和液晶电视屏工业中用来制作透明导电的电极,还用作某些气体测量的敏感元件。全球铟消费的 70% 都用来生产 ITO 靶材。

电子半导体和无线电领域。铟具有沸点高、低电阻和抗腐蚀等特性,在电子半导体和无线电行业也有广泛应用。有相当大部分的金属铟用于生产半导体材料。在无线电和电子工业中,铟用于制造特殊的接触装置,即将铟和银的氧化物经混合后压制而成。铟在焊料和合金领域的应用许多合金在掺入少量的铟之后,可以提高合金的强度、提高其延展性、提高其抗磨损与抗腐蚀的性能等,从而使铟得到了"合金的维生素"这样的美名,也有人称之为"奇妙的铟效应"。

铟合金可以用作太阳能电池的生产。铜铟镓硒薄膜太阳电池具有生产成本低、污染小、不衰退、弱光性能好等特点,光电转换效率居各种薄膜太阳能电池之首,接近晶体硅太阳电池,而成本则是晶体硅电池的三分之一,被国际上称为"下一时代非常有前途的新型薄膜太阳电池"。此外,该电池具有柔和、均匀的黑色外观,是对外观有较高要求场所的理想选择,如大型建筑物的玻璃幕墙,在现代化高层建筑等领域有很大市场。

由于铟延展性(可塑性)极好、蒸气压低,又能够黏附在多种材料之上,所以它被广泛用作高空仪器和宇航设备中的垫片或内衬层材料。铟箔常用作超声波线性阻滞的接触器。在原子能工业中,铟用于制造中子的指示剂。许多铟的合金,常用于制造原子核反应堆中的控制棒。铟还是制造中子检测器的优良材料,并可以与金属镓相媲美。金属铟在工业上最初的应用领域是制造工业轴承,在这方面的用途延续至今。轴承的表面镀上铟,轴承的使用年限比普通镀层的轴承延长 5 倍之多。

铟和镓的合金可以对滑动元件起润滑作用因此也被用于电动真空仪器中。铟易于在金属表面形成牢固的涂层,且有良好的抗腐蚀性能,特别是能阻止碱性溶液的腐蚀作用。

铟的涂层不仅具有鲜艳的色泽而且易于抛光打磨。除了纯铟涂层之外,亦可用铟与锌等合金作为涂层。铟镀层亦用于装饰工艺方面。各种镜子、反光镜和反射器,如果表面镀上铟,则其反射性能会大大加强并耐海水的侵蚀,因此在海上船舶的反光镜常用到这种镀层。此外,表面镀铟的青铜丝网可用于排除真空仪器的汞蒸气。

由于铟的熔点较低,所以用它可制造出多种易熔合金。熔点在 47~122℃ 范围内的这类含铟合金多用于制造各式各样的保险丝、熔断器、控温器及信号装置等。铟的许多易熔合金用作钎焊料。甚至是纯净的金属铟本身，也极易与玻璃、石英、云母的表面润湿，且黏附得极佳。利用铟可以使压电材料制作成的零件相互牢固的焊接在一起。在制作多层集成电路时，选用含铟成分的钎焊料乃是至关重要的一步。

铟的较有发展前景的应用领域是口腔医学领域。已知用作假牙的合金基本上是以金、银和钯为主要成分并添加 0.5% ~ 10% 铟的合金。牙科镶补物的材料中添加少量的金属铟之后，可以显著地提高这些镶补物抗腐蚀的能力和硬度，且这种合金材料不会发乌。

15　高纯铟制备

铟属于稀有金属，地壳中平均含量为 $1 \times 10^{-5}\%$，主要与其性质类似的锌、铜、锡等共生。铟产品主要通过处理冶金过程中的残留物、烟尘、炉渣等来回收。随着科技和生产的发展，铟广泛应用于半导体、电子器件、透明导电涂层（ITO 膜）、荧光材料、金属有机物等领域。这些领域所使用的铟都要求是高纯的，如电子器件、有机金属化合物中要求铟的杂质含量不超过 $10\mu g/g$。铟作为 III-V 族化合物半导体材料，在成品元件中大约 10 个 III-V 族化合物原子中出现一个异质原子，这就要求纯铟材料中的杂质含量要小于 $0.01\mu g/g$。一般要求铟的纯度达 99.999%，甚至要求达 99.9999%。而我国目前生产的纯铟还只是 99.99%，尚不能满足生产的需要。因此，高纯金属铟的研制和开发是一个亟需解决的问题。铟的纯化方法多种多样，日本和苏联起步较早，发展较快，我国发展较慢，目前还停留在生产精铟的阶段。高纯铟的生产方法主要有电解法、真空蒸馏法、区域熔炼法、金属有机化合物法、低卤化合物法等。本章主要介绍目前国内外高纯铟的制备方法及发展方向。

15.1　高纯铟的制备方法

15.1.1　升华法

升华纯化主要是利用 In_2O 或 $InCl$ 的升华来达到纯化铟的目的。将表面氧化的铟放入石英坩埚中，压强为 10Pa，于 200℃下熔化，在 600℃下加热使 In_2O 升华，在 800℃下保温 5h，可完成铟的纯化工作。也可通过 $InCl_3$ 的升华，除去部分杂质，然后和铟生成 $InCl$，再发生歧化反应达到纯化目的。该方法纯化效果好，但是设备昂贵，只适合于少量样品的处理。

15.1.2　区域熔炼法

由于铟具有较低的蒸气压，采用区域熔炼的方法，可使其他一些不能和铟起作用的杂质挥发，如分离 B、Au、Ni 等。尤其适合于铟汞齐精炼后的处理。将汞齐电解后的铟置于涂炭的石英坩埚中，在温度 600～700℃，真空度为 $1.33 \times 10^{10} \sim 1.33 \times 10^{13}$ Pa 下，处理 3～4h，汞含量可降低至 0.08g。但 S、Se、Te 等对铟具有更高的亲和力，不能用区域熔炼法分离。

区域熔炼法操作方便，效率较好，适于制备高纯铟。但为了得到短的熔区，在铟的低熔点下，必须付出较大的冷却费用。

15.1.3 真空蒸馏法

铟的熔点和沸点（分别为 156.61℃、2300℃）比其他元素都大，这个特点可用于单个元素的分离，特别是可有效地进行铟、镉的分离。在 950 ~ 1000℃下，将铟进行真空蒸馏，保温 2 ~ 4h，可降低镉含量达 $10\mu g/g$，Fe、Cd 的去除率达 98%。在 $5 \times 10^{-10} Pa$ 的真空中对铟进行真空蒸馏，铟纯度达 99.999%。该方法的费用较大，仅能处理少批量样品。

15.1.4 金属有机物法

有关金属有机物法方面的文献较少，有文献研究了用 InCl 的吡啶络合物净化铟的方法，产品经分析，不含 Fe、Sn、Pb 等杂质。另有报道，采用 $Al(C_2H_5)_3$ 和 $In(C_2H_5)_3$、$C_6H_5CH_2N(CH)_3F$ 作为电解液电解得到高纯铟。该方法得到的产品纯度高，但烷基铝、烷基铟价格昂贵，尚不能进行实际生产。

15.1.5 离子交换法

一些阴离子或阳离子的交换树脂适合于铟的选择分离。坂野武等人提出了用离子交换法提纯 $InCl_3$ 溶液，将 $InCl_3$ 溶液以一定的空间流速通过强碱性的阴离子交换树脂，Cu、Zn、Cd 等杂质被吸附，从而获得较纯净的 $InCl_3$ 溶液。再置换得海绵铟，精炼产品纯度达 99.9998%。

15.1.6 萃取法

用乙醚进行二次萃取后，再用氨水中和 In 的 HCl 溶液，得 $In(OH)_3$ 沉淀，将沉淀用氢还原或配制成电解液电解可得纯度大于 99.9995% 的高纯铟。或用烷基磷酸萃取铟，用 HCl 从有机相中反萃铟，最后用铝或锌置换，沉淀成为海绵铟，通过进一步的精炼可得到 99.999% 的铟。文献报道，用螯合剂萃取水溶液中的铟，萃取率可达 100%，萃取后铟可被电解析出。萃取法同离子交换法一样，均要求将铟转入溶液，纯化溶液后析出金属铟。这两种纯化铟的方法既有好的一面，也有不好的一面。当溶解原始金属时，得到了初步纯化。纯化的方法多种多样，可选择对每一类杂质最有效的纯化方法。由纯化的溶液析出高纯金属铟，方法的选择性亦很大。但是由于溶解原始金属，对原始金属的稀释很大，并需补充试剂和抗腐蚀的容器材料，同时还会造成废物的大量累积。

15.1.7 低卤化合物法

将铟转化为 InCl 来纯化铟是最方便的。InCl 的特征是能歧化为铟和 $InCl_3$，在水溶液中歧化程度更大，为此，用水处理粉碎后的 InCl。为防止铟歧化后的 InCl 水解，事先加酸使水酸化，洗涤沉淀铟，然后烧熔铸成锭。低卤化合物法易于合成，效果好。但是，至今还未能控制好 InCl 歧化析出铟的速度，导致析出的铟不是小的晶体（小晶体容易过滤），而是海绵铟（包含有较多的母液）。所得的海绵铟需借助于机械压密。然后在甘油层下熔化，铟中的残留母液进入甘油相，方可得到高纯铟锭。

15.1.8 电解精炼法

电解法是在生产实践中最常见的方法，也易于实现工业化，我国目前生产 4N（99.99%）精铟的企业都是采用电解精炼法。电解法的原理是：电解进行时，化学电位比铟低的金属杂质沉积在阳极，成为阳极泥；而化学电位比铟高的金属，若将其浓度降低到足够低的程度，则残留在电解液中而不至沉积在阴极。电解法按照电极状态的不同，可以分为两大类：液体铟汞齐电解法和固体铟阳极电解法。而通常所说的电解精炼法是指固体铟阳极电解法。

15.1.8.1 铟汞齐电解法

由于铟在汞中有较大的溶解度（高达 70.3%，铟的原子百分数），而其他杂质元素难溶于汞，故可用此法来精炼铟。用汞齐电解法精炼铟，发现该方法制得铟纯度高，但该方法不能通过一次电解将杂质降低到需要的范围。如果采用阶梯式双性汞齐电极和点阴极的电解槽进行多次精炼，可使杂质含量进一步降低。铟汞齐电解法的优点有：（1）使用铟汞齐电极，由于杂质扩散速度快，可避免电位较正的杂质在阳极表面累积；（2）杂质元素有一部分不溶于汞，而铟能较好地溶于汞，在阳极过程中即电解汞齐时，铟又能和杂质较好分离；（3）纯度比固体铟阳极电解法的纯度高。但该法也有它的不足之处：（1）铟对汞具有高亲和性，导致难以除去汞；（2）高温除汞造成产品容易被容器材料污染；（3）必须利用一系列其他高纯试剂；（4）汞具有毒性。

15.1.8.2 阳极铟电解法

由于铟中镉、铊电位与铟很接近，难以通过电解法将其除去，往往需对其进行预先纯化。

往铟中加入 20% 的甘油溶液和单质碘熔融，生成络合物。该方法操作简单，除镉效果好。在含有 10% 的氯化锂和 10% 的碘化钾的甘油电解质中将杂质，如镉等，从液态铟阳极中氧化，并使杂质从阳极迁移至阴极而沉积除去。此过程已在车里亚宾斯克电解锌厂实现工业化。

金属铊的去除采用氯化法。用氯气作为氯化剂，在 200 ~ 350℃下作用 1 ~ 3h，Tl 的含量可降低至 2μg/g，甚至达 0.4μg/g。或利用 $NiCl_2$ 除铊，将 $ZnCl_2$ 和

$NiCl_2$ 按质量比为 3：1 组成的熔融体，在 250℃下作用 1～3h，铊首先进入熔体。采用 $NiCl_2$ 的甘油溶液熔炼金属铟，也可以除去铟中 60%～70% 的铊。文献中指出用的甘油溶液和单质碘，熔炼金属铟，用示踪法发现能除去大部分的铊。

在铟的电解精炼中，电解液和电解槽的选择以及电解液成分、电解条件的确定都是至关重要的。常用的电解液为 $In_2(SO_4)_3$-H_2SO_4 电解液体系或 $InCl_3$-HCl 电解液体系，控制 pH 值为 2～3，可抑制铟的水解。但硫酸盐和氯化物作为电解液都有其不足之处：当铟中含有铊时，不宜采用氯化物作为电解液，因为铊在氯化物介质中标准电位比铟更低，使得铊和铟一起沉积在阴极。另外，用氯化物作为电解液，在用 In 和 HCl 反应制备 In 过程中，由于 In 为高纯金属，在常温下反应速度极慢，必须稍微加热，但 HCl 具有挥发性，加热则挥发性加剧，因而在制备 $InCl_3$ 过程中，HCl 消耗很大；同时在电解的过程中，由于 HCl 的挥发性，腐蚀其他设备，极有可能带入新的杂质；阳极反应有可能析出有毒且腐蚀性的氯气，电解槽需密封，制造复杂且使用也不方便。因而尽管 $InCl_3$-HCl 电解液的导电率较高，但还是不宜采用。

当铟中有铅杂质时，不宜采用硫酸盐作为电解液。硫酸铅中铅的标准电位低，引起铅和铟的同时沉积。同时用硫酸盐作为电解液容易引起阳极的钝化。但目前在工业生产中主要采用 $In_2(SO_4)_3$ 溶液作为电解液。这主要是由于 $In_2(SO_4)_3$ 和 H_2SO_4 电解液具有稳定性，在溶解铟过程中可以稍微加热，腐蚀性较低，阳极反应析出的氧气无毒且无腐蚀性，因而电解槽可不密封，结构简单，操作比较方便。

采用有机酸作为电解液，用带隔膜的电解槽进行电解，能除去部分杂质。在电解过程中，为了防止阳极泥颗粒在阴极沉积，可以采用隔膜将阳极和阴极隔开，能进一步提高产品纯度。采用阳离子选择性膜，可以防止电解过程中氯气的产生。离子选择性膜性能比普通隔膜要好，但离子膜制备成本高。20 世纪 80 年代后期，就已经有固体电解质膜精炼铟的研究。但膜易出现裂缝，颗粒使用寿命不长。

让电解质通过活性炭层对电解液净化来使铟纯化的方法，在电解过程中，电解条件较为苛刻，In^{3+} 浓度为 80～100g/L，NaCl 浓度为 80～100g/L，pH 值为 2～3，温度为 20～30℃，电流密度为 60～100A/m^2。通过 1 次或 2 次电解可除去铟中的大部分杂质。为了增加产品的产量，可先采用 100m^2 的电流密度进行电解。电解液的 pH 值控制在 2～3，可以有效防止铟的水解。

通过酸度对电解精炼的影响以及锡离子在电解过程中的行为研究，得出的基本规律是：电解液的 pH 值控制在 2～3 能有效地降低铟中杂质的含量。同时株洲冶炼厂的实践证明，在一次精炼中，pH 值为 2～2.5 的电解液可以防止阴极析出含量最高、危害性最大的锡。为了在阴极得到致密的沉淀，必须往电解液中加入添加剂，如明胶或明胶和有机酸的混合物，这样能抑制阴极上的树状结晶和结瘤的生长。电解中阴极材料的选择较为苛刻，采用较多的为高纯铟片，但也采用高纯铝、钛甚至不锈钢作为阴极，但效果不如纯铟片好。电解法精炼铟工艺流程短，操作简单方便，能进行大规模生产，获得产品纯度高（可达5、6N），但必须完成电解液成分、阴极材料、电解槽的选择和电解条件的确定。

　　用以上方法中的任何一种都不能获得大多数杂质含量少于 $0.1 \sim 0.001\,\mu g/g$ 的金属铟，为了制备更低杂质含量的高纯铟必须综合多种提纯方法，得出一个更好的纯化工艺流程。现常常采用包括低卤化合物法-电解精炼-高真空蒸馏法的联合工艺，该方法具有很大的发展前景。采用这种工艺方法可以获得高质量高纯铟产品。质子分析和中子活化分析指出，在48种被分析的杂质中，15种杂质的含量低于 $0.001\,\mu g/g$，30种杂质的含量低于 $0.01\,\mu g/g$，仅有3种杂质（Al、Ca、Ba）的含量为 $0.01\,\mu g/g$。也有文献报道采用真空蒸馏-电解精炼-拉单晶工艺，可制备 $6 \sim 9N$ 的高纯铟。

15.2　电解法制备高纯铟微粉

　　目前电解法主要用于高纯铟（通过电解产生海绵铟，然后重熔铸锭）的制备，尚未应用到制备高纯铟粉体方面，其主要原因是，在电解过程中，铟以枝晶状生长为主，导致海绵铟产生，而不会产生粉体。通过加入聚乙烯吡咯烷酮来抑制枝晶的生长，从而制备符合一定粒度的粉体。电解法制备高纯铟粉采用的是硫酸铟-硫酸体系，以高纯钛板做阴极，纯度为99.999%以上；阳极采用粗铟，其纯度为99.62%，其杂质元素见表15-1，电解装置及原理如图15-1所示。

表 15-1　铟锭杂质元素含量

元素	Pb	Cd	Sn	Zn	As	Al	Cu	Fe	Ti	其他
含量/%	0.008	0.005	0.004	0.003	0.002	0.001	0.001	0.001	0.001	0.012

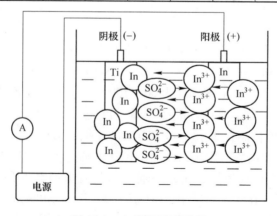

图 15-1　电解装置及原理

电解工艺不但影响粉体的粒度，更主要的是影响铟微粉的纯度。因此有必要从粉体粒度和粉体纯度两个方面来确定铟离子浓度、电流密度、连续电解时间、极距、电解液组成、电解液酸度以及添加剂种类和用量等工艺参数。

15.2.1　铟离子浓度对铟粉体纯度和粒度的影响

工艺参数：铟离子浓度分别取 10g/L、30g/L、50g/L，其余各物质浓度固定；NaCl 浓度为 80g/L、电流密度为 $130A/m^2$，极距为 5cm，硫脲浓度为 0.3g/L，明胶浓度为 0.5g/L，pH 值为 2.5，电解时间为 1h。

表 15-2 列出了电解 1h 后所得铟粉体中杂质元素的含量。从表中可以看到，当铟离子浓度为 30g/L 时所得铟粉体纯度为 99.9809%，较 99.62% 的纯度提高了 0.36 个百分点，基本接近 4N 的纯度。

表 15-2　铟粉中杂质元素含量（不同 In^{3+} 浓度）

$In^{3+}/g \cdot L^{-1}$		10	30	50
杂质元素含量 /$\mu g \cdot g^{-1}$	Cu	36	10	41
	Fe	52	10	26
	Zn	34	6	33
	Tl	167	35	74
	Pb	153	11	46
	Cd	203	32	68
	Sn	164	21	83
	As	85	19	75
	Al	95	8	81
	其他	311	39	74
铟粉体纯度/%		99.8700	99.9809	99.9399

表 15-2 中数据还表明，杂质元素在铟粉体中的含量随着电解液中铟离子浓度的增加，基本呈现先减小后升高的趋势。铟离子浓度低时，通过电解方式进入溶液中的杂质离子浓度就会相应升高，从而在电解过程中，增加了与铟一起沉积的机会；铟离子浓度过高，铟离子沉积速度变大，会导致铟粉体粒度的增大（见图 15-2(c)），从而裹挟一些杂质离子和铟离子一起沉积，造成铟粉体中杂质元素含量增加。

从粉体的电子扫描照片可以看出，铟离子浓度为 30g/L 时所得铟粉体粒度最小。

图 15-3 给出了粉体粒度分析结果，当铟离子浓度为 30g/L 时，粉体粒度小于 $30\mu m$ 的占 75%。铟离子浓度过大时，铟沉积的速度大，分散性差，从而导致粉体粒度变大。

图 15-2　铟粉微观形貌

（a）In^{3+} 浓度为 10g/L；（b）In^{3+} 浓度为 30g/L；（c）In^{3+} 浓度为 50g/L

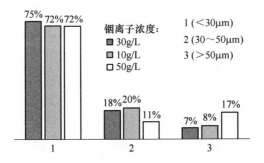

图 15-3　不同铟离子浓度下粒径分布对比

15.2.2　电流密度对铟粉体纯度和粒度的影响

工艺参数如下：铟离子浓度 30g/L，NaCl 浓度为 80g/L，极距为 5cm，硫脲浓度为 0.3g/L，明胶浓度为 0.5g/L，pH 值为 2.5，电解时间为 1h。电流密度分别取 110A/m²、130A/m² 和 150A/m²。所得粉体杂质元素含量见表 15-3。可见，电流密度在 130A/m² 时所获得的粉体纯度较高。电流密度对杂质元素含量的影响不是很大，但是 Tl、Cd 元素除外。随电流密度增加，Tl、Cd 元素与铟共沉积的量也越大。因此在电解过程中，为了获得较高纯度的铟粉，必须严格控制电流密度。有资料表明，通过预先纯化的方法，可以有效减少 Tl、Cd 元素与铟的共沉积，提高铟粉纯度。

表 15-3 铟粉中杂质元素含量（不同电流密度）

电流密度/A·m⁻²		110	130	150
杂质元素含量 /μg·g⁻¹	Cu	39	10	32
	Fe	21	10	39
	Zn	26	6	35
	Tl	29	35	123
	Pb	38	11	47
	Cd	30	32	119
	Sn	87	21	69
	As	23	19	17
	Al	34	8	21
	其他	253	39	205
铟粉纯度/%		99.9420	99.9809	99.9293

图 15-4 给出了三种不同电流密度下所得粉体的扫描电镜照片以及不同电流密度下粉体粒度分布。电流密度过大，粉体形成及沉积速度过快，导致粉体粒度过大；电流密度过小，虽然可以获得粒度比较均匀的粉体，但粒径相对较大；当电流密度为 130A/m² 时，虽然粒度分布不是很均匀，但此时粉体粒度最小。

(a)　　　　　　　　　　　　　　　　(b)

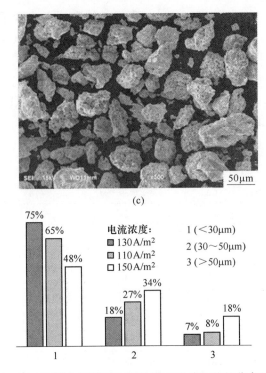

图 15-4　不同电流密度下铟粉微观形貌和粒径分布对比

（a）电流密度为 110A/m²；（b）电流密度为 130A/m²；（c）电流密度为 150A/m²

15. 2. 3　连续电解时间对铟粉体纯度和粒度的影响

工艺参数如下：铟离子浓度为 30g/L，NaCl 浓度为 80g/L，电流密度为 130A/m²，极距为 5cm，硫脲浓度为 0.3g/L，明胶浓度为 0.5g/L，pH 值为 2.5，连续电解时间分别取 1h、3h 和 5h。所得粉体杂质元素含量见表 15-4。

表 15-4　铟粉中杂质元素含量（不同连续电解时间）

电解时间/h		1	3	5
杂质元素含量 /μg·g⁻¹	Cu	10	25	69
	Fe	10	23	61
	Zn	6	19	58
	Tl	35	51	128
	Pb	11	34	91
	Cd	32	62	133
	Sn	21	69	116
	As	19	35	74
	Al	8	18	61
	其他	39	64	105
铟粉纯度/%		99.9809	99.9600	99.9104

　　数据分析表明，随着连续电解时间的延长，通过电解后进入电解液中的杂质元素含量也随之增加，为其与铟共沉积创造了条件，所以粉体中杂质含量明显增加。图15-5 给出了三种不同连续电解时间所得粉体的扫描电镜照片以及粉体粒度分布，可见当连续电解 1h 时，所得粉体粒度最小。随着连续电解时间的延长，所得粉体的粒度逐渐增大。其原因是电解时间的延长，晶核有了充分的时间长大，导致粉体粒度增加。

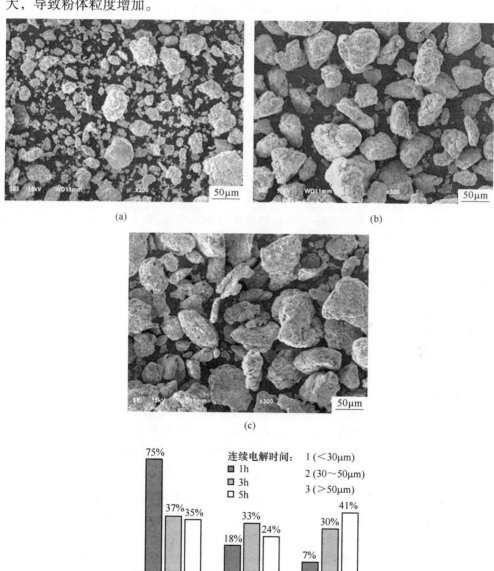

图 15-5　不同连续电解时间下铟粉微观形貌和粒径分布对比
（a）1h；（b）3h；（c）5h

在电解过程中，化学电位比铟正的金属杂质沉积在阳极，成为阳极泥；而化学电位比铟负的金属，若其浓度足够低，则残留在电解液中而不至沉积在阴极。Cu 的电位远远高于 In 的电位，因此大部分 Cu 都是以阳极泥形式沉淀在阳极下方，对比表 15-2 至表 15-4 的数据，不难发现，Cu 在铟微粉中的含量都在一个数量级上，含量变化不是很明显。而且与铟电极中 Cu 含量相比，只有不超过 7% 的 Cu 进入了铟微粉。对比表中数据还可以发现 Fe、Zn、Al 三种元素在 In 微粉中的含量也都在一个数量级上，而且进入粉体中元素含量都不超过 10%。Fe、Zn 和 Al 三元素的化学电位比 In 负的多，在电解过程中优先放电而进入电解溶液中。这说明无论采用哪种工艺进行电解，三种元素由于活性大而多数存在于电解液中。粉体中沉积的三种元素的百分数分别为 Al 6.1%、Fe 6.1%、Zn 1.45%，可见元素在粉体中沉积多少与活泼金属的活性没有明显关系。对于镉、铊、锡、铅这四种元素来说，由于其化学电位与铟的电位相近，所以电解时很难除去。而且随着电解工艺参数的改变，在铟粉体中沉积的量明显不同：In 离子浓度越小，连续电解时间越长，电流密度越大，共沉积杂质的量越多。其原因可能与铟枝晶状生长有关。这种枝晶状生长使得铟粉体具备较大的比表面积，与溶液中杂质离子的接触机会随之增大。这些与铟粉体表面接触的杂质离子，很容易获得电子而被还原出来，进而沉积在铟粉体内部，造成了铟粉体杂质含量的增加。因此，除了调整恰当的工艺参数是获得纯度较高铟粉体的保证之外，防止铟的枝晶生长也是获得纯度较高粉体的保证。有资料表明，添加剂明胶或明胶和有机酸的混合物能抑制阴极上的树状结晶和结瘤的生长。本研究中所采用的聚乙烯吡咯烷酮抑制铟电解的枝晶及结瘤生长效果更优。关于其抑制生长机理，有待于进一步研究。

15.2.4　电极之间距离（极距）对铟粉体纯度和粒度的影响

工艺参数如下：铟离子浓度为 30g/L，NaCl 浓度为 80g/L，电流密度为 130A/m^2，连续电解时间为 1h，硫脲浓度为 0.3g/L，明胶浓度为 0.5g/L，pH 值为 2.5，电极之间距离分别取 3cm、5cm 和 8cm。所得粉体杂质元素含量见表 15-5。

电解时，随着电极间距离的增加，Tl、Pb、Cd、Sn 四种元素在制备所得铟粉中的含量基本没有明显变化，说明极距对于与 In 电位相近元素的区分度不明显，铟离子与 Tl、Pb、Cd、Sn 四种杂质离子在向电极运动的速率也基本一致，才会导致含量基本不变，这可能是离子协同效应所致。而 Cu、Fe 等元素的含量，却是随着极距的增加而减少，说明这两种元素由于 In 离子而优先放电，Al 和 As 的含量却呈现先减少后增加的趋势。图 15-6 给出了三种不同电极距离电解所得粉体的扫描电镜照片以及粉体粒度分布，可见当电极距离为 5cm 时，所得粉体粒度最小。电极距离较短，金属电沉积的速度较快，成核速率大，多核晶体彼此交联，使得粉体颗粒较大；距离较长时，金属离子传质时间比较长，金属沉积成核后，给了表面活性剂充分包裹粉体的时间，使得粉体颗粒细小。

表 15-5　铟粉中杂质元素含量（不同极距）

电极距离/cm		3	5	8
杂质元素含量 /μg·g^{-1}	Cu	25	10	19
	Fe	23	10	21
	Zn	19	6	58
	Tl	51	35	68
	Pb	34	11	31
	Cd	62	32	63
	Sn	69	21	66
	As	35	19	74
	Al	18	8	61
	其他	64	39	107
铟粉纯度/%		99.9354	99.9809	99.9432

图 15-6　不同电极距离电解所得铟粉微观形貌

（a）1h；（b）3h；（c）5h

图 15-6 中（c）显示，虽然有很多微小粉体存在，但同时也存在着晶粒较大的粉体，这可能是粉体团聚现象所引起的。因此要得到粒度更小的铟微粉，需要寻找更好的分散剂进行分散。这也是下一步进行研究的重点。

15.2.5　电解液组成（NaCl 浓度）对铟粉体纯度和粒度的影响

氯化钠作为改善加强导电作用的电解质加入电解液中，对粉体纯度及粒度均有一定的影响。本节内容就是探讨改变电解液组成中氯化钠含量，探讨其含量对铟粉体纯度和粒度的影响。NaCl 浓度分别为 60g/L、80g/L、100g/L，其他电解工艺参数如下：铟离子浓度为 30g/L，电流密度为 130A/m^2，连续电解时间为 1h，硫脲浓度为 0.3g/L，明胶浓度为 0.5g/L，pH 值为 2.5，电极之间距离为 5cm。所得粉体杂质元素含量见表 15-6。

表 15-6　铟粉中杂质元素含量（不同氯化钠含量）

NaCl 浓度/g·L^{-1}		60	80	100
杂质元素含量 /μg·g^{-1}	Cu	15	10	16
	Fe	13	10	24
	Zn	9	6	55
	Tl	21	35	68
	Pb	14	11	34
	Cd	22	32	60
	Sn	19	21	61
	As	15	19	69
	Al	8	8	63
	其他	34	39	83
铟粉纯度/%		99.9830	99.9809	99.9467

随着 NaCl 浓度的增加，电解所得铟微粉纯度下降。这是由于 NaCl 浓度变大时，电解质导电作用变大，金属离子的传质速度变快，杂质离子与铟离子被选择性沉积的可能性变小，造成了铟与杂质金属的共沉积。尤其是 Tl、Pb、Cd、Sn 这四种元素，由于其沉积电位与 In 离子的沉积电位相差不大，又由于氯化钠的强导电作用，导致了这四种离子与铟的共沉积，纯度下降。从表中数据还可以看出，金属铜在粉体中的含量没有明显变化，说明氯化钠的导电作用并不能使惰性强的金属离子和铟共沉积。

图 15-7 给出了三种不同电极距离电解所得粉体的扫描电镜照片。可见粉体粒度随着 NaCl 浓度的增加而变大。虽然 NaCl 浓度在 100g/L 时导电性能最好，其铟成核的概率变大，应该能够形成颗粒细小的粉体，但是粉体过细，其团聚现

象是不可避免的，因此导致了粉体粒度变大这一现象。这与电解时电极距离较短，金属电沉积的速度较快，成核速率大，多核晶体彼此交联，使得粉体颗粒较大这一结果一致。

(a)   (b)

(c)

图 15-7　不同 NaCl 浓度电解所得铟粉微观形貌
（a）60g/L；（b）80g/L；（c）100g/L

15. 2. 6　电解液酸度（pH 值）对铟粉体纯度和粒度的影响

工艺参数如下：铟离子浓度为 30g/L，NaCl 浓度为 80g/L，电流密度为 130A/m^2，连续电解时间为 1h，硫脲浓度为 0.3g/L，明胶浓度为 0.5g/L，电极之间距离为 5cm，pH 值分别取 1.0、2.5 和 4.0。所得粉体杂质元素含量见表 15-7。

电解液 pH 值为 1 时，电解所得粉体中，Tl、Pb、Cd、Sn 四种元素的含量高于电解液 pH 值为 2.5 时所制备的粉体，而在 pH 值为 4 时制备所得铟粉中，这四种元素的含量偏低。因此随着 pH 值升高，Tl、Pb、Cd、Sn 四种元素的含量降低。但是，在 pH 值为 4 时制得的粉体中，其他元素含量明显高于其余两组，这是由于 pH 值升高后，电解液中 OH^- 浓度增加，使得铟离子与其结合，形成 $In(OH)_3$ 沉淀变得容易，因此在沉积的粉体中，掺杂了大量的其他离子，这就促使铟粉体纯度大大降低。因此，采用电解工艺制备铟粉时，电解液 pH 值这一因素至关重要。这与文献中铟的电解制备时 pH 值小于 3 的结论基本一致。

表 15-7　铟粉中杂质元素含量（不同 pH 值）

pH 值		1.0	2.5	4.0
杂质元素含量 /μg·g⁻¹	Cu	14	10	19
	Fe	19	10	21
	Zn	6	6	8
	Tl	58	35	28
	Pb	31	11	11
	Cd	62	32	23
	Sn	61	21	16
	As	69	19	74
	Al	8	8	61
	其他	88	39	326
铟粉纯度/%		99.9584	99.9809	99.9413

图 15-8 给出了三种不同 pH 值条件下电解所制备粉体的微观形貌和粒度特征。pH 值越小，所得粉体越细小。当 pH 值为 4.0 时，电解所得粉体颗粒粒径已达 $100\mu m$ 左右，结合纯度分析结果，除了铟粉体外，其表面可能会沉积有 $In(OH)_3$ 沉淀，使其颗粒团聚现象更加突出。

15.2.7　添加剂对铟粉体纯度和粒度的影响

金属电解时，选择适当的添加剂种类和用量，既可以改变沉积金属的表观形貌，又可以改善电流效率。尤其是对于本实验来说，既希望制备纯度较高的铟微粉，又要对粉体的粒度进行控制。经查阅大量文献，最终确定了明胶和硫脲两种添加剂进行优化组合，通过对铟粉体纯度和微观形貌的分析，得到最佳配比。

当只用明胶作添加剂时，所得的产物为非粉体状。这是由于明胶不能抑制铟电解时的枝晶生长。铟枝晶生长造成的后果就是产生海绵铟（见图 15-9（a））。当只用硫脲作为添加剂进行电解时，可以制得铟的颗粒状粉体产物（见图 15-9（b）），说明硫脲对其枝晶生长有一定的抑制作用，但是其电流效率很低。由于两种添加剂各有其优点，故本实验将二者结合起来进行试验，得到了一定粒度的粉体（见图 15-6（c））。

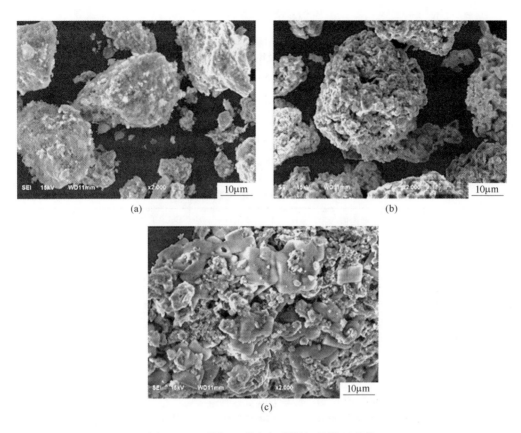

图 15-8 不同 pH 值电解所得铟粉微观形貌

（a）pH 值为 1.0；（b）pH 值为 2.5；（c）pH 值为 4.0

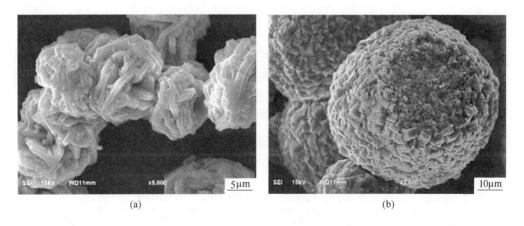

图 15-9 不同添加剂电解所得铟粉微观形貌

（a）明胶；（b）硫脲

15.2.8　电流效率及成品回收率测定

电流效率是指当一定电量通过电极时，实际获得的产物质量（$m_{实际}$）与根据法拉第定律应获得的产物质量（$m_{理论}$）之比。

表 15-8 给出了多次试验测得的电流效率，其最高为 76.73%，最低为 63.13%，平均电流效率为 70.104%，这说明铟电解制粉的电流效率不是很高，这可能由两方面原因造成：（1）电解过程中有析氢现象发生，一部分电子被氢离子得到；（2）杂质离子所致。

表 15-8　铟粉电解的电流效率（CE）

试验次数	理论值/g	实际值/g	CE/%	平均电流效率/%
1	3	2.146	71.53	
2	3	2.302	76.73	
3	3	1.894	63.13	70.104
4	3	2.068	68.93	
5	3	2.106	70.20	

粉体成品回收率的测定方法是采用湿法筛分的方式（置于筛中一定重量的粉料试样，经适宜的分散水流冲洗一定时间后，筛分完全），将满足 $500\mu m$ 以下的粉体筛分走，留下粒度较大的颗粒，通过测定留下颗粒的质量（$m_{余}$）及原来粉体物质的质量（$m_{原}$）来确定成品率。其计算公式为：

$$成品率 = 1 - m_{余} / m_{原}$$

经多次测定，其结果见表 15-9。

表 15-9　铟粉粉体成品率

试验次数	样品质量/g	剩余质量/g	成品率/%	平均成品率/%
1	1	0.146	85.4	
2	1	0.302	69.8	
3	1	0.149	85.1	84.58
4	1	0.068	93.2	
5	1	0.106	89.4	

由表 15-9 可知，成品率最高的已达 93.2%，最低仅为 69.8%。造成成品率存在差异的原因可能是电解时工艺操作不够精细。

综上所述，若是电解阳极铟的纯度更高，则电解所得铟微粉的纯度亦将越高；因此电极纯度是决定铟微粉纯度的关键因素。为了获得更高纯度的铟微粉，可以采用多级电解方式达到。除此之外，铟微粉电解工艺与电解制备海绵铟的工艺一致，只是工艺参数微调，因此就工业生产本身来讲，具有一定的工业生产可行性。当然，这里还有一些科学问题（如吡咯烷酮的抑制团聚机理等）亟待科研工作者研究突破。

16　铟回收和再利用

铟的应用领域相当广泛：全世界 70% 以上的铟用于 ITO 靶材，因此在回收利用时，ITO 靶材是最大的领域；除此之外，铟还可以用于生产半导体材料及无线电领域、太阳能电池领域、特种合金领域等。铟的产业链及可回收领域如图 16-1所示。

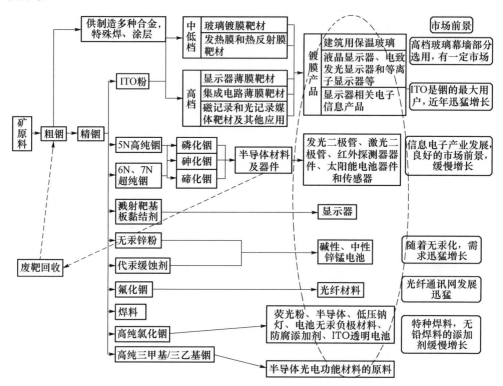

图 16-1　铟产业链及可回收领域

直到 20 世纪 90 年代中期，人们还普遍认为纯金属形式的铟是没有毒性的，是一个安全的金属。在焊接和半导体行业，铟的接触相对较高，但没有任何有毒副作用的报告。但铟的化合物可能不是这样，有一些未经证实的证据表明：铟有低水平的毒性。例如，无水三氯化铟有相当的毒性，而磷化铟不但有毒，且是可疑致癌物质。

2001 年有报告指出，在处理铟锡氧化物的劳动者中有劳动者因吸入铟锡氧化物（indium tin oxide，ITO）导致间质性肺炎并死亡。在近年的研究中，动物实验确认化合物半导体磷化铟有致癌作用，在其他的铟化合物加入磷化铟可观察到严重的肺损伤等。因此在平板显示器等需要增加 ITO 的情况下，铟对健康的影响可能会成为一个问题。

美国和英国已公布了铟的职业接触限值均为 $0.1\,mg/m^3$。说明铟的毒性不可轻视。液晶显示器含有铟，新华社曾发过这样一篇报道："28 岁的黄力（化名）就职于江苏一家生产手机液晶显示屏的企业，主要工作是将一些金属粉喷在液晶屏幕模板上。工作两年后，他经常呼吸困难、喘不过气来，检查发现肺部布满雪花状的白色颗粒物。经过半年多时间的医学循证，呼吸科专家认为黄力是罕见的铟中毒，他血液里的铟含量是常人的 300 倍。黄力肺里的粉尘颗粒无法抽出，所以肺部功能很难恢复，而且还在不断地自我排出蛋白质。所以每隔一个月就要到医院进行一次全肺灌洗，否则就可能旧病复发，有生命危险。"可见，金属铟对人体健康危害不容忽视。

铟的生产企业需要对可能存在铟及其化合物污染的工程项目，做好有害因素的源头治理工作，在铟及其化合物作业环境中，需要安装有效的通风设施，生产过程中尽可能封闭粉尘来源，保证工作场所铟及其化合物空气浓度标准符合国家职业卫生标准。劳动者在工作场所必要时需要戴防尘口罩，遵守操作规程。从事铟及其化合物作业的人员应当定期接受职业健康检查，对存在职业禁忌者应及时调离铟及其化合物作业场所。

因此，从避免环境污染以及对人体造成的危害和铟资源短缺这两方面来看，做好铟的回收和利用都是必要的。

16.1　由 ITO 废靶材合金回收铟

靶材溅射镀膜利用率一般仅约 60%，其余为废靶，同时在靶材生产过程中还产生边角料、切屑等，皆成为制取再生铟的资源。由于 ITO 靶材是最主要的铟消费，现已占铟消费总量的约 3/4 以上，每年高达 600t 以上（2004 年数据），因此废靶材是最重要的铟再生资源，废靶材回收铟的数量和成本也是牵制铟交易和铟价的一个重要因素。目前生产铟靶和再生铟数量最大的国家是日本，2004 年生产了再生铟 230t，占消费量的 42.51%。

ITO 靶材是由 In_2O_3 和 SnO_2 组成的氧化物烧结体，要有效回收其废料中的铟，需铟与锡分离，可利用铟与锡性质的差异进行分离。可供选择的分离方案有如下 3 种：

（1）酸溶废靶材：使 In_2O_3 和 SnO_2 溶解进入溶液，然后用铟板置换出溶液中的锡，再用铝板置换出溶液中的铟，得到粗铟。粗铟经电解精炼生产高纯铟。此法简单快捷，但溶解作业时由于锡化物呈胶态沉淀物，致过滤困难，且过程成本不低。酸法处理 ITO 靶材工艺流程如图 16-2 所示。

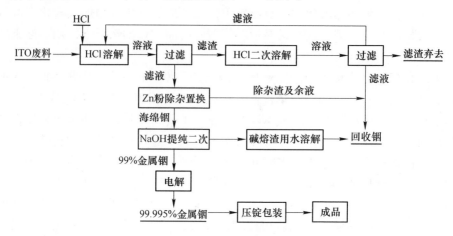

图 16-2　酸法处理 ITO 靶材工艺流程

（2）高温下与碱作用使废靶材中 SnO_2 生成易溶于水的 Na_2SnO_3、K_2SnO_3。溶解后 In_2O_3 残留在渣中，再用常规法提铟。此方法的缺点是锡的分离不彻底，仍有约 40% 留于碱溶渣中。

（3）将废靶于高温下用氢气或碳还原成铟锡合金，再将此合金通过两次电解精炼，直接回收铟。

三个方案相比较，显然第三种方案较简单、易行、可取。此方案的技术条件与指标如下：

（1）高温碳还原：将块状废靶破碎至 2～5mm，混入活性炭，装入坩埚，送入高温炉，在 1300℃ 下停留 5h，冷却至 300℃ 加入适量 NaOH，使熔渣与合金分开，倒出合金，铸成阳极板。生产规模大时，可使用感应电炉。所得合金组成为：In 90.8%、Sn 9.87%、Fe 0.009%、Cu 0.0053%、Pb 0.0085%，铟熔炼回收率大于 87%。也可使用氢还原，温度可降低至 1000℃，但不如碳还原方便、简单、成本低。

（2）合金二次电解精炼：以还原所得的 In-Sn 合金为第一次电解的阳极，第一次电解产物为第二次电解的阳极。两次电解均用钛板为阴极，硫酸盐溶液为电解质，电解技术条件和结果如下：

第一次电解残极率大于 65%，第二次电解残极率小于 45%。

残极的化学成分为：第一次残极 In 10.49%、Sn 59.62%、Fe 0.0013%、Cu 0.0031%、Pb 0.0014%；第二次残极 In 99.02%、Sn 0.078%、Fe 0.0028%、Cu 0.0055%、Pb 0.0085%。

显然第一次电解具有极强的除杂效果。

通过清理第一次电解时阳极板上的高锡壳、缩短电解液除杂周期，增加电解液除杂次数等措施，可保证工艺控制稳定、作业顺行。而通过二次电解可进一步分离杂质，得到99.99%金属铟。

16.2 从LCD中回收铟

LCD以其体积小、质量高等优势占据了显示器市场的大部分份额。自2010年以来，全球每年平均有超过两亿的液晶电视出售。统计数据显示，平板电脑和笔记本电脑的销售量与电视相仿。而液晶电视的平均寿命是三到五年，电脑和手机的使用寿命甚至更短。不难预见，冗余的废弃液晶显示器将成为主要的废弃电子电器。

液晶显示器可以分为几个部分组成。如图16-3所示，包括其主要功能部分——LCD面板、印刷电路板、背光灯以及金属边框。事实上，在这些液晶显示器的组件当中有一些有害物质，例如：冷阴极荧光灯中的汞在早些时候就作为光源应用于LCD。此外，它还包含10~25种有机化合物，如：联苯、环己烷和氰氟化合物、溴、氯等。据报道，其中部分物质有害人体健康。应对LCD面板中的高浓度铟予以更多的关注。因此，没有进行适当处理而丢弃的废旧LCD会对人类健康和环境造成重大威胁。

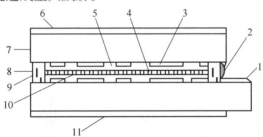

图 16-3　液晶显示器结构

1—ITO电极；2—导通点；3—导电ITO图案；4—液晶；5—定向层（PI）；6—上偏光片；
7—玻璃基板；8—边框胶；9—玻璃棒；10—塑料棒；11—下偏光片

而对液晶显示器的常规处理办法就是焚烧或者填埋。而这两种方法都没有考虑到这些难以生物降解的污染物会排放到大气中，导致温室效应和第二类水污染。因此，应采取适当的方法处理液晶电子设备组件中所包含的有害物质，并有效的提取其中有价值的材料。自2000年以来，陆续开展了一系列废弃LCD的相关处理研究，主要针对安全处理和回收有价材料方面，例如玻璃衬底中有85%（质量分数）的LCD板材，而且液晶十分昂贵并具有一定的危险性。然而，现今并没有铟回收的进一步研究。与此同时，一些大型的LCD设备生产商开始探索回收LCD中的铟。但是，从工厂的实地考察来看，欧洲并没有建立起系统的LCD铟回收。事实上，一项联合国环境规划署的调查表明废弃LCD中铟的回收率不足1%。

一方面，废 LCD 与含铟矿石相比是一种潜在的资源。作为铟最重要的载体矿物，铟在闪锌矿中的含量在 $1 \times 10^{-6} \sim 1 \times 10^{-4}$，而在 LCD 中却达到了 2.5×10^{-4}。据报道，未加工材料中的铟含量在 0.002%，通常情况下 LCD 中的铟含量超过了 0.003%。另一方面，LCD 中铟内含物的环境影响也要考虑到。LCD 中的微溶 ITO 排放物会引发细胞毒性甚至间质肺损伤的风险。随后，据报道，ITO 在某些情况下可能导致肺部疾病和癌症。随着大量液晶电子设备的出现以及全球性铟矿的稀缺，废弃 LCD 中铟的回收变得物超所值。

16.3　从废弃液晶显示器中回收铟的工艺

近些年一些研究者试图设计出从废弃液晶显示器中回收铟的工艺，笔者对一些典型的铟单一回收途径进行了总结，如图 16-4 所示。首先，作为回收铟的原材料，采用拆除破碎、热解、电解等多种预处理工艺对 ITO 玻璃进行分解；然后，利用酸将铟从 ITO 玻璃中溶解出来；最后，利用不同的物理手段来去除各种杂质。例如，高温分解 ITO 玻璃的主要残留物，一般采用真空氯化提纯法获得高纯度的氯化铟。此外，在酸浸之后，进行溶剂萃取、均匀的液-液萃取。阴离子交换树脂能够有效分离杂质元素并净化铟。

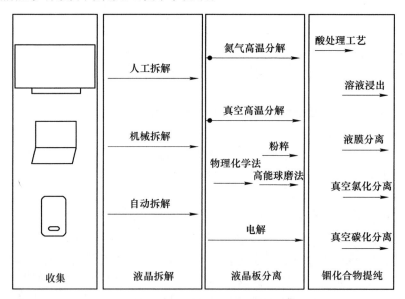

图 16-4　从 LCD 回收铟的途径

16.3.1　废弃液晶显示器的预处理

以废液晶显示屏回收铟的工艺中，想得到纯净的 ITO 玻璃原料，预处理是不可或缺的一个环节。首先，废液晶显示器需要破碎塑料外壳，并拆除背光源来得到液晶面板。此外，一些老的液晶显示器所采用的 CCFL 代替 LED（光发射二极管）作为光源。拆除 CCFL 应在密封环境中进行以避免汞泄漏。

16.3.1.1 拆解

作为回收过程中不可缺少的一部分，拆除不仅要将荧光灯等有害成分进行选择性分离，也需要将高质量的有价材料回收，例如印刷电路板，这对于不同的组件的重新使用有利。虽然液晶显示器可以应用于不同类型的电子设备，包括电视、手机和电脑等，但是拆解过程是一致的。拆解的类型（包括拆除危险元件和分离不同类型的有价材料）可以简单地分为手动拆解和机械拆解两种。

这两种针对显示器回收处理的拆解方法都已经投入使用。从废 LCD 面板回收有用成分的效率来看，手工拆解法优于机械拆解法。人工处理可以回收 90% 以上的金属，而机械处理的回收率不到 10%。拆卸方法除了在金属回收率上进行比较外，还需要结合拆解成本以及拆解效率两方面来衡量。相比手工拆解，机械拆解有多种方式，例如：圆锯、水射流切割和激光切割，其拆解效率都比人工拆解高得多。回收废弃液晶显示器中铟以及其他有价元素，自动拆解也应得到鼓励。但是，当前仍没有有效经济的自动化大规模生产回收大批量的液晶显示器。虽然在欧洲的一些公司声称已经开始了自动拆解系统的实际运用，但目前相关工艺的效率数据尚未公布。因此，从经济成本和质量评估的方面考虑，拆解液晶显示器的最佳处理方法仍是手动拆解。

16.3.1.2 废旧液晶屏预处理

拆除后，背光将完全消除。其余液晶面板的夹层结构组成分两种：覆盖在 ITO 薄膜外的玻璃和偏光镜外层之间的液晶。ITO 玻璃尺寸还原法也是一个重要的预处理方法，此方法可以将偏光镜和液晶拆除，获得 ITO 玻璃，ITO 玻璃可以作为后续回收铟的原料。最终的处理方法是多种多样的，如热解或物理联合处理或机械处理法以及电分解法等。

16.3.1.3 热解

在焚烧等传统处理的基础上，研究者认为，热解是消除有机材料的一种有效方法。燃烧后得到的残渣主要成分是 ITO 玻璃，这是进行铟回收的主要原材料。含有苯环的棒状分子之一的液晶，对人体健康构成严重威胁，在热解过程中可将其消除，该问题就得到了解决。图 16-5 所示的有机材料的热解流程常常被用在液晶面板热解上。首先，将 ITO 玻璃放入电炉（electric furnace）中的陶瓷箱（ceramic pipe）中，然后通电加热，当温度由 573K 迅速上升至 973K 时，ITO 玻璃中的可燃物质，如偏光片、彩色滤波器等得到的充分燃烧，液晶玻璃上的绝缘保护薄膜也充分燃烧。燃烧后，将作为保护气体的氮气通入陶瓷炉中，目的是将燃烧后的灰分吹出，留下燃烧后的固体粉末。

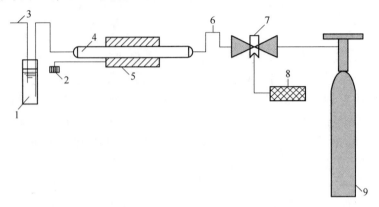

图 16-5　ITO 靶材热解流程

1—氢氧化钠溶液；2—加热器；3—气体排出管；4—陶瓷管；5—电炉；

6—气体导管；7—塞子；8—气体压缩机；9—氮气钢瓶

在热解过程中，由于其具有相对较高的反应温度（673K 以上），因此氮气的通入将会消耗大量的能量。混合了大量的氮气的热解气体，不可能直接重复使用。更重要的是，氮的消耗以及随后吸收装置中氮氧化物的处理也需要额外的较大的费用。此外，也不能保证有足够的时间充分分解可燃材料，并且还容易产生二噁英等持续性有机污染物。因此，有必要安装冷却装置，使气体在冷却器中冷却至 289～323K，在冷却系统的末端，常常装入活性炭，目的是为了使末端排出的气体达到排放标准。被吸附出去的气体主要指的是具有较强酸性的气体，如 HF、HCl 等，而留下的固体残留物就是含有铟的 ITO 玻璃。但是热解后的 ITO 玻璃具有一定黏性，因此大多是以大块形式聚集一起。为了以后铟等物质的提取方便，往往在设备的后端用加压到 0.5～0.8MPa 的细砂冲击玻璃板来得到较细的颗粒（主要是 ITO 膜）。

与氮热解相比，真空热解反应由于不使用氮气，而且可以在一个相对低的温度下反应，因此具有一定的发展前景。真空冶金不但在有色金属冶炼中有较广泛的应用，而且这种方法也被应用到从玻璃漏斗中分离重金属。在目前液晶面板真空热解技术的过程中，可燃物和有机物质的分解活化发生在相对较低的温度。因此，热解气体是纯净的，可以重复使用。有研究者按照图 16-6 所示的设备和流程来处理废液晶面板，取得了一定的进展。将液晶显示器放在石墨坩埚中，确保液晶玻璃能在石墨坩埚中形成，然后密封炉子并由无油真空泵抽真空到 50Pa 的压力。热解时，将温度恒定在 573K，使有机材料和油裂解气体充分燃烧。最后，附着在 ITO 玻璃板上的固体残渣被剥离。在那之后，ITO 玻璃粉碎成颗粒作为原材料来回收铟。

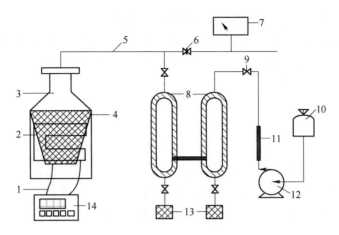

图 16-6　真空热解装备及流程

1—热偶；2—加热器；3—炉体；4—石墨坩埚；5—管道；6—精密止流阀；7—真空计；
8—冷却器电容器；9—球阀；10—气袋；11—风箱；12—无油真空泵；
13—液体收集器；14—控制柜

16.3.1.4　物理化学方法

由于液晶面板的层结构是使用密封胶将它们粘在一起的，一些研究者提出的物理结合化学方法从液晶显示器上将偏光膜和有毒液晶依次拆分和剥离。与热解技术相比，物理化学法是更环保且技术上具备可行性的工艺。液晶面板上偏光膜粘接的黏结剂主要有两种：醋酸纤维素和聚乙烯醇。加热液晶面板到 503 ~ 513K 之间，这两大类的树脂偏光膜变软，并逐渐凸出于面板。剩余的残留物可以用硬毛刷手动除去。据报道，通过热冲击，偏光膜的去除率可以接近 90% （质量百分比，下同）。随后，ITO 玻璃被粉碎成小颗粒，放到丙酮中，用 40kHz 的超声波搅拌浸出，去除液晶。据报道，通过这种方式，超过 85% 的液体晶体会被除去，并可以用通过蒸馏净化、蒸馏回收步骤回收液晶。

物理-化学方法与热解相比可以节省更多的能源。但仍然有一些缺点，例如用于去除液晶的丙酮毒性较强。因此，在浸出过程中容易造成二次环境污染。同时，加工效率低于热解。

16.3.1.5　电拆解

类似于破碎等的机械处理方法，并不是完美的方法，因为他们消耗大量的能量，并不可避免地造成铟损失。同时，也不可能通过破碎来回收特定的玻璃基板。因此，找到可用的环保、高效、充分回收铟的技术变得尤为重要。

采用电拆解液晶玻璃板材能够不破碎玻璃，但是需要很高的电流和一个特制的设备。电动解体是回收液晶面板一种很有前途的环保方法，因为它不会产生任何污染。有报道称，不同的材料沿其边界不同电阻率进行瓦解，在电器拆解过程中液晶面板能自动拆解。之后再将电拆解后得到的 ITO 玻璃破碎、球磨、酸浸、电解等流程回收金属铟。

16.3.2　破碎

破碎这一机械处理过程，通常是处理废液晶面板不可或缺的步骤。一些研究人员认为，颗粒大小对酸处理有一定影响。因此，铣削过程中，将 ITO 膜切成细小尺寸的 ITO 导电玻璃，对后续反应十分重要。在球磨过程中，ITO 玻璃球和普通箱体一次次碰撞，其固体结构裂缝，机械力使浸出反应的化学固相活化。

球磨处理对后续溶剂萃取有一定的影响。更细的晶粒可以进一步增加固体的表面面积，促进化学诱导的表面组分之间的相互作用。有研究表明，首先将 ITO 玻璃破碎成约 3cm×5cm 的细小颗粒，然后用一个含不同尺寸的氧化铝球的陶瓷球磨机进行球磨可进一步减小颗粒的尺寸。球磨时间为 6h，转速为 150r/min，这样才可以得到有利于螯合剂萃取铟所需的粒度。通过实验比较 1mm、5mm、10mm 三种不同尺寸的 ITO 玻璃颗粒的浸出率。结果表明，当颗粒粒径小于 5mm 时，可在 50min 时间内，将铟的浸出率达到 92% 以上。

16.3.3　铟的浸出

酸浸法是从 ITO 玻璃中提取铟工艺的最重要工序之一。纯净的 ITO 本身含有不同的铟锡氧化物，其中以二氧化锡和三氧化二铟为主。而二氧化锡微溶于酸性溶液，在酸性溶液中，ITO 中可溶性物质的主要反应如下：

$$In_2O_3 + 6H^+ \longrightarrow 2In^{3+} + 3H_2O$$
$$SnO + 2H^+ \longrightarrow Sn^{2+} + H_2O$$

在用酸浸 ITO 玻璃颗粒时，其他组分的混合物也难免溶解在溶液中。因此酸浸出液由混合离子组成。故而，有必要选择适当的酸以有效地浸出铟，并减少杂质的溶解，特别是有一定危险性的 As。

利用王水、浓盐酸、浓盐酸-双氧水、浓硝酸、浓硫酸、浓硝酸-浓硫酸-双氧水等不同的酸系统来浸出 ITO 玻璃颗粒。研究发现，浸出液中包含的主要元素有：Cr、Si、Al、Cu、Fe、Ca、Ba、K、Zn、Sr、Ti、Sn 和 In。无论是什么酸体系，铟在浸出液中的浓度都在 2.83mg/L 和 3.06mg/L 之间，这取决于主要杂质元素的含量。同时，铟在浸出液中的浓度，也可以证明酸浸处理铟的效率。与其他元素相比，只有锌、铜、锡、铬等少量杂质元素可以溶解。此外，研究还发现，无论哪种酸体系浸出，浸出液中铁的含量略有变化，但其含量总是与浸出液中铟的含量相似。

盐酸（HCl）能够有效从 ITO 玻璃中浸出铟，而且，盐酸浸出铟时，有毒元素，如砷和锑等没有被浸出，这无疑对铟的进一步提纯是有好处的。虽然 Al 和 Sr 也易被浓 HCl 浸出，但是在铝和锶的浓度较低时，可以采用浓 HNO_3 和 H_2SO_4 体系抑制 Al 和 Sr 的溶出，降低 Al、Sr 的含量从而分离铟。而且强酸和强氧化性酸的结合将有助于抑制 Sn^{4+}，将其还原成 Sn^{2+}。因此，在反应中易形成 SnO 黑色沉淀，这不利于铟的提取。此外，硝酸比盐酸更昂贵，这就增加了溶出成本。为了获得铟的最大溶出量，最佳的混合酸溶液的质量比为：HCl：水：HNO_3 = 45：50：5。

16.3.4　铟的分离

热解残留物可以通过真空加氯或真空碳化还原处理，得到高纯度氯化铟，而破碎的 ITO 玻璃颗粒中的铟可以通过酸浸或者湿法冶金进行提取。

16.3.4.1　真空氯化分解

热解氯化是一种从矿石和废料中回收有价值的金属的常规方法。将通过真空热解消除有机材料的 ITO 玻璃，在不同温度下通入氯化氢气体分离提纯锡和铟，可以得到高纯度氯化铟。

氯化处理 ITO 玻璃，一般需要在 973K 的温度下持续通入氯化氢气体 90min。然后，氯化铟气体被装置末端的 NaOH 溶液吸收。通过这种方式，可以实现大约 96% 的铟回收利用。考虑到节能问题，有研究者采用盐酸溶液（6mol/L）来处理产生的主要残留——ITO 颗粒。之后将生成的氯化物在空气中 373K 的温度下干燥 60min，最后通入氮气蒸发回收氯化物。其中氯化锡可以在 573K 的温度下蒸发回收，而氯化铟需要在 673K 才能蒸发回收。

采用螯合剂也可以实现废液晶里铟的分离。比如，利用氯化铵（NH_4Cl）代替氯化氢气体。其反应的最佳条件为：温度 673K，氯化铵与铟的摩尔比为 6：1，真空度 0.09MPa 左右。通过此工艺，可以将 ITO 玻璃中超过 98.02% 的铟回收，得到的氯化铟纯度（$InCl_3$）高达 99.50%。

比较有创造性地氯化处理 ITO 玻璃回收铟的工艺是将废聚氯乙烯（聚氯乙烯）与回收的废电池相结合。其中，废旧 PVC 热解产生的氯化氢气体，可以应用于 ITO 真空氯化过程。PVC-废电池真空加氯自制装置如图 16-7 所示。通过这种方式加入氯化氢，可以缓解氯化氢对设备的腐蚀，减少排放，并且能够实现两种金属的同时回收。其缺点是回收率相对较低，在氮气氛中，最高回收率只有 66.7%。

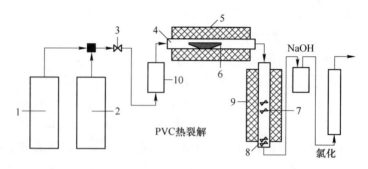

图 16-7　PVC-废电池真空加氯自制装置

1—空气；2—氮气；3—阀门；4—派瑞克斯柱；5，9—电炉；6—坩埚；7—夸脱羊毛；
8—夸脱柱；10—流量计

16.3.4.2　真空碳化还原

通过热动力学和动力学的计算可知，利用真空碳还原，可将铟从纯氧化铟中还原回收，其最优条件为：ITO 玻璃颗粒小于 0.3mm，温度为 1223K，保温 30min，碳与铟氧化物质量比为 1:2，真空度 1Pa。在此工艺下，高纯的铟能被富集到冷凝区。真空碳还原法是一种从废液晶显示器回收铟的环保方法。

在 1223K 时，C 与 In_2O_3 和 SnO_2 反应的吉布斯自由能均小于零，据此铟和锡都会被还原为金属。而且，在 1223K 下，锡的蒸气压力只有 0.002Pa，比铟低得多（约 1Pa），因此，由于其较低的饱和蒸气压，锡回收率很低（约 15%），这大大降低了铟产品中锡的含量。其实验装置如图 16-8 所示。该方法最终从废液晶面板中实现 90% 的铟回收率。同时，该工艺不同于真空氯化，不会产生任何有害物质，所得的铟可以直接应用。

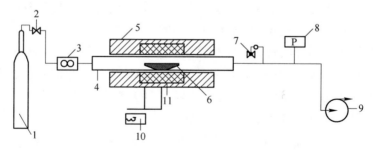

图 16-8　真空碳还原装置及流程

1—氮气；2，7—阀门；3—流量计；4—夸脱管；5—管式电阻炉；6—样品；
8—真空计；9—真空泵；10—温度控制器；11—加热区

16.3.4.3 溶剂萃取分离

溶剂萃取法是一种广泛使用的铟提纯方法。现在有很多不同种类萃取剂在冶金过程中被应用到铟的提取和分离中。其中最典型的代表就是有机磷型萃取剂，如双（2-乙基己基）磷酸、磷酸三丁酯（TBP，一个不同的磷氧化物的混合物）和双（2,4,4-三甲基戊基）次膦酸（Cyanex 272），这些萃取剂从 1960 年开始就被运用于从铟矿石中提取铟。近年来，一些新的萃取剂应用到了从 ITO 废靶或蚀刻废液中分离铟。ITO 浸出液中唯一的杂质是锡，但废 LCD 的浸出液中含有的杂质情况要复杂得多，除了锡以外还有更多的杂质，并且铟的浓度低得多。

采用 0.5 ~ 1.5mol/L 的硫酸从废 LCD 面板中浸出铟，并用 2-乙基己基磷酸硫酸（P204）提取铟。由于杂质铁离子的存在，导致铟的差分提取时间小于 5min。将提取液滞留 5h 后（目的是为了有充分的时间达到萃取平衡），利用 4mol/L 的盐酸进行反萃取，反萃时间为 15min，铟的回收率达到了 97.06%。

在硫酸和盐酸系统中可以应用的其他萃取剂包括 TBP、DEHPA、923 萃取剂和 272 萃取剂。在金属离子 1mol/L 和 H_2SO_4 0.1mol/L 溶液中加入用煤油稀释的 0.1mol/L 的 DEHPA 来提取铟，铟的回收率超过 99%，而且纯度也达到了 90%。之后，再采用 1mol/L 的盐酸来反萃取铟，铟的最终提取率超过 97%。

虽然溶剂提取技术已经广泛应用于金属的提取上面，但提取过程的复杂性等问题仍不容忽视。阻碍传统溶剂萃取法高效性的缺点之一就是在水相和水溶性有机溶剂相之间界面的存在。在收缩的界面处的表面积增加，只能通过机械搅拌，促进溶质通过接口，来加速萃取及反萃的速率。通过搅拌，在水和有机溶剂相之间的界面就会消失在一个均匀的溶液中，从而使萃取剂能够充分吸附金属离子。但是对于有足够大的截面面积体系来说，就没有必要进行强烈的机械搅拌。

16.3.4.4 树脂分离铟

传统的湿法冶金工艺通常采用溶剂萃取分离铟，因此必须注重废液处理。相反，应用树脂分离废液晶中的铟是一种新的高效节能的分离技术。由于其容量大，反应时间短，树脂分离铟已越来越受欢迎。利用高浓度盐酸或王水浸出液晶面板并用三烷基氧化膦（TRPO）来提取铟。随后，浸出溶液逐一通过树脂柱 Cyanex 923 和 Aliquat 336。其中，Cyanex 923 吸附柱可以选择性的吸附铟，而 Aliquat 336 吸附其他杂质金属，如铁、锌、锡。最后，Cyanex 923 树脂柱中的铟可用硫酸反萃出来。而且树脂柱可以重复使用，经济环保。

16.3.4.5 生物冶金

生物冶金领域可以采用一种叫系瓦氏菌的微生物水藻来回收废液晶面板中的

铟。在 198MPa、373K 的条件下，用盐酸将废液晶面板浸出 5min。然后，将希瓦氏菌藻类放入浸出液中，30mm 的希瓦氏菌海藻可以富集含量为 $10 \times 10^{-6}\%$ ~ $100 \times 10^{-6}\%$ 的铟，其含量约为自身的 680 倍。与其他分离定量方法相比，虽然回收铟的生物冶金是一个简短的过程，但是，由于从 LCD 制备、使用到报废，其运行周期较长，不能大规模应用生物冶金技术提取铟。

以上提及的这些技术在研究者的努力下已经逐渐发展成熟。但它们在大规模应用上仍有有一些缺陷。在传统的氮气热解过程中，真空技术在较低的反应温度下得到了明显的改善。然而，热解过程中的避免不了的步骤就是有机材料在高温下燃烧，在燃烧过程中，很可能伴随有毒气体的排放。此外，随后的分离方法通常采用真空氯化分离。这个过程通常得到的是氯化铟，这需要随后的工作将其转换成其他铟化合物才能实现铟的进一步循环应用。

随着复杂设备的浸出和提取不再需要加热，这些工艺必将变得更加节能，并进入大规模应用。然而，湿法冶炼涉及复杂的预处理过程，包括去除偏光片和液晶等。此外，对于 ITO 玻璃酸浸工艺，在预处理和反应中消耗大量的酸；溶胶-溶剂萃取这一传统分离铟的工艺，包括一个带有反复进行繁杂的萃取-反萃取过程，需要进一步的研究合成新的合适的萃取剂，才有可能实现大规模应用及成分精准控制。从液晶面板回收铟的比较有利方法应该是树脂分离技术，该技术对电子废弃物的处理，弥补了溶剂萃取法的不足，具有广阔的发展前景。

另外，对于以上提及的铟回收技术，还需要相应的配套设备来支持。由于不同工艺，其设备不同且比较驳杂，在这里不再赘述。

参 考 文 献

[1] 张廷安, 朱旺喜. 铝冶金技术/现代冶金与材料过程工程丛书 [M]. 北京: 冶金工业出版社, 2014.

[2] 邱竹贤. 有色金属冶金学 [M]. 北京: 冶金工业出版社, 1988.

[3] 高自省. 镁冶金生产技术 [M]. 北京: 冶金工业出版社, 2012.

[4] 杨重愚. 轻金属冶金学 [M]. 北京: 冶金工业出版社, 2002.

[5] 王鸿雁. 有色金属冶金 [M]. 北京: 化学工业出版社, 2010.

[6] 周曦亚. 复合材料 [M]. 北京: 化学工业出版社, 2005.

[7] 朱和国, 张爱文. 复合材料原理 [M]. 北京: 国防工业出版社, 2013.

[8] 王树楷. 铟冶金 [M]. 北京: 冶金工业出版社, 2006.

[9] П. И. 费多洛夫, P. X. 阿克楚林. 铟化学手册 [M]. 张启运, 许克敏译. 北京: 北京大学出版社, 2005.

[10] 周令治. 稀散金属冶金手册 [M]. 长沙: 中南工业大学出版社, 1993.

[11] T. H. 泽列克曼, O. E. 克列茵, Г. B. 萨姆索诺夫. 稀有金属冶金学 [M]. 北京: 冶金工业出版社, 1982.

[12] T. A. 麦耶尔松, A. H. 泽列克曼. 稀有金属冶金教程 [M]. 北京: 冶金工业出版社, 1956.

[13] Wang X M, Duo J. Effect on electroless nickel coating on magnesium alloy by nickel electroless plating parameters [J]. Advanced Materials Research Vols. 295 – 297, 2011: 1522 – 1525.

[14] Wang X M, Zhou W Q, Han E H. Electroplating zinc transition layer for electroless nickel plating on AM60 magnesium alloys [J]. Transactions of Nonferrous Metals Society of China, 2006 (16): 757 – 782.

[15] 王晓民, 辛士刚, 王莹, 等. AM60 镁合金硫酸镍溶液体系化学镀镍及镀层性能研究 [J]. 材料保护, 2007, 40 (2): 4 – 6.

[16] 王晓民, 王莹, 辛士刚, 等. AM60 镁合金上两种化学镀镍方法及镀层耐蚀性比较 [J]. 沈阳师范大学学报 (自然科学版), 2006, 10 (4).

[17] 周婉秋, 王晓民, 等. 镁合金上二步法电镀锌的研究 [J]. 材料保护, 2008, 41 (1): 31 – 33.

[18] 焦亮, 王晓民, 周婉秋, 等. 镁合金电镀锌工艺及其镀层性能研究 [J]. 材料保护, 2008, 41 (10): 40 – 42.

[19] Fan Y, Wu G H, Gao H T, et al, Influence of Ca on corrosion resistance of AZ91D [J]. Journal of the Electrochemical Society, 2006, 153: B283 – B288.

[20] Lafront A M, Zhang W, Lin S, et al, Pitting corrosion of AZ91D and AJ2x magnesium alloys in alkaline chloride medium using electrochemical techniques [J]. Electrochimica Acta, 2005, 51: 489 – 501.

[21] 赵艳娜, 朱元良, 齐公台. 稀土元素 (La、Ce) 对镁合金电偶腐蚀的影响 [J]. 材料保护, 2005, 38: 14 – 16.

[22] 樊昱, 吴国华, 高洪涛, 等. Ca 对镁合金显微组织、力学性能和腐蚀性能的影响 [J].

中国有色金属学报，2005，15：210－216.

［23］Gamboa E, Atrens A. Material influence on the stress corrosion cracking of rock bolts ［J］. Engineering Failure Analysis, 2005, 12：201－225.

［24］曾荣昌，韩恩厚，柯伟，等. 挤压镁合金 AM60 的腐蚀疲劳 ［J］. 材料研究学报，2005，19：1－7.

［25］曾荣昌，韩恩厚，柯伟，等. 变形镁合金 AZ80 的腐蚀疲劳机理 ［J］. 材料研究学报，2004，18：561－567.

［26］张汉茹，郝远，徐卫军，等. NaCl 溶液中 AZ91D 的腐蚀性能-RE 与 Sb 及 Si 对 AZ91D 合金在 NaCl 溶液中腐蚀速率的影响 ［J］. 铸造设备研究，2004，1：28－30.

［27］王益志. 杂质对高纯镁合金耐蚀性的影响 ［J］. 铸造，2001，50：61－66.

［28］Skar J I. Corrosion and corrosion prevention of magnesium alloys ［J］. Materials Corrosion, 1999, 50：2－6.

［29］Song G L, Atrens A, StJohn D, et al, Magnesium alloys and their applications ［J］. Wiley-VCH, 2000：426－431.

［30］刘兆晶，李凤珍，张莉，等. 镁及其合金燃点和耐蚀性的研究 ［J］. 哈尔滨理工大学学报，2000，6：56－59.

［31］金培鹏，周文胜，丁雨田，等. 晶须在复合材料中的应用及其作用机理 ［J］. 盐湖研究，2005（2）：1－6.

［32］金培鹏，许广济，丁雨田，等. 硼酸镁（铝）晶须增强镁基复合材料中界面特性对比研究 ［J］. 盐湖研究，2007，15（4）：32－36.

［33］金培鹏，丁雨田，许广济，等. 硼酸镁晶须增强镁基复合材料的谱学表征与性能研究 ［J］. 光谱学与光谱分析，2008，28（7）：1665－1669.

［34］金培鹏，丁雨田，史训兵，等. 热处理对 $Mg_2B_2O_5w$/AZ91D 复合材料显微组织及性能的影响 ［J］. 材料热处理学报，2008，29（3）：1－5.

［35］张宇. 短碳纤维增强铝基复合材料的性能研究 ［D］. 沈阳：东北大学，2012.

［36］孙小岚. 短碳纤维增强铝基复合材料的制备及性能的研究 ［D］. 沈阳：东北大学，2011

［37］邹勇. 蔡华苏. 碳纤维增强铝基复合材料的研究进展 ［J］. 山东工业大学学报，1997，27（1）：16－20.

［38］王晓华. 短碳纤维增强铝基复合材料的制备及性能研究 ［D］. 兰州：兰州大学，2007.

［39］高俊江. 搅拌铸造法制备短碳纤维增强铝基复合材料 ［D］. 郑州：郑州大学，2011.

［40］高嵩，姚广春. 短碳纤维增强铝基复合材料 ［J］. 化工学报，2005，56（6）：1130－1133.

［41］王德庆，石子源，高宏. 碳纤维增强铝基复合材料的制备及拉伸性能 ［J］. 大连铁道学院学报，2000，21（4）.

［42］高嵩，姚广春. 短碳纤维增强铝基复合材料孔隙率的研究 ［J］. 材料导报，2006，20：462－464.

［43］王晓华. 碳纤维增强铝基复合材料摩擦磨损性能的研究 ［C］. 2009 粉末冶金学术会议论文集. 长沙，2010.

［44］J. M. 霍奇金森. 先进纤维增强复合材料性能测试 ［M］. 北京：化学工业出版社，2005：

169 - 199.

[45] 吴昊. 粉末冶金法制备铝基复合材料及其性能表征 [D]. 合肥：合肥工业大学，2013.

[46] 张广安，罗守靖，田文彤. 短碳纤维增强铝基复合材料的挤压渗透工艺 [J]. 中国有色金属学报，2002，12（3）：525 - 528.

[47] 张治华. 铝基复合材料的制备及性能研究 [D]. 兰州：兰州大学，2006.

[48] 喻学斌，张国定，吴人洁，等. 短碳纤维增强铝基复合材料的制备及膨胀 [J]. 机械工程材料，1996，20（2）：1 - 12.

[49] 车德会，姚广春，康伟. 碳纤维增强铝基复合材料熔体真空除气 [J]. 特种铸造及有色合金，2010，30（7）：605 - 607.

[50] 田明原，施尔畏，仲维卓，等. 纳米陶瓷与纳米陶瓷粉末 [J]. 无机材料学报，1998，13（2）：132 - 134.

[51] 梁博. 化学气相沉淀法制备纳米粉 [J]. 无机材料学报，1996，11（3）：441 - 447.

[52] 周歧发. 溶胶凝胶法制备锆钛酸超微粉末及陶瓷的研究 [J]. 无机材料学报，1992（1）：44.

[53] 裘海波，高廉，等. 纳米氧化锆粉体的共沸蒸馏法制备及研究 [J]. 无机材料学报，1994，9（3）：365 - 370.

[54] 彭冉冉，夏长荣，杨蔚光，等. 纳米级钇稳定氧化锆的制备与电性能表征 [J]. 中国科学技术大学学报，2001，31（2）：220 - 222.

[55] 陈猛，裴志亮，白雪冬，等. ITO 薄膜的 XPS 和 AES 研究 [J]. 材料研究学报，2000，14（2）：173 - 178.

[56] 赖勇建，王振东，杨森，等. ITO 膜的制备方法和 360 型立式 IT 透明导电膜生产线 [J]. 真空，1998（1）：22 - 26.

[57] Tahaprrbh, Bant, Ohyay, et al. Tin doped indium oxide [J]. Journal of Applied Physics, 1998, 83（5）: 1631 - 1645.

[58] Biai I, Quintela M, Mendes L, et al. Performances exhibited by large area ITO layers produced by R. F. magnetron sputtering [J]. Thin Solid Films, 1999, 337: 171 - 175.

[59] Chen M, Bai X D, Gong J, et al. Properties of reactive magnetron sputtered ITO without in situ substrate heating and pos deposition annealing [J]. J Mater Sci Techno, 2000, 16（3）: 281 - 285.

[60] 袭著有，许启明，赵鹏，等. ITO 薄膜特性及发展方向 [J]. 西安建筑科技大学学报，2004，36（1）：109 - 112.

[61] 马颖，张方辉，牟强. ITO 膜透明导电玻璃的特性、制备和应用 [J]. 陕西大学学报，2004，24（1）：106 - 109.

[62] 李增玉，赵谢群. 氧化铟锡薄膜材料开发现状与前景 [J]. 稀有金属，1996，20（6）：455 - 457.

[63] 马勇，孔春阳. ITO 薄膜的光学和电学性质及其应用 [J]. 重庆大学学报，2005，25（8）：114 - 117.

[64] Mouri Takashi, Ogawa Nobuhiro, Tokuyamashi Yamaguchiken, et al. High density ITO sinered body, ITO target and method of manufacture：Europe, 0584672 [P]. 1993-10-18.

[65] 吕志伟，姚吉升，陈志飞. 纳米 ITO 粉的制备技术及其应用 [J]. 有色矿冶，2003，19 (5)：40 – 42.

[66] 张维佳，王天民，糜碧，等. 纳米 ITO 粉末及高密度 ITO 靶制备工艺的研究现状 [J]. 稀有材料与工程，2004，33 (5)：449 – 453.

[67] 陈世柱，尹志民，黄伯云，等. 雾化燃烧工艺制备纳米级金属氧化物超细粉 [J]. 有色金属，2000，52 (2)：88 – 90.

[68] 田明原. 纳米陶瓷与纳米陶瓷粉末 [J]. 无机材料学报，1998，13 (2)：132 – 134.

[69] 杨井吉郎，中村驾志. 氧化铟中固溶锡的 ITO 粉末制造方法以及 ITO 靶的制造方法：中国，1423261 [P]. 2003-06-11.

[70] 刘朗明，龚鸣明，魏文武. 超细氧化铟粉的研制 [J]. 有色冶炼，1999，28 (6)：32 – 36.

[71] 张永红，陈明飞. 热处理对制备纳米氧化铟锡（ITO）粉末的影响 [J]. 金属热处理，2003，28 (2)：18 – 20.

[72] 段学臣，陈立华，周立，等. 超细氧化铟氧化锡 ITO 复合粉末的研制与结构特性 [J]. 稀有金属，1998，22 (5)：396 – 399.

[73] 于汉琴. ITO 超细粉末的研制 [J]. 有色矿冶，2002，16 (1)：35 – 38.

[74] 王惠玲，齐永秀，张景香. 粒径均匀的氧化铟粉末的研制 [J]. 无机盐工业，2002，34 (4)：10 – 11.

[75] 张艳峰，张久兴. 化学共沉淀法制备纳米 ITO 粉体及结构表征 [J]. 功能材料，2003，5：573 – 574.

[76] 张贤高，贺平，贾志杰，等. ITO 纳米粉的低温制备 [J]. 电子元件与器材，2004，23 (6)：44 – 45.

[77] 吕志伟，陈志飞，姚吉升. 纳米 ITO 粉体的制备及其性能表征 [J]. 矿冶工程，2004，24 (3)：70 – 72.

[78] 张永红，陈明飞. 共沸蒸馏法制备氧化铟粉体及性能研究 [J]. 湖南有色金属，2002，18 (4)：26 – 28.

[79] 周洪庆，吕军华，沈晓冬，等. ITO 纳米粉制备及表面修饰研究 [J]. 南京工业大学学报，2004，26 (4)：27 – 30.

[80] 余成华，于国辉. 铟深加工——纳米级 ITO 粉末的研制 [J]. 江苏冶金，2001，29 (5)：26 – 27.

[81] 黄杏芳，沈晓冬，崔升，等. 纳米铟锡氧化物粉体的制备及表面改性 [J]. 无机盐工业，2004，36 (1)：24 – 25.

[82] 钟毅，王达健，刘荣佩. 铟锡氧化物（ITO）靶材的应用和制备技术 [J]. 昆明理工大学学报，1997，22 (1)：66 – 70.

[83] 住友化学株式会社. 氧化铟锡粉末的制备方法：中国，0312556 [P]. 2004-05-12.

[84] 正隆股份有限公司. 以水溶液法制备氧化铟锡粉末的方法：中国，011364025 [P]. 2004-04-23.

[85] 王洪刚，奚宏杰. 细铟粉的研制 [J]. 广东有色金属学报，2002，12 (9)：29 – 30.

[86] 于丽敏，蒋文全，傅钟臻，等. 铟电解液净化方法研究 [J]. 稀有金属，2012，36

（4）：617 –622.

[87] 刘世友. 铟工业资源、应用现状与展望 [J]. 有色金属（冶炼部分），1999 (2)：30.

[88] 王顺昌，齐守智. 铟的资源、应用和市场 [J]. 世界有色金属，2000，12：22.

[89] 李建敏，刘晓红，王贺云，等. 铟的市场、应用及其提取技术 [J]. 江西冶金，2006，26 (1)：41.

[90] 韩汉民. 高纯铟的制备 [J]. 化学世界，1995 (4)：174.

[91] 周智华，莫红兵，曾冬铭. 高纯铟的制备方法 [J]. 矿冶工程，2003，23 (3)：40.

[92] 赵秦生. 俄罗斯制取高纯铟和金属铟粉的新进展 [J]. 稀有金属与硬质合金，2004，32 (2)：24.

[93] 魏昶，罗天骄. 真空法从粗铟中脱除镉锌铋铊铅的研究 [J]. 稀有金属，2003，27 (6)：852.

[94] 伍祥武，黄小珂，李玮隆. 超高纯铟的实验研究 [J]. 江西有色金属，2010，24 (3 – 4)：109.

[95] 邓勇，杨斌，刘大春，等. 真空蒸馏法制备高纯铟 [A]. 巴德纯. 真空技术与表面工程——第九届真空冶金与表面工程学术会议论文集 [C]. 北京：电子工业出版社，2009.

[96] 刘贵德. 粗铟提纯工艺的研究 [J]. 有色矿冶，2010，26 (1)：35.

[97] Zhou Z H, Mo H B, Zeng D M. Preparation of high-purity indium by electro-refining [J]. Trans. Nonferrous Met. Soc. China, 2004, 14 (3)：637.

[98] 石玲斌. 粗铟提纯的研究 [J]. 昆明理工大学学报，2002，27 (6)：41.

[99] 周智华，曾冬铭，游红阳，等. 精铟中铊的氯化脱除 [J]. 稀有金属，2002，26 (3)：191.

[100] Zeng D M, Zhou Z H, Shu W G, et al. Preparation of 5N high purified indium by the method of chemical purification-electrolysis [J]. Rare Metals, 2002, 21 (2)：137.

[101] 韩翌，李琛，黄凯，等. 甘油碘化钾-电解联合法粗铟提纯研究 [J]. 矿冶工程，2003，23 (6)：59.

[102] 袁铁锤，周科朝，陈志飞，等. 熔盐净化-电解法制备高纯铟 [J]. 粉末冶金材料科学与工程，2007，12 (1)：59.